首批国家示范高职院校国家示范专业建设成果

基于理实一体化的项目式课改系列教材

使用普通机床加工零件

主　　审　牛宝林

主　　编　张　丽　　于长有

副主编　朱　强　　胡俊前

参　　编　戴晓东　　袁　野　　江　荧

　　　　　陈　杰　　章　伟　　陈永强

　　　　　查　斌　　于兆延

中国科学技术大学出版社

内 容 简 介

本书总结了国家示范高职院校教改经验,是在结合多年教学经验的基础上,以满足高职高专机械类专业学生的需要为目的编写而成的理实一体化教材。以"项目导向、任务驱动"为教学模式,以零件为项目载体,本书共设 6 个项目:销轴的车削加工、阶梯轴的加工、外螺纹的车削加工、轴套的车削加工、平面的铣削加工、沟槽的铣削加工。每一个项目都是一个完整的过程,包括普通机床的使用,工具、量具的选择,零件的工艺分析,产品的质量分析及加工方法等内容。在任务实施过程中设有项目描述、技能训练、问题探究等内容,同时在每个项目结束后配有相关的知识拓展项目。

本书可作为高职高专、成人高校机电类、机械制造类各专业的通用教材,也可作为相关专业技术人员的参考资料。

图书在版编目(CIP)数据

使用普通机床加工零件/张丽,于长有主编. —合肥:中国科学技术大学出版社,2015.8
(2020.1 重印)
ISBN 978-7-312-03757-3

Ⅰ. 使… Ⅱ. ① 张…② 于… Ⅲ. 机床零部件—金属切削—高等职业教育—教材
Ⅳ. TG502.3

中国版本图书馆 CIP 数据核字(2015)第 159054 号

出版	中国科学技术大学出版社
	安徽省合肥市金寨路 96 号,230026
	http://press.ustc.edu.cn
	https://zgkxjsdxcbs.tmall.com
印刷	合肥市宏基印刷有限公司
发行	中国科学技术大学出版社
经销	全国新华书店
开本	787 mm×1092 mm 1/16
印张	16.25
字数	416 千
版次	2015 年 8 月第 1 版
印次	2020 年 1 月第 3 次印刷
定价	33.00 元

前　　言

本书以《高等职业教育专业教学标准》为依据,根据国家示范建设专业教学改革的经验编写而成。

本书从工科学生就业岗位的实际出发,以培养学生熟练使用手动工具进行零件加工为目的,以解决生产实际问题为准则,将学科体系中的原有理论知识重新编排,融"教"、"学"、"做"为一体,力求突出高职高专教育特色,从而全面提升学生的现场动手能力。在内容的编写上以"必需、够用"为度,做到重点突出、深入浅出、图文并茂、通俗易懂,便于学生自学。

本书参考学时为 100 个,各章的参考学时如下:

章节	课程内容	学时分配/个	
		讲授	实训
项目 1	销轴的车削加工	6	4
项目 2	阶梯轴的加工	6	10
项目 3	外螺纹的车削加工	8	12
项目 4	轴套的车削加工	8	12
项目 5	平面的铣削加工	6	10
项目 6	沟槽的铣削加工	6	12
课时总计		40	60

本书由芜湖职业技术学院张丽、于长有担任主编,朱强、胡俊前担任副主编。张丽完成项目 1～3 的编写;于长有完成项目 4～6 的编写;朱强完成附录 A 的编写,并对全书进行统稿;胡俊前完成附录 B 和附录 C 的编写。参加编写的人员还有戴晓东、袁野、江荚、陈杰、章伟、陈永强、查斌、于兆延等。芜湖职业技术学院牛宝林审阅了全书,并提出了很多宝贵的修改意见,编者在此表示诚挚的感谢!

由于时间仓促,加之编者水平有限,书中难免存在不妥和错误之处,敬请广大读者批评指正。

编　者

课程设置说明

芜湖职业技术学院数控技术专业是全国首批国家示范建设专业,本专业立足于产业经济发展,在全国高职高专院校率先引用并实践了工作过程导向课程改革的新理念、新方法、新理论。课改的思路是以培养职业能力为核心,以工作实践为主线,以工作过程(项目)为导向,用任务进行驱动,建立以行动(工作)体系为框架的现代课程结构,重新序化课程内容,做到陈述性(显性)知识与过程性(隐性)知识并重,将陈述性知识穿插于过程性知识之中,实现理论与实践一体化,进而全面提升学生的职业综合能力。

本专业设定的职业能力专业必修课程如下:

专业必修课程	专业基础课程	数控技术导论
		识图与制图
		使用手动工具加工零件
		使用普通机床加工零件
	专业核心课程	CAD/CAM 技术
		使用数控机床加工零件
		零件的数控编程
		零件的工艺编制与实施
		数控机床电气控制与运行
	专业拓展课程	FANUC 数控系统连接与调试
		数控机床故障诊断与维修
		模具组件的加工
		生产计划与组织
		专业英语
		顶岗实习

其中,"使用普通机床加工零件"是专业基础课程,本课程以零件为项目载体,共设 6 个项目。根据学生认知规律和每个项目涵盖的知识点,并结合车工、铣工国家职业标准,将原有学科体系中的"金工实习"、"机械制造技术"、"金属切削原理与刀具"、"材料力学"、"金属切削机床"、"机械制造工艺"等理论知识重新编排,融"教"、"学"、"做"为一体,突出工程实际应用,满足了"做中学、学中做"的实践需求。

目　　录

目录

使用普通机床加工零件

项目1 销轴的车削加工

销轴的车削加工是车削加工的入门级内容,是学生在掌握车床基本操作技能的基础上进行的最简单的典型零件加工。通过销轴的车削,学生可以逐步掌握零件的装夹,刀具的安装以及外圆、端面的车削加工等基本操作方法,为后续学习车削技能夯实基础。

学习目标

1. 了解车削加工;
2. 掌握车削加工常用工具、量具和设备的使用;
3. 掌握车削外圆和端面的基本操作技能;
4. 掌握销轴加工产生误差的原因;
5. 熟悉销轴的加工工艺,了解车床的结构和传动系统;
6. 掌握刀具的几何参数;
7. 掌握金属切削运动及过程相关知识;
8. 能对产品加工质量进行分析。

1.1 项 目 描 述

给定尺寸为 $\phi30$ mm×75 mm 的铝棒毛坯件,按图 1.1 所示的图纸要求加工出合格零件。

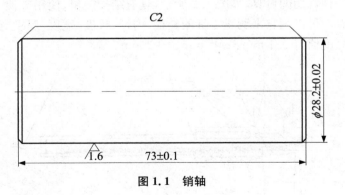

图 1.1 销轴

1.1.1 零件结构和技术要求分析

从毛坯尺寸及图 1.1 可知,该零件需要在车床上经几次装夹才能加工完成,调头装夹加工外圆时需对工件进行找正,保证接刀痕迹不至于太明显。图 1.1 有两处尺寸公差要求:一处是直径公差 0.04 mm(对称偏差为 ±0.02 mm),可用千分尺检测;另一处是长度公差 0.2 mm(对称偏差为 ±0.1 mm),可用游标卡尺检测。表面粗糙度 Ra 为 1.6 μm,普通车床加工即可满足要求;两端倒角均为 C2,即 2×45°,可用 45°外圆车刀加工。毛坯材料为铝棒。

1.1.2 加工工艺

销轴的加工工艺如表 1.1 所示。

表 1.1 销轴的加工工艺

序号	工序名称	工序内容	测量与加工使用工具	备注
1	备料	备 φ30 mm×75 mm 铝棒一根	钢直尺	
2	车削端面	夹持长度约 50 mm,分别车削两端端面,保证长度尺寸 73 mm±0.1 mm	90°外圆车刀、游标卡尺	
3	车削外圆	夹持部分长度约 20 mm,粗、精车工件右半部分,长度约 45 mm,外圆尺寸 φ28.2 mm ±0.02 mm	90°外圆车刀、千分尺	
4	倒角	倒出工件右端 2×45°倒角	45°外圆车刀	
5	车削外圆	调头装夹,找正工件后,粗、精车工件左半部分,外圆尺寸 φ28.2 mm±0.02 mm	90°外圆车刀、千分尺	
6	倒角	倒出工件左端 2×45°倒角	45°外圆车刀	

1.1.3 工具、量具及设备的使用

1.1.3.1 游标卡尺

游标卡尺是一种常用的量具,如图 1.2 所示,具有结构简单、使用方便、精度中等和测量尺寸范围大等特点。可以用它来测量零件的外径、内径、长度、宽度、厚度、深度和孔距等,应用范围很广。其分度值有 0.1 mm、0.05 mm、0.02 mm 三种。

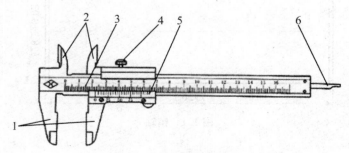

图 1.2 普通游标卡尺

1. 正爪 2. 反爪 3. 主尺 4. 旋紧螺钉 5. 副尺 6. 长度测杆游标卡尺

游标卡尺的规格按测量范围分为:0～125 mm、0～150 mm、0～300 mm、0～500 mm、

300～800 mm、400～1 000 mm、800～2 000 mm 等。测量工件的尺寸时，应按工件的尺寸大小和尺寸精度要求选用量具。游标卡尺适用于中等精度(IT10～IT16)要求的尺寸的测量和检测。

游标卡尺的读数机构由主尺和副尺(如图 1.2 中的 4 和 6)两部分组成。当活动量爪与固定量爪贴合时，游标上的 0 刻线(简称游标零线)对准主尺上的 0 刻线，此时量爪间的距离为 0。当尺框向右移动到某一位置时，固定量爪与活动量爪之间的距离，就是零件的测量尺寸。此时零件尺寸的整数部分，可在游标零线左边的主尺刻线上读出来，而比 1 mm 小的小数部分，可借助游标读数机构来读出。现以分度值为 0.02 mm 的游标卡尺为例介绍游标卡尺的读数原理和读数方法。

如图 1.3 所示，主尺每小格代表 1 mm，当两爪合并时，游标上的 50 格代表的尺寸刚好等于主尺上的 49 mm，则游标每格间距为 49÷50＝0.98(mm)，主尺每格间距与游标每格间距相差 1－0.98＝0.02(mm)，0.02 mm 即为该种游标卡尺的最小读数值。

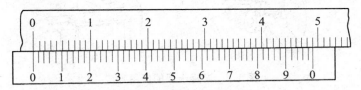

图 1.3　游标卡尺读数原理

在图 1.4 中，游标零线在 123 mm 与 124 mm 之间，游标上的 11 格刻线与主尺刻线对准。所以被测尺寸的整数部分为 123 mm，小数部分为 11×0.02＝0.22(mm)，被测尺寸为123＋0.22＝123.22(mm)。

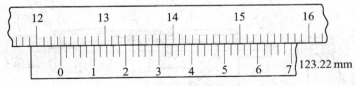

图 1.4　游标卡尺的读数

游标卡尺除普通结构的外，还有另外两种：带有测微表的带表卡尺(图 1.5)，便于准确读数，提高了测量精度；带有数字显示装置的游标卡尺(图 1.6)，这种游标卡尺在零件表面上量得尺寸时，就直接用数字显示读数，使用起来极为方便。

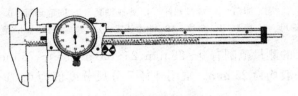

图 1.5　带有测微表的游标卡尺

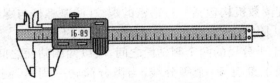

图 1.6　数字显示游标卡尺

游标卡尺的使用方法如图 1.7 所示。

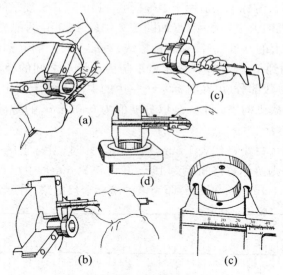

图 1.7　游标卡尺的使用方法

1.1.3.2　外径千分尺

外径千分尺又称螺旋测微仪,其测量精度比游标卡尺高且测量比较灵活,适用于加工精度要求较高的场合。千分尺由尺架、测微头、测力装置和制动器等组成。图 1.8 是测量范围为 0～25 mm 的外径千分尺。

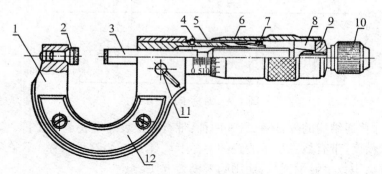

图 1.8　0～25 mm 外径千分尺

1. 尺架　2. 固定测砧　3. 测微螺杆　4. 螺纹轴套　5. 固定套筒　6. 微分筒
7. 调节螺母　8. 接头　9. 垫片　10. 测力装置　11. 锁紧螺钉　12. 绝热板

常用外径千分尺的测量范围有 0～25 mm、25～50 mm、50～75 mm 以至几米以上,但测微螺杆的测量位移一般均为 25 mm。常用外径千分尺分度值为 0.01 mm,可测尺寸公差等级为 IT8～IT11。

1. 千分尺的读数原理

外径千分尺的螺旋读数机构包括一对精密的螺纹[测微螺杆与螺纹轴套(如图 1.8 中的 3 和 4)]和一对读数套筒[固定套筒与微分筒(如图 1.8 中的 5 和 6)]。用千分尺测量零件的尺寸,需把被测零件置于千分尺的两个测砧面之间,所以两测砧面之间的距离就是零件的测量尺寸。微分筒的圆周上刻有 50 个等分线,当微分筒转一周时,测微螺杆就推进或后退

0.5 mm,微分筒转过它本身圆周刻度的一小格时,两测砧面之间转动的距离为 0.5÷50 ＝0.01(mm)。

由此可知:利用千分尺上的螺旋读数机构可以准确地读出 0.01 mm,也就是千分尺的分度值为 0.01 mm。

2. 千分尺的读数方法

在千分尺的固定套筒上刻有轴向中线,为微分筒读数的基准线。另外,为了计算测微螺杆旋转的整数转,在固定套筒中线的两侧刻有两排刻线,刻线间距均为 1 mm,上下两排相互错开 0.5 mm。

利用千分尺读数的具体步骤可分为三步:

(1) 读出固定套筒上露出的刻线尺寸,一定要注意不能遗漏应读出的 0.5 mm 的刻线值。

(2) 读出微分筒上的尺寸,要看清微分筒圆周上哪一格与固定套筒的中线基准对齐,将格数乘 0.01 mm 即得微分筒上的尺寸。

(3) 将上面两个数相加,即为千分尺上测得的尺寸。

如图 1.9(a)所示,在固定套筒上读出的尺寸为 8 mm,微分筒上读出的尺寸为 27×0.01 ＝0.27(mm),以上两数相加即得被测零件的尺寸,为 8.27 mm;图 1.9(b)中,在固定套筒上读出的尺寸为 8.5 mm,在微分筒上读出的尺寸为 27×0.01＝0.27(mm),以上两数相加即得被测零件的尺寸,为 8.77 mm。

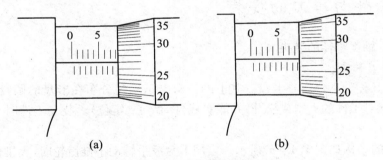

(a)   (b)

图 1.9 千分尺的读数

3. 外径千分尺的使用方法

在车床上使用千分尺测量零件时(图 1.10),要使测微螺杆与零件被测量的尺寸方向一致。如测量外径时,测微螺杆要与零件的轴线垂直,不要歪斜。测量时,可在旋转测力装置的同时,轻轻地晃动尺架,使测砧面与零件表面接触良好。

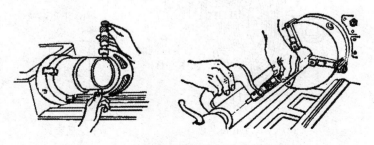

图 1.10 在车床上使用外径千分尺的方法

项目 1 销轴的车削加工

用单手使用外径千分尺时,如图 1.11(a)所示,可用大拇指和食指或中指捏住活动套筒,小指勾住尺架并压向手掌上,大拇指和食指转动测力装置就可测量。用双手测量时,可按图 1.11(b)所示的方法进行。

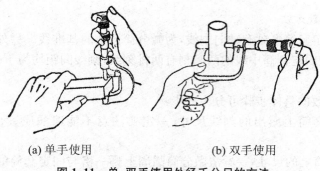

(a) 单手使用   (b) 双手使用

图 1.11　单、双手使用外径千分尺的方法

1.2　技　能　训　练

1.2.1　工件与车刀的安装

1.2.1.1　轴类零件的装夹

1. 三爪卡盘装夹

三爪卡盘又称三爪自定心卡盘。其上的三只卡爪均匀分布在卡盘的圆盘上,能同步沿径向移动,实现对工件的夹紧或松开,并能实现自动定心(定位)。装夹工件时一般不需要找正,使用方便。

三爪卡盘的结构如图 1.12(a)所示。当用卡盘扳手转动小锥齿轮时,大锥齿轮也随之转动,在大锥齿轮背面平面螺纹的作用下,三个爪同时向心移动或退出,以夹紧或松开工件。

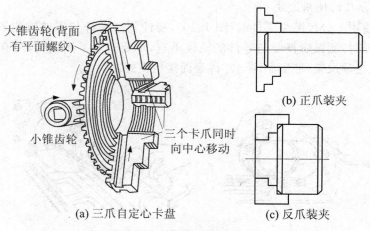

大锥齿轮(背面有平面螺纹)

小锥齿轮

三个卡爪同时向中心移动

(b) 正爪装夹

(c) 反爪装夹

(a) 三爪自定心卡盘

图 1.12　三爪卡盘装夹工件

它的特点是对中性好，自动定心精度可达到 $0.05\sim0.15$ mm，但夹紧力不大，适用于装夹中小型圆柱形、正三边形或正六边形工件。当装夹直径较小的工件时，用正爪装夹，如图 1.12(b) 所示；当装夹直径较大的外圆工件时可用反爪装夹，如图 1.12(c) 所示。

用三爪卡盘装夹工件时，为确保安全，应将主轴变速手柄置于空挡位置。装夹的方法和步骤如图 1.13 所示。

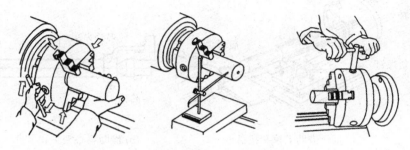

(a) 扶持工件一端，防止下垂　(b) 用滑针检查装夹精度　(c) 用力加紧工件

图 1.13　三爪卡盘装夹工件步骤

2. 四爪卡盘装夹

四爪卡盘一般又称四爪单动卡盘，是一种通用夹具，由一个盘体、四个丝杆和四个卡爪组成。工作时四个丝杠分别带动四个卡爪，每个卡爪都可以单独运动，因此四爪卡盘没有自动定心的作用。装夹工件时，需要通过找正使工件的回转中心与车床主轴的回转中心重合，才能够车削，如图 1.14 所示。四爪卡盘通常用来装夹表面粗糙、形状不规则、尺寸较大的工件，夹紧力较大。

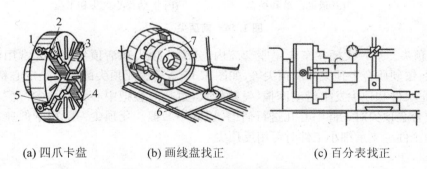

(a) 四爪卡盘　　　(b) 画线盘找正　　　(c) 百分表找正

图 1.14　四爪卡盘安装工件时的找正

1、2、3、4、5. 方孔　6. 画线盘　7. 工件

3. 两顶尖装夹

对于较长或必须经过多道工序才能完成的轴类工件，为保证每次安装时的精度，可用两顶尖装夹工件，如图 1.15 所示。两顶尖装夹工件使用方便，不需找正，装夹精度高，但使用前必须先在工件端面钻出中心孔，夹紧力较小。适用于形位公差要求较高的工件和大批量生产的场合。

顶尖有前顶尖和后顶尖之分。顶尖的头部带有 60° 锥形尖端，顶尖的作用是定位、支承工件并承受切削力。

(1) 前顶尖。前顶尖插在主轴锥孔内与主轴一起旋转，如图 1.16(a) 所示，前顶尖随工件一起转动。为了准确和方便,有时也可以将一段钢料直接夹在三爪自定心卡盘上车出锥角来代替前顶尖,如图 1.16(b) 所示,但该顶尖从卡盘上卸下来后,再次使用时必须将锥面重车一遍,以保证顶尖锥面的轴线与车床主轴旋转轴线重合。

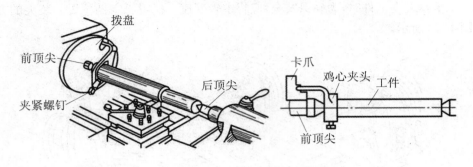

(a) 借助卡箍和拨盘   (b) 借助鸡心夹头和卡盘

图 1.15 用两顶尖装夹轴类工件

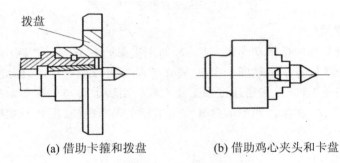

(a) 借助卡箍和拨盘   (b) 借助鸡心夹头和卡盘

图 1.16 前顶尖

(2) 后顶尖。后顶尖插在车床尾座套筒内,分为死顶尖和活顶尖两种。常用的死顶尖有普通顶尖、镶硬质合金顶尖和反顶尖等,如图 1.17 所示。死顶尖的优点是定心精度高,刚性好;缺点是工件和顶尖发生滑动摩擦,发热较大,过热时会把中心孔或顶尖"烧"坏。所以常用镶硬质合金顶尖对工件中心孔进行研磨,以减小摩擦。死顶尖一般用于低速加工精度要求较高的工件。支承细小工件时可用反顶尖。

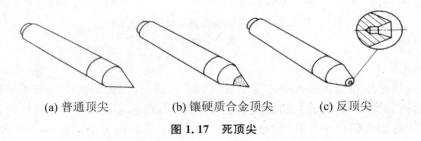

(a) 普通顶尖   (b) 镶硬质合金顶尖   (c) 反顶尖

图 1.17 死顶尖

活顶尖如图 1.18 所示,内部装有滚动轴承。活顶尖把顶尖与工件中心孔的滑动摩擦转变成顶尖内部轴承的滚动摩擦,因此转动灵活。由于顶尖与工件一起转动,避免了顶尖和工件中心孔的磨损,能承受较高转速下的加工,但支承刚性较差,且存在一定的装配累积误差,当滚动轴承磨损后,顶尖会产生径向摆动。所以活顶尖适用于加工工件精度要求不太高的场合。

一般前、后顶尖是不能直接带动工件转动的,还必须借助拨盘和鸡心夹头来带动工件旋转,如图1.15(a)和(b)所示。

4. 一夹一顶装夹方法

对于工件长度伸出较长、重量较重、端部刚性较差的工件,可采用一夹一顶装夹方法进行加工。利用三爪或四爪卡盘夹住工件一端,另一端用后顶尖顶住,形成一夹一顶装夹结构。

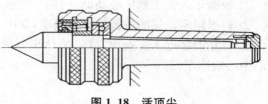

图 1.18 活顶尖

一夹一顶车削,要求最好用轴向限位支撑或利用工件的阶台作限位;否则在轴向切削力的作用下,工件容易产生轴向位移,装夹机构如图1.19所示。如果不采用轴向限位支撑,加工者必须随时注意后顶尖的支顶松紧程度,并及时进行调整,以防发生事故。

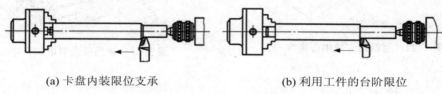

(a) 卡盘内装限位支承   (b) 利用工件的台阶限位

图 1.19 一夹一顶装夹工件

1.2.1.2 车刀的安装

车刀在安装时应注意以下几方面事项:

(1) 刀尖应装得跟工件中心线一样高。车刀装得太高,会使车刀的实际后角减小,从而使车刀后面与工件之间的摩擦增大;车刀装得太低,会使车刀的实际前角减小,从而使切削不顺利,如图1.20所示。

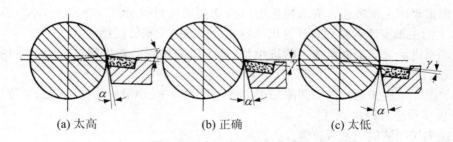

(a) 太高   (b) 正确   (c) 太低

图 1.20 车刀中心高度的影响

(2) 刀杆轴线应跟进给方向垂直,否则会使主偏角和副偏角的数值改变。

(3) 车刀安装在刀架上,其伸出长度不宜太长,一般以不超过刀杆厚度的1~1.5倍为宜。车刀下面的垫片要平整且应跟刀架对齐,垫片的片数要尽量少,以防止产生振动,如图1.21所示。

(4) 至少要用两个螺钉将车刀压紧在刀架上并逐个拧紧。拧紧时不得用力过大而使螺钉损坏。

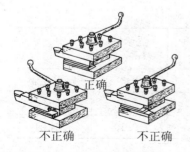

正确

不正确   不正确

图 1.21 车刀的安装方法

（5）要使车刀刀尖对准工件中心，可用下列方法：

① 根据车床的主轴中心高低，用钢尺测量装刀，如图 1.22 所示。

② 根据尾座顶尖的高低把车刀装准，如图 1.23 所示。

③ 将车刀靠近工件端面，目测估计车刀的高低，然后紧固车刀，试车端面，最后根据端面的中心装准车刀。

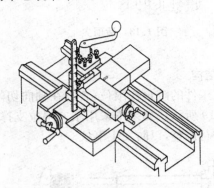

图 1.22　用钢尺测量中心高度

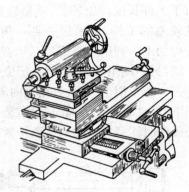

图 1.23　使用顶尖对准车刀中心

1.2.2　调整机床

"工欲善其事，必先利其器。"加工前调整好机床，操作起来就能得心应手，达到事半功倍的效果。调整机床的一般步骤和方法如下：

（1）检测机床外表面及各手柄位置是否正常。

（2）调整中、小滑板镶条间隙。中、小滑板手柄摇动的松紧程度要适当，过紧或过松都需进行调整。

（3）调整车床主轴转速。主轴转速可以按切削速度计算公式 $v = \pi dn / 1\,000$ 算出。然后将车床上的主轴变速调整到和计算出的转速最接近的主轴转速挡。

（4）调整进给量。根据所选定的进给量，从车床的铭牌上查出调整进给量手柄的位置并进行调整。

（5）检测车床有关运动件的间隙是否合适，如床鞍，中、小滑板的镶条的松紧程度，也就是检测滑板移动是否轻快、平稳。

（6）检测切削液供应是否正常。

根据零件加工精度要求，选择切削用量，如表 1.2 所示。

表 1.2　销轴加工的切削用量

序号	加工内容	加工刀具	主轴转速 /(r/min)	背吃刀量 /mm	进给量 /(mm/r)	备注
1	粗车	90°外圆粗车刀	700	2～3	0.3	硬质合金
2	精车	90°外圆精车刀	1 000	0.4	0.08	硬质合金
3	钻中心孔	$\phi 3$ mm 中心钻	800	1.5	0.10	高速钢

1.2.3　端面车削方法

车端面、外圆时，一般选用主偏角为 45°、75° 和 90° 的几种车刀。车端面时，工件安装在卡盘上→调整机床→开动机床使工件旋转→移动拖板将车刀移至工件附近→移动小滑板→控制背吃刀量→摇动中滑板手柄做横向进给。

1.2.3.1　用右、左偏刀(90°主偏角)车削端面

右偏刀适于车削带有阶梯和端面的工件，如一般的轴和直径较小的端面。通常情况下，偏刀由外向中心走刀车端面时，是由副刀刃进行切削的，如果背吃刀量较大，向里的切削力会使车刀扎入工件而形成凹面，如图 1.24(a) 所示。当然也可反向切削，从中心向外走刀，利用主切削刃进行切削则不易产生凹面，如图 1.24(b) 所示。切削余量较大时，可用如图 1.24(c) 所示的端面车刀车削。

在精车端面时，一般用偏刀由外向中心进刀(背吃刀量要很小)，因为这时切屑是流向待加工表面的，故加工出来的表面较光滑。

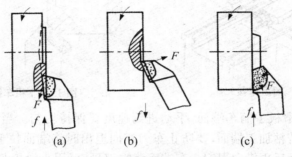

(a)　　　　　(b)　　　　　(c)

图 1.24　用 90°外圆右偏刀车端面

左偏刀车削端面，如图 1.25 所示，是用主切削刃进行的，所以车削顺利，车削的表面也较光滑，适于车削有阶梯的平面。

1.2.3.2　用 45°车刀车削端面

45°车刀利用主切削刃进行切削，如图 1.26(a) 和 (b) 所示，故切削顺利，工件表面粗糙度值较小，而且 45°车刀的刀尖角等于 90°，刀头强度比 90°偏刀高，适于车削较大的平面，并能倒角和车外圆。

1.2.3.3　用左车刀(主偏角在 60°～75°)车削端面

左车刀利用主切削刃进行切削，如图 1.26(c) 所示，所以切削顺利；同时左车刀的刀尖角大于 90°，刀头强度最好，车刀耐用度高，适于车削铸锻件的大平面。

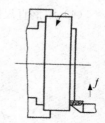

图 1.25　用左偏刀车削端面

1.2.3.4　车端面的操作步骤

(1) 移动床鞍和中滑板，使车刀靠近工件端面后，将床鞍上螺钉扳紧，使床鞍位置固定，如图 1.27 所示。

(2) 测量毛坯长度，确定端面应车去的余量，一般先车的一面尽可能少车，其余余量在另一面车去。车端面前可先倒角，尤其是铸件表面有一层硬皮，先倒角可以防止刀尖损坏。车端面和外圆时，第一刀背吃刀量一定要超过硬皮层，如图 1.28 所示。

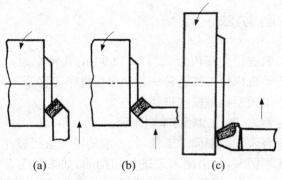

(a)　　　　　　(b)　　　　　　(c)

图 1.26　45°车刀、左车刀车削端面

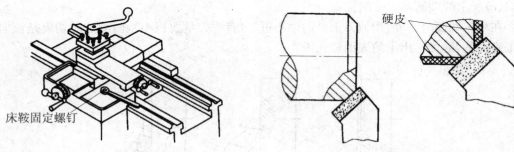

床鞍固定螺钉

图 1.27　固定床鞍

硬皮

图 1.28　粗车铸件前先倒角

（3）双手摇动中滑板手柄车端面,手动进给速度要保持均匀。当车刀刀尖车到端面中心时,车刀即退回。若精加工端面,要防止车刀横向退出时将端面拉毛,为此可向后移动小滑板,使车刀离开端面后再横向退刀。车端面背吃刀量,可用小滑板刻度盘控制,如图 1.29 所示。

（4）用钢直尺或刀口直尺检测端面直线度,如图 1.30 所示。

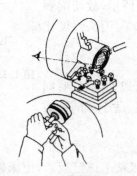

图 1.29　车端面的操作方法

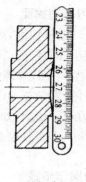
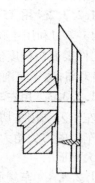

(a) 用钢直尺　　　(b) 用刀口形直尺

图 1.30　检测平面的平面度

使用普通机床加工零件

12

1.2.4 外圆车削方法

外圆车刀主要有:45°车刀、75°车刀和90°车刀,如图1.31所示。45°车刀用于粗车外圆、端面和倒角;75°车刀用于粗车外圆;90°车刀用于车细长轴外圆或有垂直阶梯的外圆。

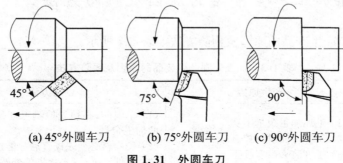

(a) 45°外圆车刀   (b) 75°外圆车刀   (c) 90°外圆车刀

图1.31 外圆车刀

外圆车削一般用试切法,试切法的操作方法与步骤如图1.32所示。

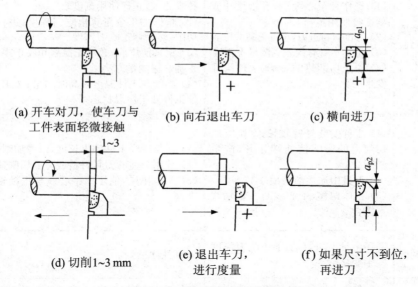

(a) 开车对刀,使车刀与   (b) 向右退出车刀   (c) 横向进刀
工件表面轻微接触

(d) 切削1~3 mm   (e) 退出车刀,   (f) 如果尺寸不到位,
进行度量   再进刀

图1.32 试切的操作方法与步骤

在试切的基础上,调整好背吃刀量后,扳动自动进给手柄进行自动走刀。当车刀进给到距尺寸末端3~5 mm时,应提前改为手动进给,以免走刀超长或车刀碰到卡盘爪上。如此循环直至尺寸合格,然后退出车刀,最后停车。

1.3 问题探究

1.3.1 外圆加工产生废品的原因及预防方法

一般外圆加工产生废品的原因及预防方法如表 1.3 所示。

表 1.3 加工外圆产生废品的原因及预防方法

废品种类	产生原因	预防方法
毛坯尺寸车不到规定尺寸	(1) 毛坯加工余量不够 (2) 工件弯曲没有校直 (3) 工件装夹没有校正	(1) 车削前,必须先检测毛坯是否有足够的加工余量 (2) 长棒料必须先校直后才能加工 (3) 工件装夹后,必须先校外圆再加工
尺寸精度达不到要求	(1) 操作者粗心大意,看错尺寸或刻度盘使用不当 (2) 车削盲目进刀,没有正确试切削 (3) 量具本身有误差或测量不正确 (4) 由于切削热的影响,工件尺寸发生变化	(1) 车削前,必须先看清图样上的尺寸和技术要求,正确使用刻度盘 (2) 根据加工余量算出吃刀深度,进行试切削,然后修正吃刀深度 (3) 量具使用前,必须先检测和校正零位,正确掌握测量方法 (4) 不能在工件温度较高时测量、加工,应使工件处于恒温状态
产生锥度	(1) 工件安装悬臂较长,车削时因切削力的影响使前端让开,产生锥度 (2) 刀具中途逐渐磨损 (3) 尾座偏移,中心线与主轴轴线不重合	(1) 尽量减少工件伸出长度,以增加刚性 (2) 选用合适的刀具材料或降低切削速度 (3) 调整尾座,使尾座中心线与主轴轴线重合
产生椭圆	毛坯余量不均匀,切削中吃刀深度发生变化	分粗、精加工
表面粗糙度达不到要求	(1) 车床刚性不足、不平衡或主轴太松引起振动 (2) 车刀刚性不足或伸出太长引起振动 (3) 工件刚性不足,引起振动 (4) 车刀几何形状刃磨不合理 (5) 切削用量选择不当	(1) 消除或防止由于车床刚性不足而引起的振动 (2) 增加刀具刚性并正确安装车刀 (3) 增加工件安装刚性 (4) 选择合理的刀具角度 (5) 走刀量不宜太大,精车余量和切削速度选择适当

1.3.2 端面车削不平整的原因及预防方法

端面车削不平整的原因及预防方法如表 1.4 所示。

表 1.4　端面车削不平整的原因及预防方法

废品种类	产生原因	预防方法
端面车削不平整	(1) 用右偏刀从外向中心进给时,床鞍没固定,车刀扎入工件产生凹凸面 (2) 车刀不锋锐,小滑板太松或刀架没压紧,使车刀受切削力作用而"让刀",因而产生凹凸面	(1) 在车大端面时,必须把床鞍的固定螺钉旋紧,如图 1.27 所示 (2) 保持车刀锋锐,中、小滑板的镶条不应太紧,车刀刀架应压紧

1.4　知 识 拓 展

1.4.1　金属切削机床的分类及型号

金属切削机床是用刀具切削的方法将金属毛坯加工成机械零件的机械,它是制造机械的机械,所以又称为"工作母机",习惯上简称为机床。机床是机械制造的基础机械,其技术水平的高低、质量的好坏,对机械产品的生产率和经济效益都有重要的影响。

1.4.1.1　机床的分类

机床主要按加工方法和所用刀具进行分类,根据国家制定的机床型号编制方法,机床分为 11 大类:车床、钻床、镗床、磨床、齿轮加工机床、螺纹加工机床、铣床、刨插床、拉床、锯床和其他机床。每一类机床按工艺范围、布局形式和结构性能又分为若干组,每一组又分为若干个系(系列)。

除了上述基本分类方法外,还有其他分类方法:

(1) 按照万能性程度,机床可分为:

① 通用机床:这类机床的工艺范围很宽,可以加工一定尺寸范围内的多种类型零件,完成多种多样的工序。例如:卧式车床、万能升降台铣床、万能外圆磨床等。

② 专门化机床:这类机床的工艺范围较窄,只能用于加工不同尺寸的一类或几类零件的一种(或几种)特定工序。例如:丝杆车床、凸轮轴车床等。

③ 专用机床:这类机床的工艺范围最窄,通常只能完成某一特定零件的特定工序。例如:加工机床主轴箱体孔的专用镗床、加工机床导轨的专用导轨磨床等。它是根据特定的工艺要求专门设计制造的,生产率和自动化程度较高,用于大批量生产。组合机床也属于专用机床。

(2) 按照机床的工作精度,可分为普通精度机床、精密机床和高精度机床。

(3) 按照重量和尺寸,可分为仪表机床、中型机床(一般机床)、大型机床(质量大于 10 t)、重型机床(质量在 30 t 以上)和超重型机床(质量在 100 t 以上)。

(4) 按照机床主要运动执行件的数目,可分为单轴、多轴、单刀、多刀机床等。

(5) 按照自动化程度不同,可分为自动、半自动和普通机床。自动机床具有完整的自动工作循环,包括自动装卸工件,能够连续地自动加工出工件。半自动机床也有完整的自动工

项目 1 销轴的车削加工

作循环,但装卸工件还需人工完成,因此不能连续地加工。

1.4.1.2 机床型号的编制方法

机床型号是机床产品的代号,用以表明机床的类型、性能、结构特点和技术参数等。GB/T 15375—94《金属切削机床型号编制方法》规定,我国机床型号由汉语拼音字母和阿拉伯数字按一定规律组合而成。通用机床型号的表示方法如图 1.33 所示。

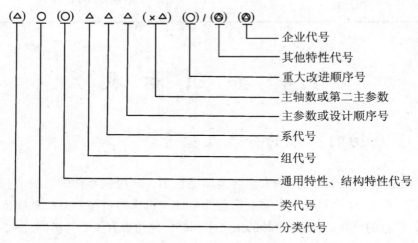

注:型号表示法中,有"( )"的代号或数字,当无内容时,则不表示,若有内容则不带括
号;有"○"符号者,为大写的汉语拼音字母;有"△"符号者,为阿拉伯数字;有"⬠"符号
者,为大写的汉语拼音字母或阿拉伯数字或两者兼有。

图 1.33 机床型号的表示方法

1. 机床的类别代号

机床的类别代号包括类代号和分类代号。机床的类代号用汉语拼音大写字母表示,如车床用"C"表示,读作"车"。每类又可分为若干分类,分类代号用阿拉伯数字表示,放在类代号之前,但第一类代号的"1"省略。机床的类别代号及其读音如表 1.5 所示。

表 1.5 机床的类别代号及其读

类别	车床	钻床	镗床	磨床			齿轮加工机床	螺纹加工机床	铣床	刨插床	拉床	锯床	其他机床
代号	C	Z	T	M	2M	3M	Y	S	X	B	L	G	Q
读音	车	钻	镗	磨	二磨	三磨	牙	丝	铣	刨	拉	割	其他

2. 通用特性、结构特性代号

通用特性代号表示机床所具有的特殊性能。当某类型机床除有普通型外,还具有如表 1.6 所列的某种通用特性时,则在类别代号之后加上相应的通用特性代号予以区分。通用特性代号用大写的汉语拼音字母表示,按其相应的汉字字意读音。例如:"CK"表示数控车床,"MBG"表示半自动高精度磨床。通用特性代号及其读音如表 1.6 所示。

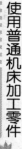

表 1.6　机床通用特性代号及其读音

通用特性	高精度	精密	自动	半自动	数控	加工中心（自动换刀）	仿形	轻型	加重型	简式或经济型	柔性加工单元	数显	高速
代号	G	M	Z	B	K	H	F	Q	C	J	R	X	S
读音	高	密	自	半	控	换	仿	轻	重	简	柔	显	速

对主参数相同但结构、性能不同的机床,用结构特性代号予以区分。根据各类机床的具体情况,对某些结构特性代号可以赋予一定含义。但结构特性代号与通用特性代号不同,它在型号中没有统一的含义,只在同类机床中起区分机床结构、性能的作用。结构特性代号用大写的汉语拼音字母表示,如 A、D、E 等。

3. 机床的组系代号

机床的组系代号包括组代号和系代号。

机床按其加工性质划分为 11 类,每类机床可划分为 10 个组,每个组又可划分为 10 个系(系别)。组、系划分的原则是:在同一类机床中,主要布局或使用范围基本相同的机床即为同一组;在同一组机床中,主参数、主要结构及布局形式相同的机床即为同一系。机床的组代号用一位阿拉伯数字表示,位于类代号或通用特性代号、结构特性代号之后;机床的系代号用一位阿拉伯数字表示,位于组代号之后。例如:CA6140 型卧式车床型号中的"61",表示该车床属于 6 组 1 系列。

4. 机床的主参数及第二主参数

机床主参数表示机床规格大小并反映机床最大工作能力。主参数代号以机床最大加工尺寸或与此有关的机床部件尺寸的折算值表示,用阿拉伯数字给出,位于系代号之后。主参数折算系数一般是 1/10 或 1/100,也有少数是 1。常见机床的主参数及折算系数如表 1.7 所示。

表 1.7　常见机床的主参数及折算系数

卧式车床	床身上最大回转直径	1/10
立式车床	最大车削直径	1/100
摇臂钻床	最大钻孔直径	1/1
卧式镗床	镗轴直径	1/100
外圆磨床	最大磨削直径	1/10
龙门铣床	工作台面宽度	1/10
插床及牛头刨床	最大插削及刨削长度	1/10

第二主参数主要是指主轴数、最大跨距、最大工件长度、工作台工作面长度等,第二主参数(多轴机床的主轴数除外)一般不予表示。

5. 机床重大改进顺序号

当机床的性能及结构布局有重大改进并按新产品重新设计、试制和鉴定时,为区别原机床型号,要在原机床型号的尾部,加重大改进顺序号。序号按"A、B、C、…"字母的顺序选用。例如:型号 CG6125B 中的"B"表示 CG6125 型高精度卧式车床的第二次重大改进。

6. 其他特性代号与企业代号

其他特性代号主要用以反映各类机床的特性,例如:对于数控机床,可用以反映不同的控制系统等;对于加工中心,可用以反映控制系统、自动交换主轴头和自动交换工作台等。其他特性代号可用汉语拼音("I"、"O"两个字母除外)表示,当单个字母不够用时,可将两个字母组合起来使用,如 AB、AC、AD、…。

企业代号包括机床生产厂及机床研究单位代号。企业代号置于辅助部分的尾部,用"—"分开,读作"至"。

综合上述通用机床型号的编制方法,举例如下:

例 1.1 CA6140

C:类别代号(车床);

A:结构特性代号(A 结构);

6:组别代号(卧式、落地车床组);

1:系别代号(普通卧式车床系);

40:主参数代号(床身上最大回转直径为 400 mm)。

例 1.2 MG1432A

M:类别代号(磨床类);

G:通用特性代号(高精度);

1:组别代号(外圆磨床);

4:系别代号(万能外圆磨床);

32:主参数代号(最大磨削直径为 320 mm);

A:重大改进顺序号(第一次重大改进)。

例 1.3 THM6350/JCS

T:类别代号(镗床类);

H:通用特性代号(自动换刀);

M:通用特性代号(精密);

6:组别代号(卧式铣镗床组);

3:系别代号(卧式铣镗床系);

50:主参数代号(工作台面宽度为 500 mm);

JCS:企业代号(北京机床研究所)。

1.4.2 车床的结构与传动系统

1.4.2.1 车床加工工艺范围

车床在机械加工行业中被认为是所有设备的工作母机,主要用于加工具有回转表面的工件,是机械制造和修配工厂中使用最广的一类机床。在车床上可以加工外圆、端面、锥度、钻孔、钻中心孔、镗孔、铰孔、切断、切槽、滚花、车螺纹、车成形面、绕弹簧等。在卧式车床上所能完成的典型加工表面如图 1.34 所示。

1.4.2.2 CA6140 车床的组成

CA6140 卧式车床是最常见的通用车床,其外形和组成部分如图 1.35 所示。其主要组成部件及其功用为:

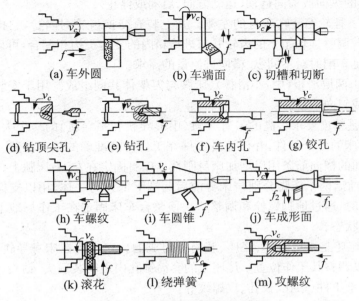

(a) 车外圆　　(b) 车端面　　(c) 切槽和切断

(d) 钻顶尖孔　(e) 钻孔　　(f) 车内孔　　(g) 铰孔

(h) 车螺纹　　(i) 车圆锥　　(j) 车成形面

(k) 滚花　　(l) 绕弹簧　　(m) 攻螺纹

图 1.34　卧式车床典型加工表面

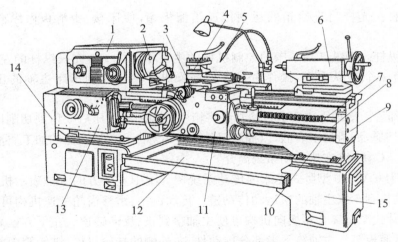

图 1.35　CA6140 卧式车床外形图

1. 主轴箱　2. 卡盘　3. 溜板　4. 刀架　5. 冷却管　6. 尾座　7. 丝杠　8. 光杠
9. 床身　10. 操纵杆　11. 溜板箱　12. 盛液盘　13. 进给箱　14. 挂轮箱　15. 床脚

（1）主轴箱（床头箱）。主轴箱固定在床身的左边，内部齿轮、主轴组成变速传动机构。工件通过卡盘等夹具装夹在主轴前端。主轴箱的功能是支承主轴并把动力经变速机构传给主轴，使主轴带动工件按规定的转速旋转，以实现主运动。

（2）进给箱（走刀箱）。进给箱固定在床身的左前下侧，是进给传动系统的变速机构。它通过挂轮把主轴的旋转运动传递给丝杠或光杠，可分别实现车削各种螺纹的运动及机动进给运动。

（3）溜板箱（拖板箱）。溜板箱固定在床鞍的前侧，随床鞍一起在床身导轨上做纵向往复运动。通过它把丝杠或光杠的旋转运动变为床鞍、中滑板的进给运动。变换箱外手柄位置可以控制车刀的纵向或横向运动(运动方向、启动或停止)。

(4) 挂轮箱。挂轮箱装在床身的左侧。其上装有变换齿轮(挂轮),它把主轴的旋转运动传递给进给箱,调整挂轮箱上的齿轮并与进给箱内的变速机构相配合,可以车削出不同螺距的螺纹,并满足车削时对不同纵、横向进给量的需求。

(5) 刀架。由两层滑板(中、小滑板)、床鞍与刀架体共同组成。用于安装车刀并带动车刀做纵向、横向或斜向运动。

(6) 床身。是精度要求很高的带有导轨(山形导轨和平导轨)的一个大型基础部件,用以支承和连接车床的各个部件,并保证各部件在工作时有准确的相对位置。床身由纵向的床壁组成,床壁间的横向筋条用以增加床身刚性。床身固定在左、右床腿上。

(7) 床脚。前后两个床脚分别与床身前后两端下部连为一体,用以支撑安装在床身上的各个部件。同时,通过地脚螺栓和调整垫块使整台车床固定在工作场地上,通过调整,能使床身保持水平状态。

(8) 尾座。尾座是由尾座体、底座、套筒等组成的。它安装在床身导轨上,并能沿此导轨做纵向移动,以调整其工作位置。尾座上的套筒锥孔内可安装顶尖、钻头、铰刀、丝锥等刀具、辅具,用来支承工件、钻孔、铰孔、攻螺纹等。

(9) 丝杠。丝杠主要用于车削螺纹。它能使拖板和车刀按要求的速比做很精确的直线移动。

(10) 光杠。光杠将进给箱的运动传递给溜板箱,使床鞍、中滑板做纵向、横向自动进给。

(11) 操纵杆。操纵杆是车床的控制机构的主要零件之一。在操纵杆的左端和溜板箱的右侧各装有一个操纵手柄,操作者可方便地操纵手柄以控制车床主轴的正转、反转或停车。

(12) 冷却管。冷却管主要通过冷却泵将箱中的切削液加压后喷射到切削区域,降低切削温度,冲走切屑,润滑加工表面,以提高刀具的使用寿命和工件表面的加工质量。

1.4.2.3 CA6140 车床传动系统简介

图 1.36 为 CA6140 型卧式车床的传动系统图。图中左上方的方框表示机床的主轴箱框是从主电动机到车床主轴的主运动传动链。传动链中:滑移齿轮变速机构可使主轴得到不同的转速;片式摩擦离合器换向机构可使主轴得到正、反向转速。左下方框表示进给箱,右下方框表示溜板箱。主轴箱下半部分传动件、左外侧的挂轮机构、进给箱中的传动件、丝杠或光杠以及溜板箱中的传动件构成了从主轴到刀架的进给传动链。进给换向机构位于主轴箱下部,用于切削左旋或右旋螺纹;挂轮或进给箱中的变换机构用来决定将运动传给丝杠还是光杠。若传给丝杠,则经过丝杠和溜板箱中的开合螺母把运动传给刀架,实现切削螺纹传动链;若传给光杠,则通过光杠和溜板箱中的转换机构传给刀架,形成机动进给传动链。溜板箱中的转换机构用来确定是纵向进给或是横向进给。

1.4.3 刀具几何参数与金属切削运动

1.4.3.1 车刀切削部分的几何参数

金属切削刀具的种类繁多,但切削部分的几何形状与参数都有着共性,即不论刀具结构如何复杂,它们的切削部分总是近似地以外圆车刀的切削部分为基本形态,或者可以说其他刀具都是通过车刀演变形成的。

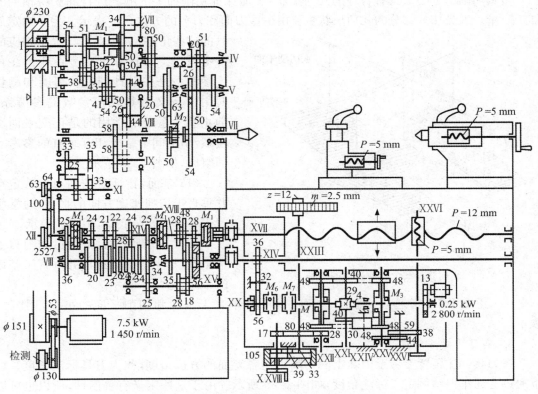

图 1.36　CA6140 型卧式车床的传动系统图

现以外圆车刀为例,介绍刀具的几何形状和参数。

1. 车刀切削部分的组成

外圆刀具切削部分的结构要素如图 1.37 所示,可以概括为"三面、两刃、一尖",其定义和说明如下:

(1) 前刀面:指刀具上切屑流过的表面,用 "A_r"表示。

(2) 主后面:指刀具上同前面相交形成主切削刃的后面,用"A_α"表示。

(3) 副后面:指刀具上同前面相交形成副切削刃的后面,用"A_α'"表示。

(4) 主切削刃:指前面与主后面的交线,用 "S"表示。

(5) 副切削刃:指前面与副后面的交线,用 "S'"表示。

(6) 刀尖:指主切削刃与副切削刃相交成的一个尖角。它不是一个几何点,而是具有一定半径的圆弧尖角。

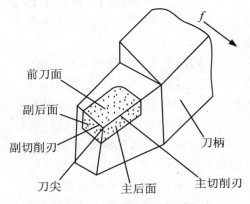

图 1.37　外圆刀具切削部分的结构要素

2. 静止参考系

刀具切削部分必须具有合理的几何形状,才能保证切削加工的顺利进行和获得预期的加工质量。刀具切削部分的几何形状主要由一些刀面和刀刃的方位角度表示。为了确定刀具的这些角度,必须将刀具置于相应的参考系里。刀具静止参考系或标注角度参考系是在设计、制造、刃磨和测量时用于定义刀具几何参数的参考系。静止参考系中最常用的是正交平面参考系,由空间中三个相互垂直的参考平面组成,如图 1.38 所示。

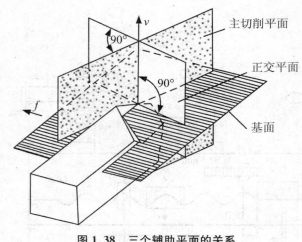

图 1.38　三个辅助平面的关系

(1) 基面:指通过切削刃上选定点并垂直于切削速度方向的平面,通常平行于车刀的安装底面,用"P_r"表示。

(2) 主切削平面:指通过切削刃上选定点,与主切削刃相切并垂直于基面的平面,用"P_s"表示。

(3) 正交平面:指通过切削刃选定点并同时垂直于基面和切削平面的平面,用"P_o"表示。

3. 车刀的标注角度

在刀具标注角度参考系中确定的切削刃与各刀面的方位角度,称为刀具标注角度。以下通过普通车刀举例定义标注角度,如图 1.39 所示。由于这些定义有普遍性,所以也可以用于其他类型的刀具。

(1) 基面中测量的刀具角度:

① 主偏角 K_r:主切削刃在基面上的投影与进给运动速度 v_f 方向之间的夹角。

② 副偏角 K_r':副切削刃在基面上的投影与进给运动速度 v_f 反方向之间的夹角。

(2) 切削平面中测量的刀具角度:刀倾角 λ_s 是主切削刃与基面之间的夹角。当主切削刃与基面平行时 $\lambda_s=0$,当刀尖点相对基面处于主切削刃上的最高点时 $\lambda_s>0$,当刀尖点相对基面处于主切削刃上的最低点时 $\lambda_s<0$,如图 1.40 所示。

(3) 正交平面中测量的刀具角度:

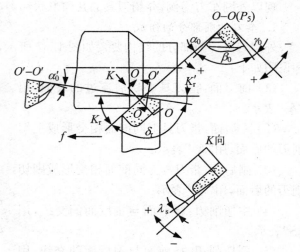

图 1.39　车刀的主要标注角度

① 前角 γ_o:前面与基面间的夹角。

前角的正负方向按图示规定表示,即刀具前刀面在基面之下时为正前角,刀具前刀面在基面之上时为负前角。

② 后角 α_o:主后面与切削平面间的夹角。后角不能为零或负值。

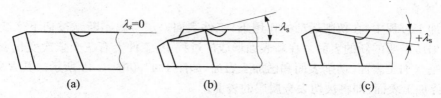

(a)　　　　　　　(b)　　　　　　　(c)

图 1.40　刃倾角的正、负、零值

1.4.3.2　切削运动

金属切削加工的种类很多。各种切削加工的目的都是形成合乎要求的工件表面,因此表面形成问题是切削加工的基本问题。切削加工时,为了获得各种形状的零件,刀具与工件必须具有一定的相对运动,即切削运动,切削运动按其所起的作用可分为主运动和进给运动。

1. 主运动

由机床或人力提供的运动,它使刀具与工件之间产生主要的相对运动。主运动的特点是速度最高、消耗功率最大。车削时,主运动是工件的回转运动,如图 1.41 所示;用牛头刨床刨削时,主运动是刀具的往复直线运动,如图 1.42 所示。

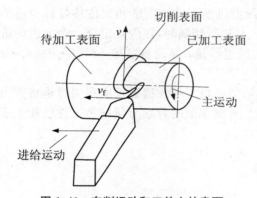

图 1.41　车削运动和工件上的表面

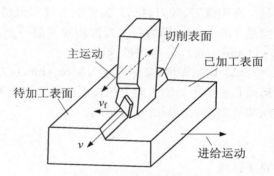

图 1.42　刨削运动和工件

2. 进给运动

由机床或人力提供的运动将使刀具与工件间产生附加的相对运动,进给运动将使被切金属层不断地投入切削,以加工出具有所需几何特性的已加工表面。车削外圆时,进给运动是刀具的纵向运动;车削端面时,进给运动是刀具的横向运动;用牛头刨床刨削时,进给运动是工作台的移动。

主运动的运动形式可以是旋转运动,也可以是直线运动;主运动可以由工件完成,也可以由刀具完成;主运动和进给运动可以同时进行,也可以间歇进行;主运动通常只有一个,而进给运动的数目可以有一个或几个。

3. 主运动和进给运动的合成

当主运动和进给运动同时进行时,切削刃上某一点相对于工件的运动为合成运动,常用合成速度向量 v_e 来表示,如图 1.43 所示。

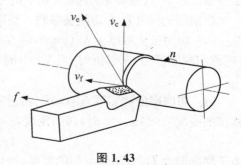

图 1.43

4. 工件表面

切削加工过程中,在切削运动的作用下,工件表面一层金属不断地被切下来变为切屑,从而加工出所需要的新的表面。在新表面形成的过程中,工件上有三个依次变化着的表面,它们分别是待加工表面、切削表面和已加工表面,如图 1.41 和图 1.42 所示。其含义是:

(1) 待加工表面:即将被切去金属层的表面;

(2) 切削表面:切削刃正在切削而形成的表面,切削表面又称加工表面或过渡表面;

(3) 已加工表面:已经切去多余金属层而形成的新表面。

5. 切削用量

在切削加工过程中,需要针对不同的工件材料、刀具材料和其他技术经济要求来选定适宜的切削速度 v_c、进给量 f 和切削深度 a_p 值。v_c、f、a_p 称为切削用量三要素。

(1) 切削速度 v_c(m/min):切削刃相对于工件的主运动速度称为切削速度。计算切削速度时,应选取刀刃上速度最高的点进行计算。主运动为旋转运动时,切削速度由下式确定:

$$v_c = \frac{\pi d n}{1\,000} \tag{1.1}$$

式中:d 为工件的最大直径(mm);n 为工件的转速(r/min)。

(2) 进给量 f(mm/r):工件或刀具每回转一周沿进给运动方向的相对位移量称为进给量。在用铣刀、铰刀、拉刀、齿轮滚刀等多刃切削工具进行切削时,还应规定每一个刀齿的进给量 f_z(mm/z),即后一个刀齿相对于前一个刀齿的进给量,显而易见有 $v_f = f \cdot n = f_z \cdot z \cdot n$(mm/min),$v_f$ 称进给速度。

(3) 切削深度(又称背吃刀量)a_p(mm):刀具切削刃与工件的接触长度在同时垂直于主运动和进给运动的方向上的投影值称为背吃刀量。外圆车削的背吃刀量就是工件已加工表面和待加工表面间的垂直距离:

$$a_p = \frac{d_w - d_m}{2} \tag{1.2}$$

对于钻削

$$a_p = \frac{d_m}{2} \tag{1.3}$$

式中:d_w 为工件上待加工表面直径(mm);d_m 为工件上已加工表面直径(mm)。

6. 切削层参数

切削时,刀具沿进给运动方向移动一个进给量所切除的金属层称为切削层,也就是相邻两个加工表面之间所夹的一层金属。以车削外圆为例,切削层即工件每转一转主切削刃沿工件轴线移动 f(进给量)距离所切下的一层金属,如图 1.44 中所示的平行四边形。

切削层的尺寸称为切削层参数。切削层参数通常是在基面内测量的。

(1) 切削层公称厚度 h_D(mm):垂直于过渡表面度量的切削层尺寸称为切削层公称厚度(简称切削厚度)。车外圆时,当 $\lambda_s = 0$ 时,切削厚度 h_D 与进给量 f 的关系为

$$h_D = f \sin K_r \tag{1.4}$$

(2) 切削层公称宽度 b_D(mm):沿过渡表面度量的切削层尺寸,称为切削层公称宽度(简称切削宽度)。当 $\lambda_s = 0$ 时,切削宽度 b_D 与切削厚度 h_D 之间存在的关系为

$$b_D = a_p / \sin K_r \tag{1.5}$$

由于切削厚度 h_D 表明切削层的厚度,而切削宽度 b_D 反映了切削层的长度,因而切削厚度 h_D

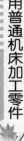

使用普通机床加工零件

和切削宽度 b_D 比进给量 f 和背吃刀量 a_p 更能反映切削层横截面的特性。

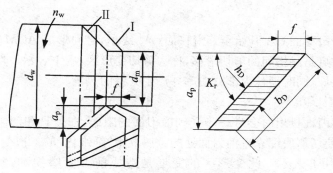

图 1.44　切外圆时的切削层要素

（3）切削层横截面积 $A_D(\text{mm}^2)$：指切削层在基面内度量的横截面积，称为切削层横截面，简称切削面积。对于车削，切削面积为

$$A_D = h_D b_D = f a_p \tag{1.6}$$

1.4.4　金属切削过程

金属切削过程是刀具从工件表面切去多余金属的过程，也是工件的切削层在刀具前刀面挤压下产生塑性变形，进而形成切屑被切下来的过程。切削过程中会产生一系列物理现象，如切削变形、切削力、切削热与切削温度以及有关刀具的磨损与刀具寿命、卷屑与断屑等。

1.4.4.1　金属切削过程的变形区

图 1.45 是直角自由切削塑性金属材料时绘制的实验金属切削滑移线和流线示意图。由图可见，工件上的被切削层在刀具的挤压作用下，沿切削刃附近的金属首先产生弹性变形；接着由剪应力引起的应力达到金属材料的屈服极限以后，切削层金属便沿倾斜的剪切面变形区滑移，产生塑性变形；然后在沿前刀面流出去的过程中，受摩擦力作用再次发生滑移

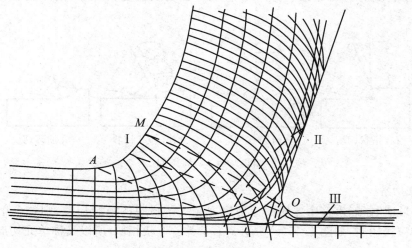

图 1.45　金属切削过程中的滑移线和流线及三个变形区

变形,最后形成切屑。为了进一步分析切削层变形的规律,通常把被切削刃作用的金属层划分为三个变形区(图1.45):

1. 第Ⅰ变形区

塑性变形从始滑移面 OA 开始至终滑移面 OM 终了,之间形成 AOM 塑性变形区,由于塑性变形的主要特点是晶格间的剪切滑移,称为剪切变形区,用Ⅰ表示。切削过程的塑性变形主要集中于此区域,同时消耗大部分功率并产生大量的热量。

2. 第Ⅱ变形区

切屑沿刀具前刀面排出时会进一步受到前刀面的阻碍,在刀具和切屑界面之间存在强烈的挤压和摩擦,使切屑底部靠近前刀面处的金属发生"纤维化"的二次变形,这个变形区域称为第二变形区,用Ⅱ表示。此变形区的变形是造成前刀面磨损和产生积屑瘤的主要原因。

3. 第Ⅲ变形区

在已加工表面上与刀具后刀面挤压、摩擦形成的变形区域,这个变形区域称为第三变形区,用Ⅲ表示。由于刀具刃口不可能绝对锋利,钝圆半径的存在使切削层参数中公称切削厚度不可能完全切除,会有很小一部分被挤压到已加工表面,与刀具后刀面发生摩擦,并进一步产生弹、塑性变形,从而影响已加工表面质量。

这三个变形区各具有特点,又存在着相互联系、相互影响。

1.4.4.2 切屑的种类

由于工件材料和切削条件不同,切削变形的程度也就不同,因而所产生的切屑形态也就多种多样。归纳起来,可分为以下四种类型,如图1.46所示。

1. 带状切屑

带状切屑是最常见的一种切屑,如图1.46(a)所示。它的内表面是光滑的,外表面是毛茸状的。一般在加工塑性金属材料时,切削厚度较小,切削速度较高,刀具前角较大,得到的往往是这类切屑。它的切削过程比较平稳,切削力波动较小,已加工表面粗糙度较小。

2. 节状切屑

节状切屑如图1.46(b)所示,又称挤裂切屑,和带状切屑不同之处在于外弧表面呈锯齿形,内弧表面有时有裂纹。这种切屑大都在切削速度较低、切屑厚度较大的情况下产生。

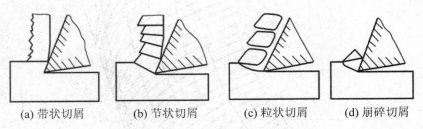

(a) 带状切屑　　　(b) 节状切屑　　　(c) 粒状切屑　　　(d) 崩碎切屑

图1.46　切屑类型

3. 粒状切屑

当切屑形成时,如果整个剪切面上剪应力超过了材料的破裂强度,则整个单元被切离,成为梯形的粒状切屑,如图1.46(c)所示。由于各粒形状相似,所以又称单元切屑。

4. 崩碎切屑

切削脆性金属时,由于材料的塑性很小、抗拉强度较低,刀具切入后,切削层内靠近切削刃和前刀面的局部金属未经明显的塑性变形就在张应力状态下脆断,形成不规则的崩碎切屑,如图 1.46(d)所示,同时使工件加工表面凹凸不平。工件材料越硬脆,切削厚度越大,越容易产生这类切屑。

前三种切屑是切削塑性金属时得到的。形成带状切屑的切削过程最平稳,切削力的波动最小,形成粒状切屑的切削力波动最大。在生产中,最常见到的是带状切屑;当切削厚度大时,则得到节状切屑;在形成节状切屑的情况下,改变切削条件——进一步减小前角或加大切削厚度——就可以得到粒状切屑。

1.4.4.3 积屑瘤现象

1. 积屑瘤的形成

切削塑性材料时,由于切屑底面与前刀面的挤压和剧烈摩擦,切屑底层的流动速度低于上层的流动速度,形成滞流层。当滞流层金属与前刀面之间的摩擦力超过切屑本身分子间的结合力时,滞流层的部分新鲜金属就会黏附在刀刃附近,形成楔形的积屑瘤,如图 1.47 所示。

积屑瘤的产生以及它的积聚高度与金属材料的硬化程度有关,也与刀刃前区的温度和压力状况有关。积屑瘤高度与切削速度关系如图 1.48 所示。

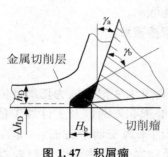

图 1.47 积屑瘤

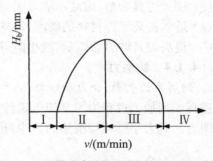

图 1.48 积屑瘤高度与切削速度关系示意图

低速($v_c \leqslant 3$ m/min)切削时,产生的切削温度很低;高速($v_c \geqslant 60$ m/min)切削时,产生的切削温度较高。这两种情况的摩擦系数均较小,故不易形成积屑瘤。中速($v_c \approx 20$ m/min)切削时,积屑瘤的高度达到最大值。

随着切削速度的增高,切削温度达到或超过 $500 \sim 600$ ℃时,由于温度高,加工硬化消失,金属软化,材料强度降低,刀刃附近刀面上的硬块被切屑带走或黏附在加工表面上,这样积屑瘤便脱落和消失。积屑瘤的产生、长大和脱落是周期性的动态过程。

2. 积屑瘤对切削过程的影响

(1)增大刀具前角。积屑瘤使刀具实际工作前角增大,如图 1.49 所示,从而减小切削变形和切削力。

(2)对刀具寿命的影响。积屑瘤经过强烈的塑性变形而被强化,其硬度远高于被切金属的硬度,能代替切削刃进行切削,起到保护切削刃和减少刀具磨损的作用。但是积屑瘤的生长是一个不稳定的过程,积屑瘤随时会发生破碎、脱落,脱落的碎片会粘走刀面上的金属材料或者严重擦伤刀面,使刀具寿命下降。

(3)增大切削厚度。积屑瘤前端伸出切削刃外,导致切削厚度增大,影响加工尺寸的精度。

（4）降低工件表面质量。由于积屑瘤的外形不规则,被切削工件表面不平整,且积屑瘤不断地破碎、脱落,脱落的碎片使工件表面粗糙,产生缺陷,因此精加工时必须避免积屑瘤的产生。

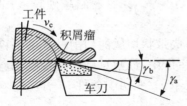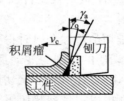

(a) 车刀前形成的切削积屑瘤　　　　(b) 刨刀前形成的积屑瘤

图 1.49　积屑瘤使刀具前角增大

3. 抑制或消除积屑瘤的措施

（1）采用低速或高速切削,由于切削速度是通过切削温度影响积屑瘤的,以切削 45 钢为例,在低速（$v_c \leqslant 3$ m/min）和高速（$v_c \geqslant 60$ m/min）范围内,摩擦系数都较小,故不易形成积屑瘤。

（2）采用高润滑性的切削液,使摩擦和黏结减少。

（3）增大刀具前角,以减小前刀面与切屑接触区域压力。

（4）适当提高工件材料的硬度,以减小材料加工硬化倾向。

（5）提高刀具的刃磨质量,减小前刀面与切屑间的摩擦系数。

1.4.4.4　切削力

1. 切削力的来源、合力和分力

进行切削加工过程中刀具切入工件时,使被加工材料发生变形而成为切屑所需的力称为切削力。其大小影响切削热的多少,进而影响刀具的磨损和寿命以及工件加工精度和表面质量。切削力来源于两个方面:一是三个变形区克服切削层材料和工件表面层材料对弹性变形、塑性变形的抗力;二是克服刀具与切屑、刀具与工件表面间摩擦阻力所需的力,如图 1.50 所示。

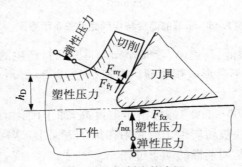

图 1.50　切削力的来源

为了便于分析切削力和测量、计算切削力的大小,通常将合力分解成三个相互垂直的分力:主切削力 F_c、进给力 F_f、背向力 F_p,如图 1.52 所示。

（1）主切削力 F_c:切削力合力在主运动方向的分力,是计算机床切削功率、选配机床电机、校核机床主轴、设计机床部件及计算刀具强度等必不可少的参数。

（2）背向力 F_p:总切削力在垂直于进给运动方向上的分力。F_p 不消耗机床功率,是设计、校核机床进给机构,计算机床进给功率不可缺少的参数。

（3）进给力 F_f:总切削力在垂直于工作平面方向的分力,是进行加工精度分析、计算工艺系统刚度以及分析工艺系统振动时所必需的参数。

总切削力 F 与三个互相垂直的分力 F_c、F_p、F_f 的关系为

$$F = \sqrt{F_c{}^2 + F_p{}^2 + F_f{}^2}$$

$$(1.7)$$

$$F_p = F_D \cos K_r, \quad F_f = F_D \sin K_r \qquad (1.8)$$

式中,F_D 为合力在基面内的分力。主偏角 K_r 的大小直接影响 F_p 和 F_f 的大小。

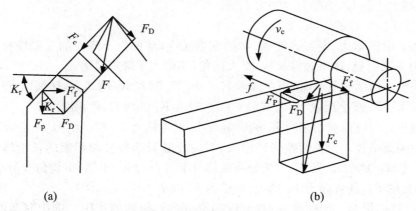

图 1.51　总切削力和切削分力

2. 影响切削力的主要因素

(1) 工件材料的影响。

工件材料的强度和硬度越高，则抗剪强度越高,切削力就越大。工件材料塑性和韧性越高,切屑越不易卷曲,从而使刀具、切屑接触面间摩擦增大,故切削力增大,如切削 1Cr18Ni9Ti 不锈钢比 45 钢产生的切削力大得多。切削铸铁和其他脆性材料时,塑性变形小,刀具、切屑接触面间摩擦小,故产生的切削力比钢小。

(2) 切削用量的影响。

① 切削速度。切削时:若不形成积屑瘤,当切削速度增大,则切削力减小;若形成积屑瘤,切削速度对切削力的影响如图 1.52 所示:开始时,随着切削速度的增大,逐渐产生与形成积屑瘤,使实际前角逐渐增大,切削力下降;当积屑瘤高度达到最高时,切削力最小;随着切削速度的增加,切削温度不断升高,积屑瘤逐渐脱落,使前角减小,切削力又逐渐增加;当积屑瘤完全消失时,切削力达到最大值;随后切削力又随切削速度的增大而减小。

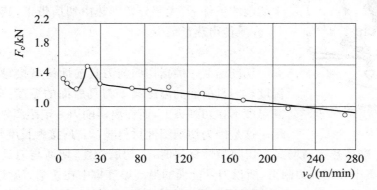

图 1.52　切削速度对切削力的影响

② 进给量。进给量增大,切削层公称厚度按比例增大,而切削层公称宽度不变。这时,虽剪切面面积按比例增大,但切屑与前刀面的接触未按比例增大,第 Ⅱ 变形区的变形未按比例增加。因而,当进给量增大 1 倍时,切削力约增加 70%~80%。

③ 背吃刀量。背吃刀量增大,切削层公称宽度按比例增大,从而使剪切面面积和切屑与前刀面的接触面积都按比例增大,第Ⅰ变形区和第Ⅱ变形区的变形都按比例增大。因而当背吃刀量增大1倍时,切削力也增大1倍。

（3）刀具几何参数的影响。

① 前角。前角增大,则刀具锋利,切削变形减小,切削力下降。加工塑性材料时,增大前角,切削力下降明显;加工脆性材料,增大前角,切削力下降不显著。

② 主偏角。切削一般钢时,当主偏角 $K_r < 60°$ 时,随着 K_r 的增大,切削力 F_c 减小,当主偏角 $K_r = 60°$ 时,F_c 减小至最小,当 $K_r > 60°$ 时,随着 K_r 的增大,F_c 增大。

③ 刃倾角。刃倾角对切削力 F_c 的影响较小,对背向力 F_p 和进给力 F_f 的影响较大。

④ 刀尖圆弧半径。刀尖圆弧半径增大,刀尖处圆弧部分参加切削的长度增大,因此切削变形增大,切削力增大。另外,刀尖处圆弧部分上各点的 K_r 不同,平均角度值小于主切削刃的直线部分的 K_r,使背向力 F_p 增大,进给力 F_f 减小。

（4）切削液的影响。切削液具有冷却、润滑、清洁、防锈的作用。选用润滑性能好的切削液,可以减小刀具前面与切屑、刀具后面与工件之间的摩擦,从而降低切削力。例如:矿物油、植物油、极压切削油。

1.4.4.5 切削热和切削温度

切削热和由此产生的切削温度是切削过程中的又一重要物理现象。切削热和它产生的切削温度会使整个工艺系统的温度升高,一方面会引起工艺系统的变形,另一方面会加剧刀具的磨损,从而影响工件的加工精度和表面质量及刀具的耐用度。

1. 切削热的产生

金属切削过程中所消耗的功,绝大部分在切削刃附近转化为热,称为切削热。金属切削过程的三个变形区就是产生切削热的三个热源,如图1.53所示。在这三个变形区中,刀具克服金属弹性变形和塑性变形抗力所做的功和克服摩擦抗力所做的功,绝大部分(98%以上)转化为切削热。

2. 切削热的传出

切削热通过切屑、工件、刀具以及周围介质传散。在一般干切削的条件下,大部分切削热由切屑带走,其次为工件和刀具,介质传出热量最少。

3. 切削温度

切削温度一般指切屑与刀具前面区域接触时产生的平均温度。刀具前面的温度高于刀具后面的温度。刀具前面的最高温度不在切削刃上,而在离切削刃一定距离处,如图1.54所示。这是因为切削塑性材料时,刀-屑接触长度较长,切屑沿着刀具前面流出,摩擦热逐渐增大。切削脆性材料时,因切屑较短,切屑与刀具前面接触所产生的摩擦热都集中在切削刃附近,所以刀具前面的最高温度集中在切削刃附近。

图1.53 切削热的来源与传导

过高的切削温度一方面会使刀具温度升高而加剧刀具磨损,另一方面使工件温度升高而产生热变形,影响加工精度。因此必须控制好切削温度,尤其在精加工和超精密加工时。

4. 影响切削温度的主要因素

（1）工件材料的影响。工件材料的强度、硬度高,需切削力大,产生切削热多,切削温度就高;工件材料的塑性大,切削时,切削变形大,产生的切削热多,切削温度就高;工件材料的热导率大,本身吸热、散热快,温度不易积聚,切削温度就低。

(2)切削用量的影响。增大切削用量,切削温度升高,但三要素对温度的影响程度不同:切削速度对切削温度的影响最大,背吃刀量对切削温度的影响最小。

(3)刀具几何参数的影响。

① 前角。前角增大,切削变形减小,产生的切削热少,切削温度下降,但是如果前角过分增大,刀具散热体积减小,反而会提高切削温度。

② 主偏角。背吃刀量相同,增大主偏角,主切削刃与工件接触长度减小,散热条件差,切削温度升高。

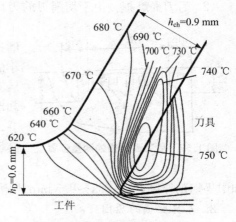

图 1.54　切削中的温度分布

(4)切削液影响。可利用切削液的润滑功能降低摩擦系数,从而减少切削热的产生,也可利用切削液的冷却吸收大量的切削热。所以采用切削液是降低切削温度的重要措施。

1.4.4.6　刀具磨损与刀具使用寿命

刀具在切削过程中将逐渐产生磨损,其磨损形态如图 1.55 所示。当刀具磨损量达到一定程度时,可以明显地发现切削力加大,切削温度上升,切屑颜色改变甚至产生振动。同时,工件尺寸可能会超出公差范围,已加工表面质量也明显恶化。因此它是切削加工中极为重要的问题之一。

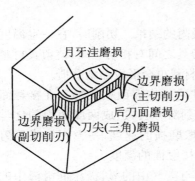

图 1.55　刀具的磨损形态

1. 刀具磨损的形式

刀具正常磨损时,按磨损部位不同,可分为前刀面磨损、主后面磨损、前刀面和主后面同时磨损三种形式。

(1)前刀面磨损。当切削塑性材料时,切削厚度和切削速度都比较大时,切屑会在前刀面磨损出洼凹,这个洼凹称月牙洼,如图 1.56 所示。月牙洼产生的地方是切削温度最高的地方,前刀面磨损量的大小,用月牙洼的宽度 K_B 和深度 K_T 表示。随着切削继续进行,K_B 和 K_T 逐渐增大,月牙洼边缘与切削刃之间的小狭面减小,最终导致崩刃。

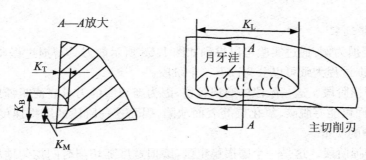

图 1.56　月牙洼

（2）后刀面磨损。由于切削刃的刃口钝圆半径对加工表面的挤压与摩擦，在切削刃的下方会磨损出一条后角等于零的沟痕，这就是后刀面磨损，如图 1.57 所示。在切削速度较低、切削厚度较小的情况下，切削脆性材料时，将会发生后刀面磨损。后刀面磨损的大小是不均匀的，在刀尖部分由于强度和散热条件差，磨损厉害。切削刃靠近待加工表面部分，由于硬化或毛坯表面的缺陷，磨损也较大。后刀面磨损量用平均值 V_B 表示。

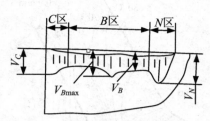

图 1.57　后刀面磨损的测量位置

（3）前刀面、主后面同时磨损。以中等切削速度和中等切削厚度（$h_D = 0.1 \sim 0.5$ mm）切削塑性金属材料时，往往使前后刀面同时出现磨损。

2. 刀具磨损的原因

刀具磨损的原因极其复杂，按性质大体可分为机械作用和热-化学作用。

（1）机械作用的磨损。刀具材料虽比工件材料硬度大，但从微观上看，在工件材料中包含有氧化物、碳化物等硬质点。这些硬质点的硬度很高，它们像切削刃一样，在刀面上划出划痕，使刀具磨损。此外，积屑瘤脱落的碎片，黏结在切屑或工件上，也会使刀具磨损。

机械磨损是低速切削时形成刀具磨损的主要原因。

（2）热-化学作用。

① 黏结磨损。黏结是分子间的吸引力导致金属相互吸附的结果。切削时，在一定温度与压力下，使刀具与切屑和工件间产生黏结。由于工件与刀具之间有相对运动，使刀具材料被切屑带走而造成磨损。此外，当积屑瘤脱落时，带走刀具材料也会形成黏结磨损。

② 扩散磨损。切削时，高温使刀面始终与切屑或工件的新生表面相接触。在接触面间分子活动能量很大，使两摩擦面间的化学元素相互扩散到对方去，造成两摩擦面的化学成分发生变化，降低刀具材料的性能，加速刀具磨损。扩散磨损的速度，一方面取决于刀具和工件材料间是否容易起化学反应，另一方面又取决于接触面的温度。

③ 氧化磨损或化学磨损。在一定的温度下，刀具材料与空气中的氧、极压润滑液中的添加剂硫和氯等起化学反应，生成一些疏松、脆弱的氧化物并被切屑带走，从而加速刀具的磨损。另外，刀具材料的某种介质被腐蚀也可造成刀具磨损。

④ 相变磨损。当刀具的最高温度超过相变温度时，刀具表面的金相组织发生变化，从而使刀具硬度下降，磨损加剧。由上可知，温度对刀具磨损起着决定性的作用，温度愈高，刀具磨损愈快。

3. 刀具磨损过程

以后刀面磨损为例，通过实验可以得到如图 1.58 所示的刀具磨损过程典型曲线。由图可知，刀具的磨损过程大致可以分为以下三个阶段：

（1）初期磨损阶段。这一阶段的磨损较快，因为新刃磨的刀具表面粗糙度值大，接触应力大，且前后刀面可能有脱碳、氧化层等表面缺陷，因而这一阶段的磨损速度在很大程度上取决于刀具刃磨的质量。

（2）正常磨损阶段。这是一个磨损稳定区，磨损宽度随切削时间均匀地增加，是刀具工作的有效区域。磨损曲线基本上是一条上行的直线，其斜率代表刀具正常工作时的磨损强度，这是一个用来衡量刀具切削性能的重要指标。

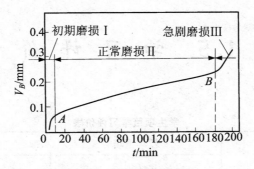

图 1.58 后刀面磨损过程

(3) 急剧磨损阶段。当刀具磨损量达到一定程度后，由于刀具很钝，摩擦过大，使切削温度迅速升高，刀具磨损加剧，以致刀具失去切削能力。生产中，为合理使用刀具并保证加工质量，应在该阶段到来之前就及时重磨刀具或更换新刀。

4. **刀具的磨钝标准**

刀具磨损到一定限度就不能再继续使用了，这个磨损限度称为磨钝标准。国际标准 ISO 推荐硬质合金外圆车刀的磨钝标准，可以是以下任何一种：

(1) $V_B = 0.3$ mm；

(2) 如果主后刀面为无规则磨损，取 $V_{Bmax} = 0.6$ mm；

(3) 前面磨损量 $K_T = 0.06 + 0.3f$（f 为进给量）。

由于后刀面对加工质量影响大，而且容易测量，常用后刀面磨损的平均值 V_B 来规定刀具磨损限度。

5. **刀具耐用度和刀具寿命**

(1) 刀具耐用度。是指一把刃磨好的新刀从投入使用直至达到磨钝标准所经历的实际切削时间，用 T 表示，单位为分钟（min）。例如：硬质合金车刀耐用度大致为 60～90 min；钻头的耐用度大致为 80～120 min；硬质合金端铣刀的耐用度大致为 90～180 min；齿轮刀具的耐用度大致为 200～300 min。刀具耐用度反映了刀具磨损的速率。

刀具耐用度的选择与生产效率、成本有直接关系。选择高的刀具耐用度，会限制切削速度，这就影响到生产率；若选择过低的耐用度，则会增加磨刀次数，辅助时间和刀具材料消耗，仍然影响到生产效率和成本。所以应根据切削条件合理选用刀具耐用度。

凡是影响切削温度和刀具磨损的因素都影响刀具的耐用度，温度越高，刀具耐用度越低。

(2) 刀具寿命。刀具寿命指的是一把新刀开始使用直到报废之前总的切削时间。它包含刀具用钝后的多次刃磨时间。刀具寿命等于刀具耐用度与刀具重磨次数的乘积（包括新开刀刃）。可转位车刀的寿命等于可使用的切削刃数与耐用度的乘积。

1.5　学习评价

学生项目学习评价表

项目评价表	教学情境		总　分	
	项目名称		项目执行人	

评分内容	总分值	自我评分（30%）	教师评分（70%）
咨询：	10		
决策与计划：	10		
实施：	45		
检测：	20		
评估：	15		
本项目收获：			
有待改进之处：			
改进方法：			
总分	100		

教师评语：

被评估者签名	日期	教师签名	日期

1.6 考工要点

本项目内容占中级车工考工内容的比例约为15%。

1. 考工应知知识点

车床的结构;车刀的几何角度;轴类零件的装夹方法;外圆加工产生废品的原因;积屑瘤的形成及对加工过程的影响;切屑的种类;影响切削力的因素;影响切削热的因素;刀具的磨损形式及影响刀具耐用度的因素。

2. 考工应会技能点

车床的操作;轴类零件的装夹方法;刀具的装夹;外圆的加工方法;端面的加工方法;车削加工安全文明生产等。

项目2 阶梯轴的加工

阶梯轴是最典型的车削零件之一。阶梯轴的车削加工方法与外圆车削基本一致:有配合的外圆表面要求光滑、平整,无配合的外圆表面一般按自由公差加工。为了更好实现轴向定位,阶梯轴一般还设有沟槽。加工时既要保证外圆、阶台、槽宽等尺寸精度,也要保证各阶台面与工件轴线垂直。通过该项目的学习,学生可以逐步掌握阶台、切槽和切断等车削基本加工方法,并能够分析阶梯轴的加工质量。

学习目标

1. 掌握阶梯轴的加工方法;
2. 掌握切槽和切断的基本操作技能;
3. 掌握阶梯轴加工产生误差的原因;
4. 掌握零件结构工艺性的分析方法;
5. 了解车刀的结构与种类;
6. 掌握零件工艺尺寸链的相关知识。

2.1 项 目 描 述

在已经完成的项目1销轴加工的基础上,按图2.1所示的图纸要求完成零件加工。

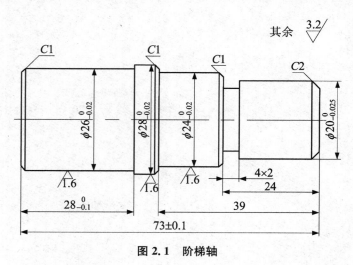

图 2.1 阶梯轴

2.1.1　零件结构和技术要求分析

从图 2.1 可知,该零件仍然需要采取两次调头装夹加工。图中有五处尺寸公差要求,其中四处是阶梯的直径公差:$\phi28$、$\phi26$、$\phi24$ 三个外圆公差为 0.02 mm,$\phi20$ 外圆公差为 0.025 mm;一处是 28 mm 长度尺寸公差,为 0.1 mm。其余长度尺寸按一般尺寸的未注公差加工;而槽宽和槽深无公差标注,按一般尺寸的未注公差加工;外圆表面粗糙度 Ra 全部为 1.6 μm,其余表面粗糙度 Ra 为 3.2 μm,普通车床加工即可满足要求;三处倒角为 C1,一处倒角为 C2,用 45°外圆车刀加工。

其中 $\phi28$ 外圆因为加工余量较小,所以装夹时需要找正之后夹紧。

2.1.2　加工工艺

阶梯轴的加工工艺如表 2.1 所示。

表 2.1　阶梯轴的加工工艺

序号	工序名称	工序内容	测量与加工使用工具	备注
1	车削外圆	找正后夹紧工件,夹持长度约 20 mm。粗、精车外圆 $\phi28^{\ 0}_{-0.02}$ mm,$\phi24^{\ 0}_{-0.02}$ mm,$\phi20^{\ 0}_{-0.025}$ mm 至长度尺寸	游标卡尺、千分尺	
2	切槽	粗、精加工 $\phi16$ mm、宽度为 4 mm 的沟槽	切槽刀、游标卡尺	
3	倒角	分别倒出工件右边 C1、C1、C2 三处倒角	45°外圆车刀	
4	车削外圆	调头、铜皮包裹夹持 $\phi24^{\ 0}_{-0.02}$ mm 外圆,粗、精外圆至尺寸 $\phi26^{\ 0}_{-0.02}$ mm,同时保证长度尺寸 $28^{\ 0}_{-0.1}$ mm	游标卡尺、千分尺	
5	倒角	倒出工件左边 C1 倒角	45°外圆车刀	

2.1.3　工具、量具及设备的使用

2.1.3.1　切断刀、外沟槽车刀

切断刀和外沟槽车刀的几何形状相似,只是刀头的宽度和长度有些区别,有时候两者可以通用。常用的切断刀有高速钢切断刀和硬质合金切断刀,其形状、几何角度如图 2.2 所示。高速钢切断刀适用于低速切削,硬质合金切断刀适用于高速切削。切断刀前面的刀刃是主刀刃,两侧刀刃是副刀刃,特点是:刀头狭长,刀头强度很差,运动以横向进给为主。

此外,为了节省高速钢材料并使刃磨方便,切断刀可以做成片状再装在弹性刀柄上,制成弹性切断刀,如图 2.3 所示。这种切断刀既节省材料,又富有弹性,当进刀过多时,刀头在弹性刀杆的作用下会自动产生让刀,避免产生扎刀而折断刀头。

切断直径较大的工件时,由于刀头较长,刚性较差,很容易引起振动,这时可以采用反向切断法(即用反切刀法)切断,如图 2.4 所示。

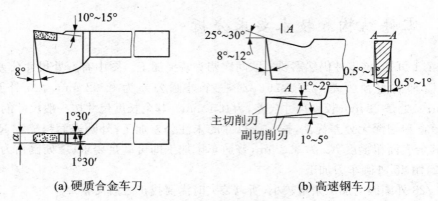

(a) 硬质合金车刀   (b) 高速钢车刀

图 2.2　切断刀

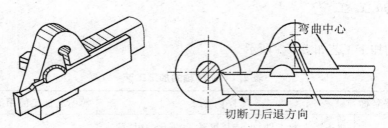

图 2.3　弹性切断刀

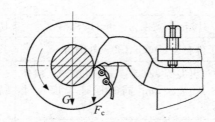

图 2.4　反向切断和反切刀

2.1.3.2　卡钳

卡钳是一种最简单的比较量具,它具有结构简单、制造方便、价格低廉、维护和使用方便等优点,广泛应用于对精度要求不高的零件尺寸的测量和检测,尤其是对于锻、铸件毛坯尺寸的测量和检测,卡钳是最合适的测量工具。卡钳分为外卡钳和内卡钳:外卡钳通常用来测量外径和平面,内卡钳通常用来测量内径和凹槽。用卡钳本身不能直接读出测量结果,测量得到的长度尺寸(直径也属于长度尺寸)需在钢直尺上读取,或在钢直尺上先取下所需尺寸再去检测零件,如图 2.5 所示。

卡钳虽然是简单量具,但运用得当也能够获得较高的测量精度。例如:用内卡钳与外径千分尺联合测量内孔尺寸,就是利用内卡钳在外径千分尺上读取准确的尺寸,再去测量零件的内径,如图 2.6 所示。

2.1.3.3　中心钻

中心钻用于轴类等零件端面上的中心孔加工。中心钻有:A 型(不带护锥)、B 型(带护锥)、C 型(带螺纹孔)和 R 型(带弧型)四种。常用的中心钻有 A 型和 B 型,其加工的中心孔的形状与钻头形状一致，如图 2.7 所示。

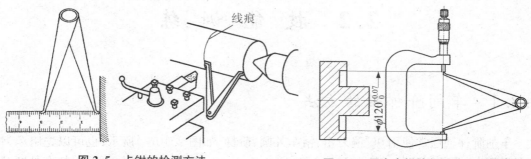

图 2.5 卡钳的检测方法   图 2.6 用内卡钳外径百分尺测量内径

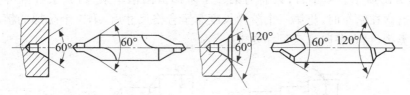

(a) A型中心孔及中心钻   (b) B型中心孔及中心钻

图 2.7 中心孔及中心钻

(1) A 型中心孔由圆柱孔和圆锥孔两部分组成。圆锥孔的角度一般是 60°，它与顶尖配合，用来固定中心、承受工件重量和切削力；圆柱孔用来储存润滑油和保证顶尖的锥面和中心孔的圆锥面配合贴切，不使顶尖触及工件，保证定位正确。

(2) B 型中心孔是在 A 型中心孔的端部另加上 120°圆锥孔，用以保护 60°锥面不被碰毛并使端面容易加工。一般对精度要求较高、工序较多的工件用 B 型中心孔。

中心钻要安装在钻夹头上使用。首先，安装时先根据加工需要选择合适的中心钻，根据机床尾座套筒锥度选择带莫氏锥柄的钻夹头(图 2.8)。再用钻夹头钥匙逆向旋转钻夹头外套，三爪扩张，装入中心钻，伸出长度为中心钻长度的 1/3，然后用钻夹头钥匙顺时针方向转动钻夹头外套，夹紧中心钻(图 2.9)。最后，擦净钻夹头柄部和尾座锥孔，沿尾座套筒轴线方向将钻夹头锥柄部分用力插入尾座套筒锥孔中(注意扁尾方向)。

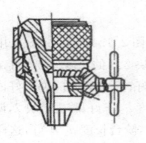

图 2.8 钻夹头

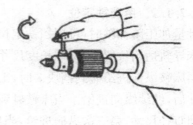

图 2.9 装夹中心钻

2.2 技 能 训 练

2.2.1 车削阶梯轴的方法

车削阶梯轴通常使用 90°偏刀粗、精车外圆、阶梯,如图 2.10(a)所示;也可以先用 75°强力车刀粗车外圆,切除阶梯的大部分余量,留 0.5～1 mm 余量,然后用 90°偏刀精车外圆、阶梯,如图 2.10(b)所示。粗车时,只需为第一个阶梯留出精车余量,其余各段可按图样上的尺寸车削。这样在精车时,将第一个阶梯长度车至合格尺寸后,第二个阶梯的精车余量自动产生。以此类推,精车各阶梯至尺寸要求。

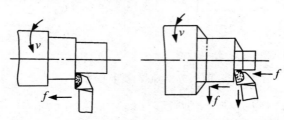

(a) 90°偏刀车削   (b) 75°车刀粗车后90°偏刀精削

图 2.10 车削阶梯轴的方法

车削时,控制阶梯长度的方法有:

2.2.1.1 用刻线控制

当工件阶台长度尺寸对精度要求不高时,可以用钢直尺、样板或内卡钳量出各个阶梯的长度,然后使工件慢转,用车刀刀尖在量出的各个阶梯位置处,轻轻车出一条细线,如图 2.11所示。加工时以细线为准进行车削,一般情况车至细线的外侧即可。用卡尺进行测量,如果长度方向尺寸不够,可以用床鞍或小滑板纵向进给直至长度尺寸合格为止。以此方法,逐个加工出各个阶梯。

2.2.1.2 用挡铁定位

批量加工阶梯轴时,可用挡铁定位控制车削长度,如图 2.12 所示。挡铁 1 用螺钉固定在车床导轨适当位置,与图中长度尺寸 a_3 保持一致。挡块 2、3 的长度分别等于 a_2、a_1 的长度。当床鞍纵向进给碰到挡块 3 时,工件阶台长度 a_1 车好;移去挡块 3,调整好该处外圆直径尺寸后,继续纵向进给。当床鞍碰到挡块 2 时,阶台长度 a_2 车好;移去挡块 2,调整好该处的外圆直径尺寸,第三次纵向进给,当床鞍碰到挡铁 1 时,阶台长度 a_3 车好,这样就完成全部阶台的车削。用这种方法车削阶台可减少大量的测量时间,阶台长度的精度可达 0.1～0.2 mm。

2.2.1.3 用床鞍刻度盘控制

用刻度盘控制轴向尺寸的方法与图 2.12 所示相似。车削阶梯 a_3 时,把床鞍摇到车刀刀尖刚好与工件右端面接触的位置,调整床鞍刻度盘至零线位置,调整好加工处外圆直径尺

使用普通机床加工零件

寸后纵向进给,移动距离等于床鞍刻度盘上所显示的 $a_1+a_2+a_3$ 的长度;将 a_3 外圆车至合格尺寸后,用同样的方法车削 a_2 外圆,这时刻度盘显示的长度是 a_1+a_2;当将 a_2 外圆车至合格尺寸后,再车 a_1 外圆,这时刻度盘显示的长度应是 a_1。

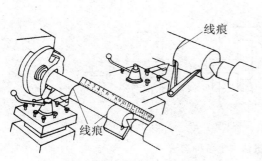

图 2.11　用直尺、卡规画线

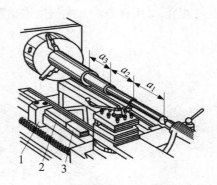

图 2.12　用挡铁控制轴向尺寸
1. 挡铁　2、3. 挡块

2.2.2　切槽和切断方法

在车削加工中,当工件的毛坯是棒料且很长时,需根据零件长度切断后再加工,避免空走刀;或是车削完后把工件从原材料上切下来。这称为切断。

沟槽是在工件的外圆、内孔或端面上切有的各种形式的槽,沟槽的作用一般是保证退刀和装配时零件有一个正确的轴向位置。

2.2.2.1　切断刀的安装

切断刀的安装是否正确,对切断是否能够顺利进行、切断平面是否平直有直接影响。切断刀安装时必须注意:

(1) 切断刀伸出长度不宜过长,以增强刀具刚性和抗振性。

(2) 主切削刃要对准工件中心,高或低于中心都不能切到工件中心,而且容易崩刃,甚至折断车刀。图 2.13(a) 中切断刀安装过低,刀头容易被折断;图 2.13(b) 中切断刀安装过高,刀具后刀面抵住工件,不易切削。

(3) 装刀时要保证两个副后角对称。检测方法有两种:一种是 90° 角尺检测法,即将 90° 角尺靠在工件已加工外圆上检测,如图 2.14(a) 所示;另一种方法是端面检测法,如外圆为毛坯,则可将副切削刃紧靠在已加工端面上,刀尖与端面接触,副切削刃与端面间有倾斜间隙,要求间隙最大处大约为 0.5 mm,如图 2.14(b) 所示。两副偏角基本相等后,可将车刀紧固。

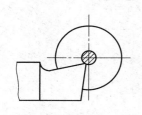
(a) 切断刀安装过低

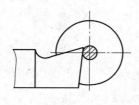
(b) 切断刀安装过高

图 2.13　切断刀中心高过高、过低的影响

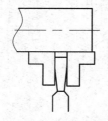
(a) 90°角尺检测法

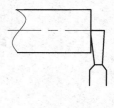
(b) 端面检测法

图 2.14　检测切断刀副偏角

2.2.2.2 切槽和切断方法

1. 沟槽车削方法

对精度要求不高的窄槽(切削宽度小于 5 mm),可以用刀头宽度等于槽宽的车槽刀沿着径向进给,采用直进法一次横向进给车出,如图 2.15 所示。

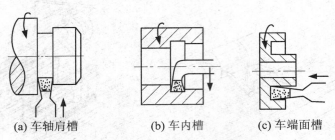

(a) 车轴肩槽 (b) 车内槽 (c) 车端面槽

图 2.15 用直进法车削各种沟槽

对精度要求较高的窄槽,一般采用二次横向进给车出:第一次进给车沟槽时,槽壁两侧留出精车余量;第二次进给时用等宽槽刀修整。也可用原车槽刀根据槽深和槽宽进行精车。

车削较宽的沟槽时,可用采取多次直进法车削,并在槽的两侧和底面留有一定的精车余量,然后根据槽深、槽宽精车至合格尺寸,如图 2.16 所示。

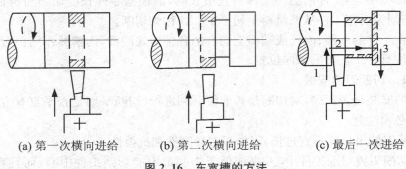

(a) 第一次横向进给 (b) 第二次横向进给 (c) 最后一次进给

图 2.16 车宽槽的方法

2. 切断方法

切断刀刀头一般窄长,厚度大,且主切削刃两边要磨出斜刃以利于排屑。切断的方法有直进法、左右借刀法以及反切法,如图 2.17 所示。

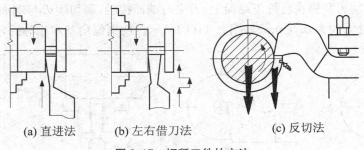

(a) 直进法 (b) 左右借刀法 (c) 反切法

图 2.17 切断工件的方法

(1) 直进法指垂直于工件轴线方向进给切断工件,其切断效率高,但对车床、切断刀的

使用普通机床加工零件

刃磨和装夹有较高的要求,以免造成切断刀折断。

(2) 左右借刀法指切断刀在工件轴线方向反复做往返移动,随之两侧横向进给,直至工件被切断。左右借刀法常在切削系统刚度不足的情况下,用来对工件进行切断。

(3) 反切法指车床主轴和工件反转,车刀反向装夹进行切削,适用于较大直径工件的切断。反向切断时,作用在工件上的切削力与工件重力方向一致,这样不容易产生振动,并且切屑向下排出,不容易在槽中堵塞。

2.2.2.3 切削用量的选择

1. 背吃刀量(a_p)

切断、车外沟槽一般均为横向进给切削,背吃刀量 a_p 是垂直于已加工表面方向的切削层的宽度,即刀具主切削刃的宽度。

2. 进给量(f)

切断和车槽时,因为切断刀和车槽刀刀头刚性不足,所以不易选较大的进给量,一般选择 $f = 0.05 \sim 0.1$ mm/r。

3. 切削速度(v_c)

用高速钢车刀切断钢料件时,$v_c = 30 \sim 40$ m/min;切断铸铁材料件时,$v_c = 15 \sim 20$ m/min;用硬质合金车刀切断钢料件时,$v_c = 80 \sim 120$ m/min;切断铸铁材料件时,$v_c = 60 \sim 120$ m/min。

2.2.2.4 槽的尺寸检测

槽的尺寸可用卡钳、游标卡尺、千分尺等量具检测,如图 2.18 所示。

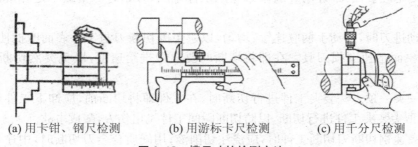

(a) 用卡钳、钢尺检测　　　(b) 用游标卡尺检测　　　(c) 用千分尺检测

图 2.18　槽尺寸的检测方法

2.3　问 题 探 究

2.3.1　切断时容易产生的问题

切断时容易产生切断面凹凸不平、振动以及刀具折断等现象,产生这些现象的基本原因如下:

2.3.1.1　切断面凹凸不平的原因

(1) 切断刀两侧的刀尖刃磨或磨损不一致造成切断中让刀,使工件产生凹凸表面。

（2）窄切断刀的主切削刃与轴线不平行且有较大的夹角,而左侧刀具又有磨损现象,进给时,在侧向切削抗力的作用下刀头容易偏斜,造成被切断工件平面内凹,如图 2.19 所示。

（3）车床主轴有轴向窜动。

（4）切断刀安装歪斜或副刀刃没有磨直。

2.3.1.2　产生振动的原因

（1）主轴与轴承之间间隙太大。

（2）切断时转速过高,进给量过小。

（3）切断的棒料太长,在离心力的作用下产生振动。

（4）切断刀远离工件支撑点或切断刀伸出过长。

（5）工件细长,切断刀刃口太宽。

2.3.1.3　切断刀折断的原因

（1）工件装夹不牢靠,切割点远离卡盘,在切削力作用下,工件被抬起。

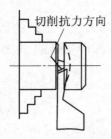

图 2.19　刀尖偏斜使工件平面凹凸

（2）切断时排屑不畅,切屑堵塞,使切断刀切削部分载荷增大。

（3）切断刀的副偏角、副后角磨得太大,削弱了切削部分的强度。

（4）切断刀装夹与工件轴线不垂直,主刀刃与工件回转中心不等高。

（5）切断刀前角过大,切削时进给量过大。

（6）床鞍、中滑板、小滑板松动,切削时产生扎刀。

2.3.1.4　切断工件时注意事项

（1）切断毛坯表面,最好用外圆车刀先把工件车圆,开始时尽量减小走刀量,防止扎刀而损坏车刀。

（2）手动进刀时,摇动手柄应连续、均匀,以避免因切断刀与工件表面摩擦使工件表面产生冷硬现象而迅速磨损刀具。在即将切断时要放慢进给速度,以免突然切断而使刀头折断。

（3）用一夹一顶方法装夹工件进行切断时,在工件即将切断前,应卸下工件后再敲断。不允许用两顶尖装夹工件进行切断,以防切断瞬间工件飞出伤人,酿成事故。

（4）用高速钢切断刀切断工件时,应浇注切削液;用硬质合金刀切断时,中途不准停车,以免刀刃碎裂。

（5）切断过程中如需要停车,应先退刀再停。

2.3.2　轴类零件加工中的注意事项

轴类零件的加工过程中,要注意以下事项:

（1）装夹工件时,因采用一夹一顶装夹方式,当夹持工件较长时,会产生过定位,影响加工精度,所以工件装夹部位要尽可能短,避免重复限制工件的自由度。

（2）工件端部顶持时,先不要把工件夹紧,摇动尾座套筒前行,使顶尖与工件中心孔接触,顶持工件向床头移动,然后再把工件夹紧。此装夹方法,有利于工件端部中心孔中心线与顶尖轴线重合,从而提高同轴度精度。

（3）工件调头加工时,为保证同轴,装夹时需进行找正,如图 2.20 所示,以达到图样要求。

（4）由于丝杠和螺母之间往往存在间隙，会产生空行程（即刻度盘转动而拖板并不动），使用时必须慢慢地把刻线转到所需的格数，如图 2.21（a）所示。如果不小心多转了几格，不能直接退回多转的格数，如图 2.21（b）所示，必须向相反方向退回全部空行程，再转到所需的格数，如图 2.21（c）所示。

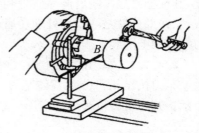

图 2.20 调头找正操作

（5）加工中长度尺寸的控制和测量可采取，如图 2.22所示的方法。

（6）断屑措施。粗加工时，主要存在的问题是不能断屑。铁屑缠绕在工件或刀具上，会影响正常切削或使刀刃损坏。而影响断屑最主要的原因是断屑槽的宽度和走刀速度。通常为了有效断屑，可以增加断屑槽的宽度并增大走刀速度。

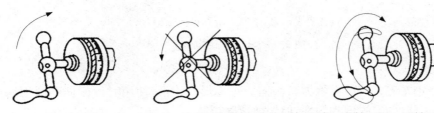

| (a) 多进刻度 | (b) 错误：直接退回多转格数 | (c) 正确：反转一周，再转至所需刻度 |

图 2.21 中拖板消除间隙的操作

| (a) 卡钳测量 | (b) 钢直尺测量 | (c) 深度尺测量 |

图 2.22 长度尺寸的测量方法

（7）正确测量。测量前，需验正量具的精度，使工件处于恒温下，擦干净被测量面，使量具与工件垂直，最好此时在工件上就读出正确数值，避免在拿下量具产生变动而影响正确读数。

2.4 知 识 拓 展

2.4.1 车刀的结构与种类

车削加工过程中，车刀用于直接改变毛坯的形状，使其达到所需要零件的尺寸和形状精度,其性能直接影响着产品质量和生产效率。车刀由工作部分(刀头)和夹持部分(刀体)组成:工作部分就是产生和处理切屑的部分,包括刀刃、断屑槽、修光刃等;夹持部分则用于车刀在刀架上的装夹固定。

2.4.1.1 车刀的结构

车刀按结构可分为整体车刀、焊接车刀、机夹车刀、可转位车刀和成形车刀,如图2.23所示。其中可转位车刀的应用日益广泛,在车刀中所占比例逐渐增加。

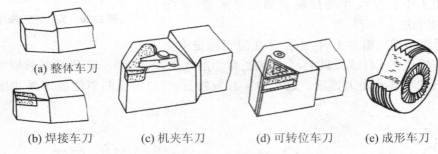

(a) 整体车刀   (b) 焊接车刀   (c) 机夹车刀   (d) 可转位车刀   (e) 成形车刀

图2.23 车刀的结构

1. 整体车刀

主要是高速钢车刀,俗称"白钢刀",截面为正方形或矩形,使用时可根据不同用途进行修磨,有较好的工艺性能、强度和韧性,但切削速度较低。

2. 焊接车刀

所谓焊接车刀,就是在碳钢刀杆上按刀具几何角度的要求开出刀槽,用焊料将硬质合金刀片焊接在刀槽内,并按所选择的几何参数刃磨后的车刀。其优点是:结构简单、制造方便,并且可以根据需要进行刃磨;硬质合金的利用也较充分。故目前在车刀中,焊接车刀仍占相当比重。硬质合金焊接车刀的缺点是切削性能主要取决于工人刃磨的技术水平,与现代化生产不相适应;此外刀杆不能重复使用,造成浪费。

3. 机夹车刀

机夹车刀是采用普通刀片,用机械夹固的方法将刀片夹持在刀杆上使用的车刀。此类刀具有如下特点:

(1) 刀片不经过高温焊接,避免了因焊接而引起的刀片硬度下降、产生裂纹等,提高了刀具的耐用度。

(2) 由于刀具耐用度提高,使用时间较长,换刀时间缩短,从而提高了生产效率。

(3) 刀杆可重复使用,既节省了钢材又提高了刀片的利用率,刀片由制造厂家回收再制,提高了经济效益,降低了刀具成本。

(4) 刀片重磨后,尺寸会逐渐变小,为了恢复刀片的工作位置,往往在车刀结构上设有刀片的调整机构,以增加刀片的重磨次数。

(5) 压紧刀片所用的压板端部可以起断屑器作用。

4. 可转位车刀

可转位车刀是使用可转位刀片的机夹车刀。一条切削刃用钝后可迅速转位换成相邻的新切削刃,直到刀片上所有切削刃均已用钝,刀片才可报废回收。更换新刀片后,车刀又可继续工作。按其夹紧方式分为斜块上压式夹紧、杠杆式夹紧、螺钉上压式夹紧等,如图2.24所示。

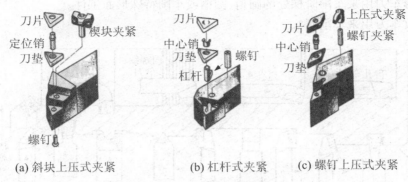

图 2.24　可转位车刀夹紧方式

(1) 与焊接车刀相比,可转位车刀具有下述优点:

① 刀具寿命高。由于刀片避免了由焊接和刃磨高温引起的缺陷,刀具几何参数完全由刀片和刀杆槽保证,切削性能稳定,从而提高了刀具寿命。

② 生产效率高。由于不再需机床操作工人磨刀,可大大减少停机换刀等辅助时间。

③ 有利于推广新技术、新工艺。可转位刀有利于推广使用涂层、陶瓷等新型刀具材料。

④ 有利于降低刀具成本。由于刀具使用寿命长,大大减少了刀具的消耗和库存量,简化了刀具的管理工作,降低了刀具成本。

(2) 可转位车刀刀片的夹紧要求:

① 定位精度要求。刀片转位或更换新刀片后,刀尖位置的变化应在工件精度允许的范围内。

② 刀片夹紧可靠度要求。夹紧时应保证刀片、刀垫、刀杆接触面紧密贴合,经得起冲击和振动,但夹紧力也不宜过大,应力分布应均匀,以免压碎刀片。

③ 排屑要求。刀片的前面上最好无障碍,保证切屑排出流畅且易被观察。

④ 使用方便性要求。转换刀刃和更换新刀片方便、迅速。对小尺寸刀具结构要紧凑。在满足以上要求时,尽可能使结构简单,以使制造和使用方便。

5. 成形车刀

成形车刀是加工回转体成形表面的专用刀具,其刃形是根据工件廓形设计的,可用于在各类车床上加工内外回转体的成形表面。用成形车刀加工零件时可一次性形成零件表面,操作简便,生产率高,加工后能达到的公差等级为 IT8～IT10、粗糙度为 5～10 μm,并能保证较高的互换性。但成形车刀制造较复杂、成本较高,刀刃工作长度较宽,故易引起振动。成形车刀主要用于加工批量较大的中小尺寸成形表面的零件。

2.4.1.2　车刀的种类

车刀按用途可分为外圆车刀、弯头刀、端面车刀、切断刀、车孔刀、成形车刀和螺纹车刀等,如图 2.25 所示。

主要车刀的基本用途如下:

(1) 90°外圆车刀(偏刀)用来车削工件的外圆、阶梯和端面,分为左偏刀和右偏刀两种。

(2) 45°弯头刀用来车削工件的外圆、端面和倒角。

(3) 切断刀用来切断工件或在工件表面切出沟槽。

(4) 车孔刀用来车削工件的内孔,有通孔车刀和盲孔车刀。

（5）成形车刀用来车削阶梯处的圆角、圆槽或车削特殊形面工件。

（6）螺纹车刀用来车削螺纹。

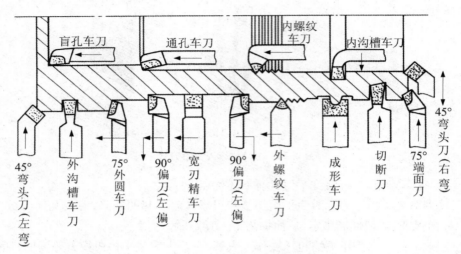

图 2.25　常用车刀及用途

2.4.2　零件结构的工艺性

零件结构的工艺性是指所设计的零件在满足使用要求的前提下,其制造、维修的可行性和经济性。其内容包括零件切削加工工艺性和产品结构装配工艺性两个方面。

2.4.2.1　零件切削加工工艺性

零件切削加工工艺性是指所设计的零件在满足使用性能要求的前提下其切削成形的可行性和经济性,即切削成形的难易程度。机器中大部分零件的尺寸精度、表面粗糙度、形状精度和位置精度,最终能要靠切削加工来保证。因此在设计需要进行切削加工的零件结构时还应考虑切削加工工艺的要求;否则就有可能影响产品的生产效率和产品成本,严重时甚至导致无法生产。

1. 对零件结构的要求

切削加工对零件结构的一般要求如下:

（1）加工表面的几何形状应尽量简单,尽量布置在同一平面上、同一母线上或同一轴线上,减少机床的调整次数。

（2）尽量减少加工表面面积,不需要加工的表面不要设计成加工面,要求不高的面不要设计成高精度、低粗糙度的表面,以便降低加工成本。

（3）零件上必要的位置应设有退刀槽和越程槽,以便于进刀和退刀,保证加工和装配质量。

（4）避免在曲面和斜面上钻孔、钻斜孔和在箱体内设计加工表面,以免造成加工困难。

（5）零件上的配合表面不宜过长,轴头要加工倒角,便于装配。

（6）零件上需用成形和标准刀具加工的表面,应尽可能设计成同一尺寸,减少刀具的种类。

2. 典型实例

零件结构的工艺性直接影响着机械加工工艺过程,性能相同而结构不同的两个零件,它们的加工方法和制造成本有较大的差别。在拟订机械零件的工艺规程时,需充分研究零件工作图,对其进行认真分析,审查零件结构的工艺是否良好、合理,并提出相应的修改意见。表2.2中列举了机械零件结构的加工工艺性的典型实例,供设计时参考。

表 2.2 零件结构的工艺性典型实例

工艺性内容	不合理的结构	合理的结构	说明
加工面积应尽量小			减少加工、减少刀具及材料的消耗量
钻孔的入端和出端应避免斜面			避免断头折断、提高生产率、保证精度
槽宽应一致			减少换刀次数、提高生产率
键槽布置在同一方向			减少调整次数、保证位置精度
孔的位置不能距壁太近			可以采用标准刀具、保证加工精度
槽的底面不应与其他加工面重合			便于加工、避免操作加工表面
凸台表面位于同一平面上			生产率高、易保证精度
轴上两相接精加工表面间应设刀具越程槽			生产率高、易保证精度
螺纹根部应有退刀槽			避免操作刀具、提高生产率
加工余量应保持均匀			加工原设计孔时,钻头容易引偏

工艺性内容	不合理的结构	合理的结构	说明
尽可能避免内表面加工	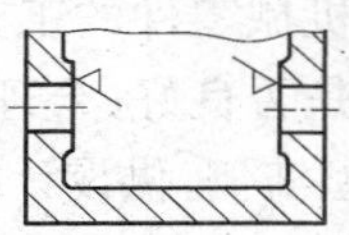	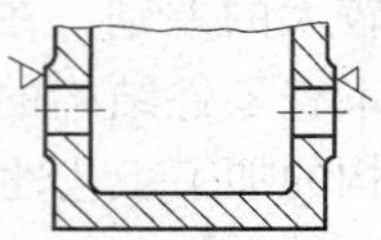	左图加工表面设计在箱体里面,不易加工
减少孔的加工深度	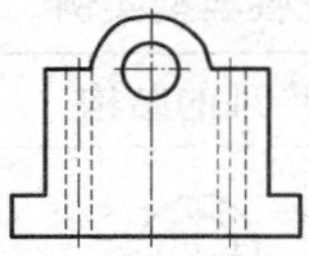	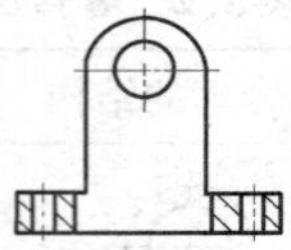	避免深孔加工,同时节约材料
内螺纹孔口应有倒角	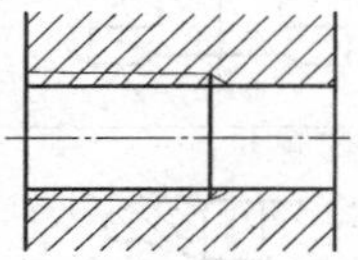	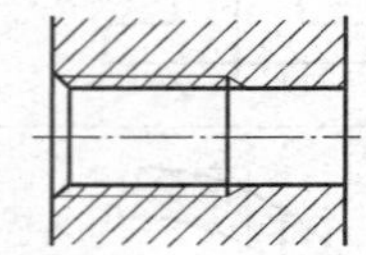	以便顺利引入螺纹刀具,同时方便装配
零件的结构要便于测量	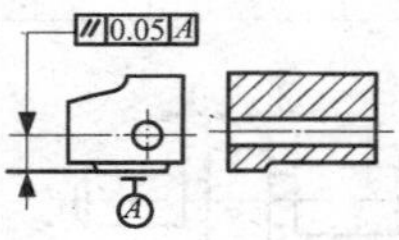	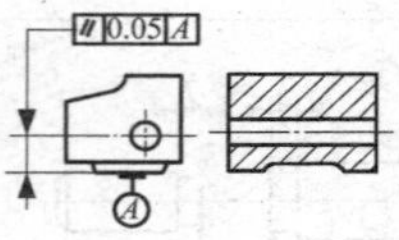	改进后设计增加了工艺凸台,使测量方便,同时也便于加工时工件的装夹
零件的设计要便于加工,以减少加工难度	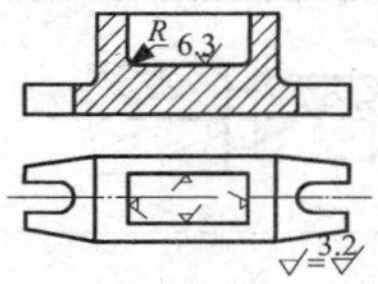	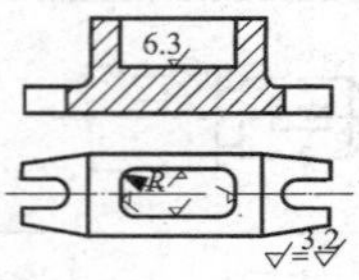	球形底角加工困难,且无实际意义

2.4.2.2 零件结构的装配工艺性

零件结构的装配工艺性是指,所设计的零件在满足使用性能要求的前提下其装配连接的可行性和经济性,或者说机器装配的难易程度。所有机器都由一些零件和部件装配调试而成。装配工艺性的好坏对机器的制造成本、机器的使用性能以及将来的维修都有很大影响。零部件在装配过程中,应该便于装配和调试,以便提高装配效率。此外,还要便于拆卸和维修。

1. 便于装配和调试

(1) 有配合要求的零件端部应有倒角,以便装配和调试,还能使外露部分比较美观,如图2.26(b)所示。

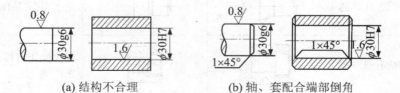

(a) 结构不合理 (b) 轴、套配合端部倒角

图 2.26 有配合要求的零件端部

(2) 圆柱销与盲孔配合,要考虑放气措施。图 2.27(b)表示在圆柱销上设置放气孔,图 2.27(c)表示在壳体上设置放气孔。

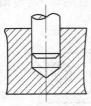
(a) 结构不合理

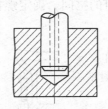
(b) 圆柱销上设置放气孔

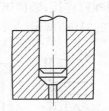
(c) 壳体上设置放气孔

图 2.27 圆柱销与盲孔配合

(3) 与轴承孔配合的轴径不能太长,否则装配较困难。改进前,轴承右侧有很长一段与轴承配合的轴径相同的外圆柱。改进后,轴承右侧的轴径减小,方便装配和调试,如图 2.28(b)所示。

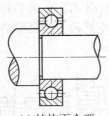
(a) 结构不合理

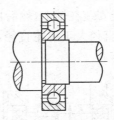
(b) 缩短轴颈长度

图 2.28 轴与轴承孔的长度

(4) 互相配合的零件在同一方向上的接触面只能有一对,如图 2.29(b)所示;否则必须提高有关表面的尺寸精度和位置精度,在许多场合,这是没有必要的。

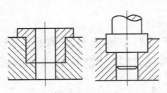
(a) 结构不合理

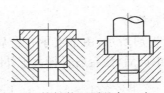
(b) 接触装配面只有一对

图 2.29 接触装配面

(5) 在大底座上安装机体,采用图 2.30(a)所示的连接形式对装配和调试不利,螺栓无法进入装配和调试位置。改进后,可以将双头螺柱或螺钉直接拧入底座进行连接,如图 2.30(b)和(c)所示。

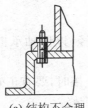
(a) 结构不合理

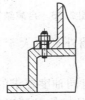
(b) 双头螺柱连接

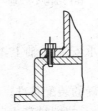
(c) 螺钉连接

图 2.30 螺栓安装的结构

（6）采用螺钉连接，要留出安放螺钉的空间。确定螺栓的位置时，一定要留出扳手的活动空间，如图 2.31（b）所示。

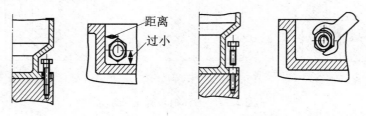

(a) 结构不合理　　　　　(b) 留出适当的扳手活动空间

图 2.31　扳手的活动空间

（7）避免箱体内装配。如图 2.32（a）所示，由于齿轮直径大于箱体支承孔直径，需先把齿轮放入箱体内才能安装在轴上，然后再装轴承，装配调试起来很不方便。改成图 2.32（b）后，箱体左侧支承孔直径大于齿轮直径，可以在箱体外把轴上零件装在轴上，使其形成独立装配单元再装入箱体。

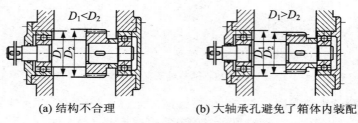

(a) 结构不合理　　　　　(b) 大轴承孔避免了箱体内装配

图 2.32　独立装配单元的结构

3. 便于拆卸和维修

（1）如图 2.33（a）所示，由于支承孔台肩直径小于轴承外圈内径，无法拆卸轴承外圈。改成图 2.33（b）和（c）后，使台肩直径大于外圈内径，这样才能将轴承外圈拆卸下来。

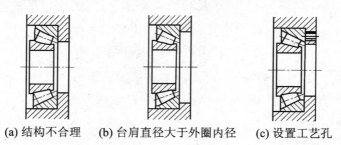

(a) 结构不合理　　(b) 台肩直径大于外圈内径　　(c) 设置工艺孔

图 2.33　台肩结构

（2）滚动轴承安装在轴上，其内圈外径应大于轴肩外径，以便轴承拆卸和维修，如图 2.34（b）所示。

（3）应有正确的装配基准。两个有同轴度要求的零件连接时，要有正确的装配基准面。如图 2.35（b）所示，装配时靠止口定位的结构较便于拆卸和维修。

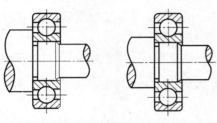
(a) 结构不合理　(b) 内圈外径大于轴肩外径

图 2.34　轴肩结构

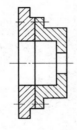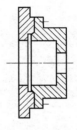
(a) 结构不合理　(b) 装配时靠止口定位

图 2.35　装配基准

2.4.3　工艺尺寸链

在零件的加工和机器的装配过程中,总有一些相互关联的尺寸问题。这些尺寸问题彼此之间有着一定的内在联系:往往一个尺寸的变化会引起其他尺寸的变化,或是一个尺寸的获得要靠其他一些尺寸来保证。尺寸链原理是分析和计算工序尺寸很有效的工具,在制订机械加工工艺过程和保证装配精度中都有很重要的应用。

2.4.3.1　尺寸链的概念

尺寸链是零件加工过程中,由相互联系的尺寸组成的封闭图形。图 2.36(a)所示为一阶梯零件,L_c 和 L_b 为图样上的标准尺寸。在加工中该零件以 A 面定位先加工 C 面,得尺寸 L_a;再加工 B 面得尺寸 L_b,从而间接得到尺寸 L_0。于是尺寸 L_a、L_b、L_0 就组成一个封闭的尺寸图形,即形成一个尺寸链,如图 2.36(b)所示。再如图 2.37(a)所示,A_1 和 A_0 为图样上的标注尺寸,按图样尺寸加工时,尺寸 A_0 不便测量,但通过保证尺寸 A_1 和易于测量的尺寸 A_2,间接得到尺寸 A_0,那么尺寸 A_1、A_2 和 A_0 就组成一个尺寸链,如图 2.37(b)所示。

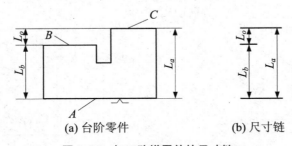
(a) 台阶零件　　　　　(b) 尺寸链

图 2.36　加工阶梯零件的尺寸链

2.4.3.2　工艺尺寸链的组成

在工艺尺寸链中,每一个尺寸称为尺寸链的环,尺寸链的环按性质不同可分为组成环和封闭环。

组成环是加工过程中直接得到的尺寸,如图 2.36(b)所示的尺寸 L_a、L_b 和图 2.37(b)所示的尺寸 A_1、A_2 均为加工过程直接得到的尺寸,故为组成环。

封闭环是在加工过程中间接得到的尺寸,如图 2.36(b)所示的尺寸 L_0 和图 2.37(b)所示的尺寸 A_0。封闭环的右下角通常用 0 表示。

在尺寸链中,若其余组成环保持不变,当某一组成环增大时,则封闭环也随之增大,该组

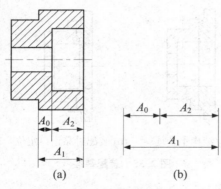

图 2.37 加工套筒零件的尺寸链

成环称为增环;反之,在尺寸链中,若其余组成环保持不变,当某一组成环增大时,封闭环随之减小,则该组成环称为减环。图 2.36(b)中的 L_a 和图 2.37(b)中的 A_1 为增环,其上用一向右的箭头表示,即 $\vec{L}_a$、$\vec{A}_1$;图中的 L_b 和 A_2 为减环,其上用一向左的箭头表示,即 $\overleftarrow{L}_b$、$\overleftarrow{A}_2$。

2.4.3.3　工艺尺寸链的特征

工艺尺寸链具有如下特征:

(1)关联性。组成工艺尺寸链的各尺寸之间存在内在联系,相互无关的尺寸不会组成尺寸链。在工艺尺寸链中每一个组成环不是增环就是减环,其中任何一个尺寸发生变化时,均要引起封闭环尺寸的变化。对工艺尺寸链的封闭环没有影响的尺寸,就不是该工艺尺寸链的组成环。

(2)封闭性。尺寸链是一个首尾相接且封闭的尺寸图形,其中包含一个间接得到的尺寸。不构成封闭的尺寸图形就不属于尺寸链。

2.4.3.4　工艺尺寸链的分类

(1)按尺寸链各环尺寸的几何特征不同,工艺尺寸链可分为长度尺寸链和角度尺寸链:

① 长度尺寸链。组成尺寸链的各环均为长度尺寸的工艺尺寸链,如图 2.36(b)和图 2.37(b)所示。

② 角度尺寸链。组成尺寸链的各环均为角度尺寸的工艺尺寸链,如图 2.38 所示。角度尺寸链常用于分析和计算机械结构中有关零件要素的位置精度,如平行度、垂直度等。

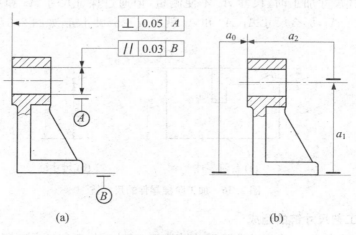

图 2.38　角度尺寸链

(2)按尺寸链各环的空间位置区分,工艺尺寸链又可分为直线尺寸链、平面尺寸链和空间尺寸链三种。其中直线尺寸链最为常见,以下的讨论均以直线尺寸链和长度尺寸链为例。

2.4.3.5　建立工艺尺寸链的步骤

工艺尺寸链的建立,主要依据下列三步进行:

(1)确定封闭环。工艺尺寸链的封闭环是在加工中自然形成的,其尺寸一般为被加工零件要求达到的设计尺寸或工艺过程中需要的尺寸。加工顺序不同,封闭环也不同。所以

使用普通机床加工零件

工艺尺寸链的封闭环必须在加工顺序确定之后才能判断。一个尺寸链中只有一个封闭环。

（2）查找组成环。从封闭环的某一端开始，按照尺寸之间的联系，首尾相接依次画出对封闭环有影响的尺寸，直到封闭环的另一端。所形成的封闭尺寸图形就构成一个工艺尺寸链，如图2.39（a）所示，由 $L_o \rightarrow L_b \rightarrow L_a \rightarrow L_o$ 的另一端，或者由 $L_o \rightarrow L_a \rightarrow L_b \rightarrow L_o$ 的另一端。

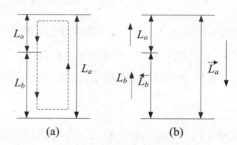

（3）确定增、减环。具体方法为，先给封闭环任画一个与其尺寸线平行的箭头，然后沿此方向绕工艺尺寸链依次给各组成环画出箭头，凡与封闭环箭头方向相同的为减环；反之为增环。如图2.39（b）所示，$\vec{L_a}$ 为增环，$\overleftarrow{L_b}$ 为减环。

图2.39　尺寸链增、减环的确定

2.4.3.6　尺寸链的计算

尺寸链的计算方法有完全互换法（极值法）和不完全互换法（概率法）两种。

1. 完全互换法（极值法）

完全互换法从组成环可能出现最不利的情况（即当所有增环均为最大极限尺寸而所有减环均为最小极限尺寸，或所有增环均为最小极限尺寸而所有减环均为最大极限尺寸）出发来计算封闭环的极限尺寸和公差。按此方法计算出来的尺寸加工各组成环，装配时不需挑选或补充加工，装配后即能满足封闭环的公差要求，即可实现完全互换。一般应用于中、小批量生产和可靠性要求高的场合。完全互换法是尺寸链计算中的基本方法。

2. 不完全互换法（概率法）

生产实际和大量数据统计表明，在大量生产和工艺稳定的情况下，各组成环的实际尺寸趋近公差带中间的概率大，出现在极限值的概率小，增环和减环以相反极限值形成封闭环的概率就更小，所以用完全互换法计算尺寸链往往不够经济。不完全互换法以保证大多数互换为出发点，一般用于大批量生产（如汽车工业）中，或用于装配尺寸链。

下面主要介绍完全互换法的计算公式。

（1）封闭环的基本尺寸。封闭环的基本尺寸等于所有组成环基本尺寸的代数和，即

$$A_0 = \sum_{i=1}^{m} \vec{A}_i - \sum_{i=1}^{n} \overleftarrow{A}_i \tag{2.1}$$

式中：m 为增环数；n 为减环数。

（2）封闭环的极限尺寸为

$$A_{0max} = \sum_{i=1}^{m} \vec{A}_{imax} - \sum_{i=1}^{n} \overleftarrow{A}_{imin} \tag{2.2}$$

$$A_{0min} = \sum_{i=1}^{m} \vec{A}_{imin} - \sum_{i=1}^{n} \overleftarrow{A}_{imax} \tag{2.3}$$

式中：A_{0max}、A_{0min} 为封闭环的最大与最小极限尺寸；$\vec{A}_{imax}$、$\vec{A}_{imin}$ 为增环的最大与最小极限尺寸；$\overleftarrow{A}_{imax}$、$\overleftarrow{A}_{imin}$ 为减环的最大与最小极限尺寸。

（3）封闭环的上、下偏差。由封闭环的极限尺寸减去其基本尺寸即可得到封闭环的上、下偏差，即

$$ES(A_0) = \sum_{i=1}^{m} ES(\vec{A}_i) - \sum_{i=1}^{n} EI(\overleftarrow{A}_i) \tag{2.4}$$

$$EI(A_0) = \sum_{i=1}^{m} EI(\vec{A}_i) - \sum_{i=1}^{n} ES(\tilde{A}_i) \qquad (2.5)$$

式中：$ES(A_0)$、$EI(A_0)$ 为封闭环的上、下偏差；$ES(\vec{A}_i)$、$EI(\vec{A}_i)$ 为增环的上、下偏差；$ES(\tilde{A}_i)$、$EI(\tilde{A}_i)$ 为减环的上、下偏差。

(4) 封闭环的公差 T_0。封闭环的公差等于各组成环公差之和，即

$$T_0 = \sum_{i=1}^{m+n} T_i \qquad (2.6)$$

式中：T_0 为封闭环公差；T_i 为组成环公差。

(5) 组成环的平均公差为

$$T_{av} = \frac{T_0}{m+n} \qquad (2.7)$$

在用极值法计算时，封闭环的公差大于任一组成环的公差。当封闭环的公差一定时，组成环数目越多，其公差就越小，这就必然造成工序加工困难。因此在分析尺寸链时，应使尺寸链的组成环数为最少，即应遵循尺寸链最短的原则。

2.4.3.7　尺寸链的计算形式

尺寸链的计算有正计算、反计算和中间计算三种类型。

(1) 正计算。已知各组成环尺寸求封闭环尺寸，其计算结果是唯一的。产品设计的校验常用这种形式。

(2) 反计算。已知封闭环尺寸求各组成环尺寸。由于组成环通常有若干个，所以反计算形式需将封闭环的公差值按照尺寸大小和精度要求合理地分配给各组成环。产品设计常用此形式。

(3) 中间计算。已知封闭环尺寸和部分组成环尺寸求某一组成环尺寸。该方法应用最广，常用来计算加工过程中基准不重合时的工序尺寸。

2.4.3.8　工艺尺寸链计算示例

1. 基准不重合时工序尺寸及其公差的确定

当定位基准与设计基准或工序基准不重合时，需按工序尺寸链进行分析计算。

(1) 测量基准与设计基准不重合时工序尺寸及其公差的计算。

例 2.1　如图 2.40 所示，加工时要保证尺寸 6 mm ±0.1 mm，但该尺寸在加工时不便测量，只好通过测量尺寸 L 来间接保证。试求工序尺寸 L 及其上、下偏差。

解　① 确定封闭环。在图中，其他尺寸均为直接得到的，只有 6 mm ±0.1 mm 尺寸为间接保证的，故 6 mm ±0.1 mm 为封闭环尺寸，即 $L_0 = 6$ mm ±0.1 mm。

② 画工艺尺寸链图并确定增、减环。从封闭环 L_0 一端开始，画出首尾相接的尺寸图形，便得到工艺尺寸链图，如图 2.40(b) 所示。其中尺寸 L、$L_2 = 26$ mm ±0.05 mm 为增环，尺寸 $L_1 = 36_{-0.05}^{0}$ mm 为减环。

由公式 (2.1) 得

$$L_0 = L + L_2 - L_1$$
$$6 = L + 26 - 36$$

整理得

$$L = 16 \text{(mm)}$$

由公式 (2.4) 得

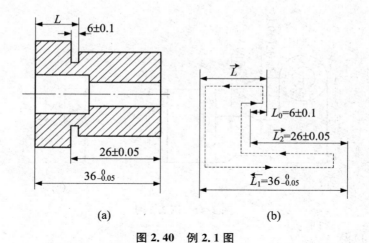

(a)   (b)

图 2.40 例 2.1 图

$$ES(L_0) = ES(\vec{L}) + ES(\vec{L_2}) - EI(\overleftarrow{L_1})$$
$$0.1 = ES(\vec{L}) + 0.05 - (-0.05)$$

整理得

$$ES(\vec{L}) = 0$$

由公式(2.5)得

$$EI(L_0) = EI(\vec{L}) + EI(\vec{L_2}) - ES(\overleftarrow{L_1}) - 0.1$$
$$-0.1 = EI(\vec{L}) - 0.05 - 0$$

整理得

$$EI(\vec{L}) = -0.05(\text{mm})$$

所以有

$$L = 16_{-0.05}^{\ 0}\ \text{mm}$$

(2) 定位基准与设计基准不重合时工序尺寸及其公差的计算。

例 2.2 零件加工时,当加工表面的定位基准与设计基准不重合时,也需进行工艺尺寸链的换算。如图 2.41(a)所示,孔的设计基准是表面 C 而不是定位表面 A。在镗孔前,表面 A、B、C 已加工好。镗孔时,为使工件装夹方便,选择表面 A 作为定位基准。显然,定位基准与设计基准不重合,此时设计尺寸 120 mm±0.15 mm 为间接得到的,是封闭环。为保证设计尺寸 120 mm±0.15 mm,必须将 L_3 控制在一定范围内,这就需要进行工艺尺寸链的计算。

解 ① 确定封闭环。设计尺寸 L_0 间接得到,故 L_0 为封闭环。

② 画出工艺尺寸链图并确定增、减环。由工艺尺寸链图 2.41(b)可知,L_2、L_3 为增环,L_1 为减环。

③ 确定 L_3 的基本尺寸及其上、下偏差。由公式(2.1)得

$$L_0 = L_3 + L_2 - L_1$$
$$120 = L_3 + 100 - 300$$

所以

$$L_3 = 120 + 300 - 100 = 320(\text{mm})$$

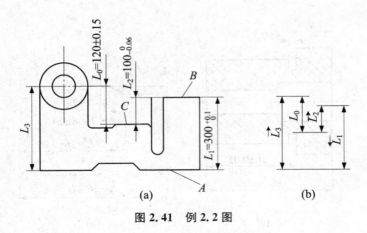

图 2.41 例 2.2 图

由公式(2.4)得

$$ES(L_0) = ES(\vec{L_3}) + ES(\vec{L_2}) - EI(\vec{L_1})$$

$$0.15 = ES(\vec{L_3}) + 0 - 0$$

所以

$$ES(\vec{L_3}) = 0.15(\text{mm})$$

由公式(2.5)得

$$EI(L_0) = EI(\vec{L_3}) + EI(\vec{L_2}) - ES(\vec{L_1})$$

$$0.15 = EI(\vec{L_3}) - 0.06 - 0.1$$

$$EI(\vec{L_3}) = 0.01(\text{mm})$$

求得

$$L_3 = 320^{+0.15}_{+0.01} \text{ mm}$$

2. 中间工序的工序尺寸及其公差的计算

例 2.3 在工件加工过程中,其他工序尺寸及偏差均已知,求某中间工序的尺寸及其偏差,称为中间尺寸计算。图 2.42(a)所示为一齿轮内孔的简图,内孔为 $\phi 40^{+0.05}_{0}$ mm,键槽尺寸深度为 $46^{+0.3}_{0}$ mm。内孔及键槽的加工顺序如下:① 精镗孔至 $\phi 39.6^{+0.1}_{0}$ mm;② 插键槽至尺寸 A;③ 热处理;④ 磨内孔至设计尺寸 $\phi 40^{+0.05}_{0}$ mm,同时间接保证键槽深度 $46^{+0.3}_{0}$ mm。计算中间工序尺寸 A。

解 ① 确定封闭环。由键槽加工顺序可知,其他尺寸都是直接得到的,而 $46^{+0.3}_{0}$ mm 尺寸是间接保证的,所以该尺寸为封闭环。

② 画出工艺尺寸链图并确定增、减环。由工艺尺寸链图 2.42(b)可知,A、A_1 为增环,A_2 为减环。

③ 计算中间工序的工序尺寸及其公差。由公式(2.1)得

$$46 = A + 20 - 19.8$$

整理得

$$A = 45.8(\text{mm})$$

由公式(2.4)得

$$0.3 = ES(\vec{A}) + 0.025 - 0$$

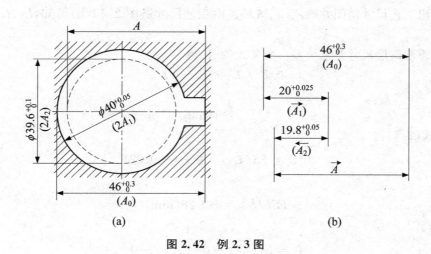

图 2.42 例 2.3 图

所以

$$ES(\vec{A}) = +0.275(\text{mm})$$

由公式(2.5)得

$$0 = EI(\vec{A}) + 0 - 0.05$$

所以

$$EI(\vec{A}) = +0.05(\text{mm})$$

故中间工序尺寸

$$A = 45.8^{+0.275}_{+0.05} \text{ mm}$$

3. 保证渗碳或渗氮层厚度时工艺尺寸及公差的计算

工件渗碳或渗氮后,表面一般需经磨削才能保证尺寸精度,同时还需要保证磨削后能获得图样要求的渗入层厚度。显然,这里渗碳层的厚度是封闭环。

例 2.4 图 2.43(a)所示为轴类零件,其加工过程为:车外圆至 $\phi20.6^{0}_{-0.04}$ mm—渗碳淬火—磨外圆至 $\phi20^{0}_{-0.02}$ mm。试计算保证渗碳层厚度为 0.7～1.0 mm($0.7^{+0.3}_{0}$ mm)时,渗碳工序的渗入厚度及其公差。

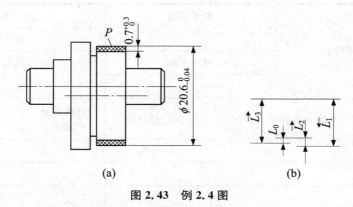

图 2.43 例 2.4 图

解 ① 确定封闭环。由题意可知,其他尺寸均是直接得到的,只有磨后要保证的渗碳层厚度 $0.7^{+0.3}_{0}$ mm 为间接得到的,故该尺寸为封闭环。

② 画出工艺尺寸链图并确定增、减环。由工艺尺寸链图 2.43(b)可知, L_3 、 L_2 为增环, L_1 为减环。

③ 计算渗碳层尺寸及其公差。由公式(2.1)得

$$0.7 = L_2 + 10 - 10.3$$

整理得

$$L_2 = 1(\text{mm})$$

由公式(2.4)得

$$0.3 = ES(\vec{L}_2) + 0 - (-0.02)$$

所以

$$ES(\vec{L}_2) = +0.28(\text{mm})$$

由公式(2.5)得

$$0 = EI(\vec{L}_2) + (-0.01) - 0$$

所以

$$EI(\vec{L}_2) = 0.01(\text{mm})$$

从而渗碳层深度尺寸

$$L_2 = 1^{+0.28}_{+0.01}\ \text{mm}$$

上述计算的工艺尺寸链都比较简单,但当组成尺寸链的环数较多、工序基准变换比较复杂时,采用上述方法建立与计算尺寸链就比较麻烦且容易出错。对此,采用图解跟踪法或尺寸式法建立和计算工艺尺寸链较为方便,关于这一内容此处就不再赘述,感兴趣的读者可查阅相关资料。

2.5 学 习 评 价

学生项目学习评价表

项目评价表	教学情境		总　分	
	项目名称		项目执行人	

评分内容	总分值	自我评分 (30%)	教师评分 (70%)
咨询:	10		
决策与计划:	10		

使用普通机床加工零件

项目评价表	教学情境		总　分	
	项目名称		项目执行人	
实施：	45			
检测：	20			
评估：	15			
本项目收获：				
有待改进之处：				
改进方法：				
总分	100			
教师评语：				
被评估者签名	日期	教师签名		日期

2.6　考　工　要　点

本项目内容占中级车工考工内容的比例约为 25%。

1. 考工应知知识点

切断刀的几何角度;中心钻的类型及应用;轴类零件加工中的注意事项;切断时容易产生的问题;车刀的结构与种类;零件结构的工艺性分析;工艺尺寸链的计算。

2. 考工应会技能点

切断刀的刃磨与安装;阶梯轴的加工方法;切槽、切断的方法。

项目 3 外螺纹的车削加工

外螺纹是在圆柱(圆锥)工件外表面上,沿着螺旋线所形成的具有相同剖面的连续凸起和沟槽,通常应用于连接、紧固、传递运动等场合。常见的螺纹加工方法有:滚丝、螺纹成形、攻丝、铣削螺纹、车削螺纹等。三角形螺纹的车削加工,是车工的基本技能之一,通过该项目的学习,学生可以掌握三角螺纹的相关知识及正确的加工、检测方法,同时也为其他种类螺纹的车削加工打下良好的基础。

学习目标

1. 掌握圆锥加工的基本方法;
2. 掌握螺纹加工的基本操作技能;
3. 能够运用专用量具对圆锥、螺纹进行检测,并对加工质量进行评价;
4. 掌握工艺过程的基本知识;
5. 了解车削基本工艺;
6. 掌握典型轴类零件的工艺过程。

3.1 项 目 描 述

在已经完成的项目 2 阶梯轴的加工的基础上,按图 3.1 所示的图纸要求完成零件加工。

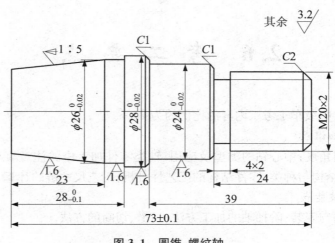

图 3.1 圆锥、螺纹轴

使用普通机床加工零件

3.1.1 零件结构和技术要求分析

从图 3.1 可知,该零件在项目 2 的基础上增加了圆锥和螺纹加工内容。图中圆锥锥度为 1:5,大端直径为 $\phi 26$ mm,长度尺寸为 23 mm,表面粗糙度为 $Ra1.6\ \mu$m,表面加工质量要求较高;外螺纹为 M20×2,未注公差代号,一般按中等精度 6 g 加工。

3.1.2 加工工艺

圆锥、螺纹的加工工艺如表 3.1 所示。

表 3.1 圆锥、螺纹的加工工艺

序号	工序名称	工序内容	测量与加工使用工具	备注
1	车削螺纹	铜皮包裹夹持 $\phi 26_{-0.02}^{\ 0}$ mm 外圆,粗、精车削外螺纹 M20×2 至精度要求	三角螺纹刀、螺纹量规	
2	车削圆锥	调头、铜皮包裹夹持 $\phi 24_{-0.02}^{\ 0}$ mm 外圆,粗、精车削 1:5 锥度圆锥至精度要求	90°外圆车刀、圆锥量规	

3.1.3 工具、量具及设备的使用

3.1.3.1 外螺纹车刀

常用的外螺纹车刀材料有高速钢和硬质合金两类。

高速钢螺纹车刀刃磨方便,切削刃锋利,韧性好,刀尖不易崩裂,车出的螺纹表面粗糙度值小。但它的热稳定性差,不宜高速车削,所以常用在低速切削或作为螺纹精车刀使用。

硬质合金螺纹车刀的硬度高,耐磨性好,耐高温,热稳定性好。但抗冲击能力差,因此硬质合金螺纹车刀适用于高速切削。

外螺纹车刀按加工性质属于成形车刀,其切削部分的形状应当和螺纹牙型的轴向剖面形状相符合,即车刀的刀尖角应该等于牙型角。

1. 三角形外螺纹车刀的几何角度

(1) 外螺纹车刀的刀尖角等于牙型角。车普通螺纹时为 60°,车英制螺纹为 55°。

(2) 高速钢外螺纹车刀前角一般为 0°～15°。因为外螺纹车刀的纵向前角对牙型角有很大影响,所以精车精度要求高的螺纹时,径向前角取得小一些,约 0°～5°;后角一般为 5°～10°。因受螺纹升角的影响,进刀方向一面的后角应磨得稍大一些,如图 3.2 所示。但大直径、小螺距的三角形螺纹的影响可忽略不计。

(3) 硬质合金外螺纹车刀几何角度参照图 3.3。

2. 外螺纹车刀的刃磨要求

(1) 根据粗精车的要求,刃磨出合理的前角和后角(一般粗车刀前角磨大一些,使刀刃锋利,精车刀前角磨小一些,减小对牙型角的影响)。

(2) 车刀的左右两条刀刃必须平直,且无崩刃、豁口等缺陷。

（3）刀尖角等于牙型角，而且刀尖必须平直，不能歪斜。

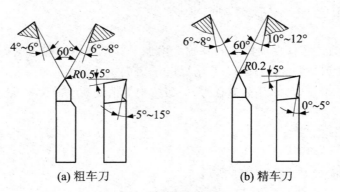

图 3.2　高速钢外螺纹车刀

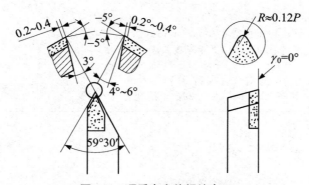

图 3.3　硬质合金外螺纹车刀

3. 刀尖角的刃磨和检测

由于螺纹车刀刀尖角要求高且刀头体积小，因此刃磨起来比一般车刀困难。刃磨高速钢螺纹车刀时，若感到发热烫手，必须及时用水冷却，以免引起刀尖退火；刃磨硬质合金车刀时，应注意刃磨顺序，一般是先将刀头后面适当粗磨，随后再刃磨两侧面，以免产生刀尖爆裂。在精磨时，应注意防止压力过大而震碎刀片，同时要防止刀具在刃磨时骤冷而损坏刀具。

为了保证磨出准确的刀尖角，在刃磨时可用螺纹角度样板测量，如图 3.4 所示。测量时把刀尖角与样板贴合，对准光源，仔细观察两边贴合的间隙，并进行修磨。

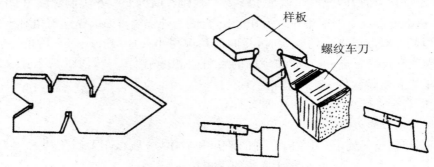

图 3.4　用样板检测刀尖角

3.1.3.2　万能角度尺

万能角度尺是用来测量精密零件内外角度或进行角度画线的角度量具。万能角度尺的读数机构，如图 3.5 所示，是由刻有基本角度刻线的尺座 1 和固定在扇形板 6 上的游标 3 组成的。扇形板可在尺座上回转移动(有制动器 5)，形成了和游标卡尺相似的游标读数机构。

万能角度尺尺座上的刻度线每格为 1°。由于游标上刻有 30 格，所占的总角度为 29°，因此两者每格刻线的度数差是

$$1° - \frac{29°}{30} = \frac{1°}{30} = 2'$$

即万能角度尺的精度为 2′。

万能角度尺的读数方法和游标卡尺相同，先读出游标零线前的角度，再从游标上读出角度"分"的数值，两者相加就是被测零件的角度数值。

在万能角度尺上，基尺 4 是固定在尺座上的，角尺 2 是用卡块 7 固定在扇形板上的，可移动直尺 8 是用卡块固定在角尺上的。若把角尺 2 拆下，也可把直尺 8 固定在扇形板上。由于角尺 2 和直尺 8 可以移动和拆换，使万能角度尺可以测量 0°～320°的任何角度，如图 3.6 所示。

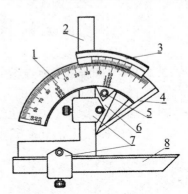

图 3.5　万能角度尺

1. 尺座　2. 角尺　3. 游标　4. 基尺
5. 制动器　6. 扇形板　7. 卡块　8. 直尺

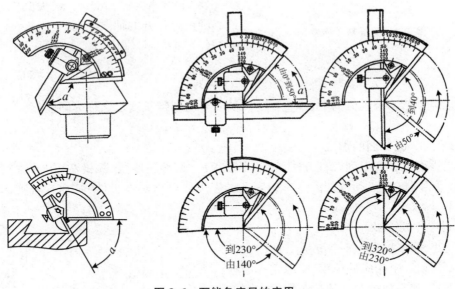

图 3.6　万能角度尺的应用

由图 3.6 可见，角尺和直尺全装上时，可测量 0°～50°的外角；仅装上直尺时，可测量 50°～140°的角；仅装上角尺时，可测量 140°～230°的角；把角尺和直尺全拆下时，可测量 230°～320°的角(即可测量 40°～130°的内角)。

用万能角度尺测量零件角度时，应使基尺与零件角的母线方向一致，且零件应与量角尺的两个测量面在全长上接触良好，以免产生测量误差。

3.2 技 能 训 练

3.2.1 圆锥的车削与检测方法

3.2.1.1 圆锥的基本参数

将工件车削成圆锥表面的方法称为车削圆锥面。在机器制造中被广泛采用。例如：车床主轴前端锥孔、尾座套筒锥孔、锥度心轴、圆锥定位销等。其特点是当圆锥角较小（3°以内）时，可以传递很大的转矩，同轴度较高，能做到无间隙配合。圆锥基本参数如图3.7所示。

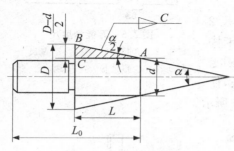

图 3.7　圆锥基本参数

（1）圆锥角 α（°）。圆锥角 α 是在通过圆锥轴线的截面内，两条素线间的夹角。

（2）$\alpha/2$（°）。圆锥半角，车床车削时实际转的度数。

（3）大端直径 D（mm）。简称大端直径。

（4）小端直径 d（mm）。简称小端直径。

（4）圆锥长度 L（mm）。最大圆锥直径处与最小圆锥直径处的轴向距离。

（5）锥度 C。圆锥大、小端直径之差与长度之比：

$$C = (D-d)/L$$

（6）斜度 M。圆锥体的大、小直径之差的一半与圆锥长度之比称为斜度：

$$M = (D-d)/(2L)$$

3.2.1.2 圆锥面的加工

车圆锥面主要有下列四种方法：转动小滑板法、偏移尾座法、靠模法（仿形法）和宽刃刀车削法。车锥体时，必须特别注意车刀安装的刀尖要严格对准工件的中心，否则，车出的圆锥母线不是直线而是双曲线。

1. 转动小滑板法

转动小滑板法就是把小滑板工件的圆锥半角 $\alpha/2$ 转动一个相应的角度，采取用小滑板进给的方式，使车刀的运动轨迹与所要车削的圆锥素线平行，如图3.8所示。

车内、外圆锥工件时，当主轴正转且车刀正向装夹时，最大圆锥直径靠近主轴，最小圆锥直径靠近尾座，小滑板沿逆时针方向转动 $\alpha/2$；车削倒锥时，小滑板沿顺时针方向转动 $\alpha/2$。

小滑板的转动角度换算原则是：把图样上

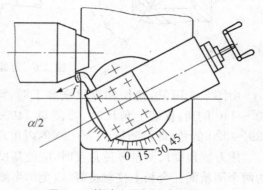

图 3.8　转动小滑板法车削锥面

所标注的角度换算成圆锥素线与车床主轴轴线的夹角 $\alpha/2$。$\alpha/2$ 就是小滑板转过的角度。

用转动小滑板法车削圆锥操作简单,适用范围广,可车削各种角度的内、外圆锥。但受小滑板的行程限制,只可车削较短的圆锥体,且加工时只能用双手转动小滑板进给车削,劳动强度较大,零件表面粗糙度较难控制。适用于加工圆锥半角较大且锥面不长的工件。

2. 偏移尾座法

用偏移尾座法车削圆锥就是将工件置于前后顶尖之间,调整尾座横向移动一段距离 s 后,使工件轴线与纵向走刀方向成 $\alpha/2$ 的角,自动走刀切出锥面,如图 3.9 所示。

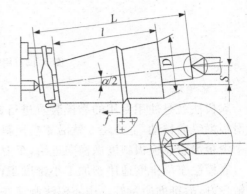

图 3.9　偏移尾座法车削锥面

尾座偏移量的近似公式为

$$S = L\tan\frac{\alpha}{2} = L_0 \times \frac{D-d}{2L} \quad 或 \quad S = \frac{C}{2}L_0$$

式中:S 为尾座偏移量(mm);L_0 为工件全长(mm)。

计算得 s 后,就可以根据偏移量 s 来移动尾座的上层,偏移尾座的方法有如下几种:

(1) 利用尾座的刻度偏移尾座。先把尾座上、下层零线对齐,然后转动螺钉 1 和 2,把尾座上层移动一个 s 距离,如图 3.10 所示。

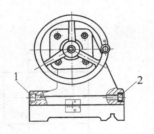
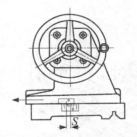

图 3.10　用尾座的刻度偏移尾座

(2) 利用百分表偏移尾座。先将百分表装在刀架上,使百分表的触头与尾座套筒接触,然后偏移尾座。当百分表指针转动至 s 值后,将尾座固定,如图 3.11 所示。

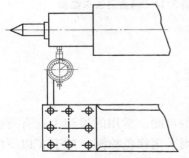

图 3.11　用百分表偏移尾座的方法

(3) 利用锥度量棒(或样件)偏移尾座。将锥度量棒顶在两顶针中间,在刀架上装一百分表,使百分表与量棒接触并对准中心,再偏移尾座,然后移动大滑板,看百分表在量棒两端的读数是否相同,如图 3.12 所示。如果读数不相同,再偏移尾座,直至百分表读数相同为止。

尾座偏移法适用于车削锥度小、锥体较长的工件。可用自动走刀车锥面,加工出来的工件表面质量好。但因为顶针在中心孔中歪斜,接触不良,所以中心孔磨损不均匀,车削锥体时尾座偏移量不能过大。适用于加工锥度小、精度不高、锥体较长的外圆锥工件。

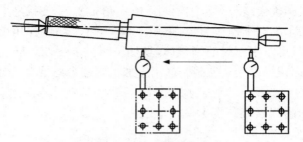

图 3.12　用锥度量棒偏移尾座

3.靠模法

靠模法就是使用专用的靠模装置进行锥面加工的方法,如图 3.13 所示。车削锥度时,大滑板做纵向移动,上滑块 3 就沿靠模板斜面滑动。又因为上滑块 3 与中滑板丝杆连接,所以中滑板沿着靠模板斜度做横向进给,车刀合成斜走刀运动。

靠模法车削锥度适用于加工小锥度工件。可自动进刀车削圆锥体和圆锥孔,且中心孔接触良好,故锥面质量好。用靠模法调整方便、准确。

4.宽刃刀车削法

宽刃刀车削法实质上属于成形法。其刀刃必须平直,装刀后应保证刀刃与车床主轴轴线的夹角等于工件的圆锥半角,如图 3.14 所示。使用这种车削方法时,要求车床具有良好的刚性,以免引起振动。宽刃刀车削法只适用于车削较短的外圆锥。

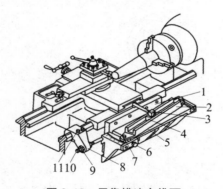

图 3.13　用靠模法车锥面

1.基座　2.靠模板(靠尺)　3.横向丝杠和上
滑块　4.下滑块　5.靠模台　6.螺钉
7.调整螺钉　8.夹紧装置　9.螺母
10.拉杆　11.紧固螺钉

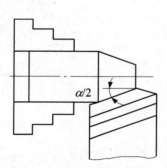

图 3.14　用宽刀法车锥面

3.2.1.3　外圆锥的检测

外圆锥面的检测包括两个项目:圆锥角度和尺寸精度的检测。常用的检测工具有万能角度尺、角度样板,对于对配合精度要求较高的锥度零件,则采用涂色检测。对于 3°以下的角采用正弦规检测。

1.角度和锥度的检测

(1)用万能角度尺检测。用万能角度尺检测外圆锥角度时,应根据工件角度的大小选择不同的测量的方法,如图 3.15 所示。

(2)用角度样板检测。对于对工件锥角精度要求不太高而批量又较大的圆锥工件和角零件,可采用样板检测。角度样板是根据被测角的两个极限尺寸制成的。图 3.16 为采用专用的角度样板检测圆锥齿轮坯角的情况。

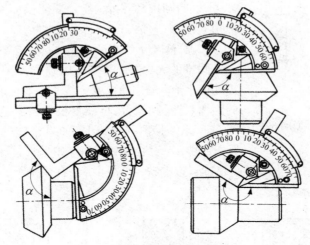

图 3.15　用万能角度尺检测工件

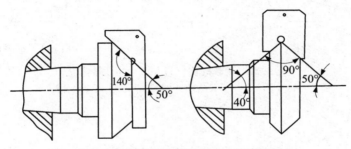

图 3.16　用样板测量圆锥齿轮坯的角度

　　(3) 用涂色法检测。检测时,首先在工件表面顺着圆锥素线薄而均匀地涂上轴向均等的三条显示剂(印油、红丹粉、机油等的调和物),如图 3.17 所示。然后手握套规轻轻地套在工件上,稍加轴向推力,并将套规转动半圈,如图 3.18 所示。注意,检测时,要求工件和套规表面清洁,工件外圆锥表面粗糙度值 $Ra < 3.2\ \mu m$ 且无毛刺。最后取下套规,观察工件显示剂

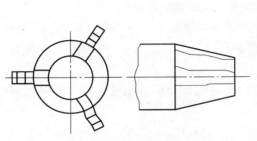

图 3.17　涂色的方法

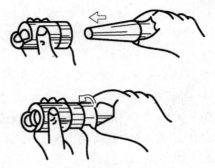

图 3.18　安装套规

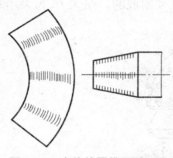

图 3.19　合格的圆锥面展开图

擦去的情况。若三条显示剂全长擦痕均匀,表面圆锥接触良好,说明锥度正确,如图 3.19 所示;若小端擦去而大端未擦去,说明圆锥角小了;若大端擦去而小端未擦去,说明圆锥角大了。

2. 圆锥尺寸精度的检测

圆锥的大、小端直径可用圆锥界限套规来测量。在套规端面上有一个阶梯(或刻线),阶梯长度(m)(或刻线之间的距离)就是圆锥大、小端直径的公差范围。检测方法如图 3.20 所示。检测外圆锥时:如果锥体的小端平面在缺口之间,说明小端直径尺寸合格;如果锥体未能进入缺口,说明小端直径大了;如果锥体小端平面超过了止端缺口,说明小端直径小了。

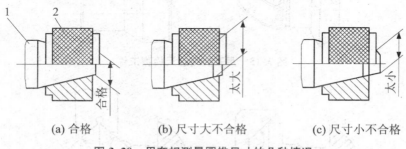

(a) 合格　　　　(b) 尺寸大不合格　　　　(c) 尺寸小不合格

图 3.20　用套规测量圆锥尺寸的几种情况
1. 工件　2. 套规

3.2.2　外螺纹的车削与检测方法

螺纹按用途可分为连接螺纹和传动螺纹;按牙型可分为三角形、矩形、梯形、锯齿形和圆形等螺纹;按螺旋线方向可分为右旋和左旋螺纹;按螺旋线线数可分为单线和多线螺纹。不同螺纹加工方法各不相同,在此主要介绍三角形普通螺纹的车削加工方法。

3.2.2.1　外螺纹的各部分名称及基本尺寸计算

三角形螺纹各部分名称如图 3.21 所示。

(1) 牙型角 $\alpha(°)$。螺纹牙型上两相邻牙侧间的夹角。普通三角形螺纹 α 为 $60°$。

(2) 螺距 $P(mm)$。相邻两牙在中径线上对应两点间的轴向距离。

(3) 导程 $P_h(mm)$。在同一螺旋线上的相邻两牙在中径线上对应两点之间的轴向距离,即螺纹旋转一圈后沿轴向所移动的距离。当螺纹为单线时,导程 P_h 等于螺距 P;当螺纹为多线时,导程 P_h 等于螺纹的线数 n 乘以螺距 P。

(4) 大径 $d、D(mm)$。与外螺纹牙顶或内螺纹牙底相重合的假想圆柱面的直径。外螺纹大径用 d 表示,内螺纹大径用 D 表示。

(5) 中径 $d_2、D_2(mm)$。母线通过牙型上沟槽和凸起宽度相等的一个假想圆柱的直径。外螺纹中径用 d_2 表示,内螺纹中径用 D_2 表示。

(6) 小径 $d_1、D_1(mm)$。与外螺纹牙底或内螺纹牙顶相重合的假想圆柱面的直径。外螺纹小径用 d_1 表示,内螺纹小径用 D_1 表示。

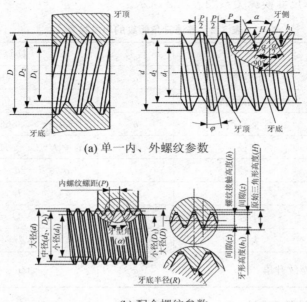

(a) 单一内、外螺纹参数

(b) 配合螺纹参数

图 3.21　三角形螺纹各部分名称

(7) 原始三角形高度 H(mm)。由原始三角形顶点沿垂直于螺纹轴线方向到其底边的距离。

(8) 牙型高度 h_1(mm)。在螺纹牙型上,牙顶到牙底在垂直于螺纹轴线方向上的距离。

(9) 螺纹接触高度 h(mm)。两个相互配合螺纹的牙型上,牙侧重合部分为在垂直于螺纹轴线方向上的距离。

(10) 间隙 z(mm)。牙型高度与螺纹接触高度之差。

(11) 螺纹升角 φ(°)。在中径圆柱或中径圆锥上,螺旋线的切线与垂直于螺纹轴线的平面间的夹角如图 3.22 所示。

螺纹的几何参数取决于螺纹轴向剖面内的基本牙型。基本牙型是将原始三角形(等边三角形)的顶部截去 $H/8$ 和底部截去 $H/4$ 所形成的内、外螺纹共有的理论牙型。该牙型具有螺纹的基本尺寸,如图 3.23 所示。

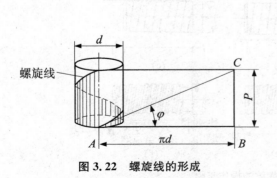

图 3.22　螺旋线的形成

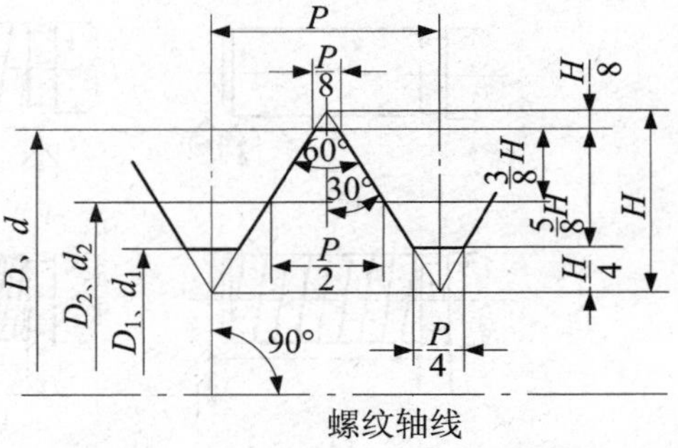

图 3.23　普通螺纹基本牙型

三角螺纹各基本尺寸换算关系如表3.2所示。

表3.2 普通三角螺纹的尺寸换算

名称		代号	换算公式
外螺纹	牙型角	α	$60°$
	原始三角形高度	H	$H=0.866P$
	牙型高度	h	$h=\dfrac{5}{8}\times0.866P\approx0.541\,3P$
	中径	d_2	$d_2=d-2\times\dfrac{3}{8}H=d-0.649\,5P$
	小径	d_1	$d_1=d-2h=d-1.082\,5P$
内螺纹	中径	D_2	$D_2=d_2$
	小径	D_1	$D_1=d_1$
	大径	D	$D=d=$公称直径
螺纹升角		φ	$\tan\varphi=\dfrac{np}{nd_2}$

3.2.2.2 外螺纹的车削加工

1. 外螺纹车刀的装夹

螺纹车刀必须正确安装才能加工出符合精度要求的三角螺纹。因此装刀时,刀尖角平分线必须和工件轴线垂直。如果车刀装歪,则牙型半角就会不对称。为了减少装刀时出现歪斜的情况,一定要用对刀样板对刀,如图3.24所示。装刀时刀尖高度必须对准工件的旋转中心,以免使车刀角度产生误差。同时为保证刀杆的刚性,刀头伸出不宜过长,一般刀伸出的长度取20~25 mm(约为刀杆厚度的1.5~2倍)。

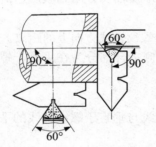

图3.24 螺纹车刀的形状及对刀方法

2. 车削外螺纹的步骤

车削外螺纹的操作步骤如图3.25所示。

(1) 开车,使车刀与工件轻微接触,记下刻度盘读数,向右退出车刀,如图3.25(a)所示。

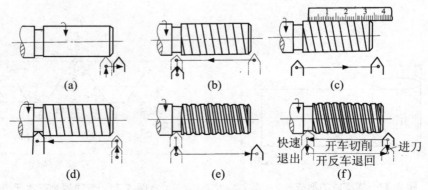

(a)   (b)   (c)

(d)   (e)   (f)

快速退出　开车切削　进刀
开反车退回

图3.25 车削外螺纹的操作步骤

(2) 合上对开螺母,在工件表面上车出一条螺旋线,横向退出车刀后停车,如图3.25(b)

所示。

（3）开反车使刀具退到工件右端后停车，用钢尺检测螺距是否正确，如图3.25(c)所示。

（4）利用刻度盘调整切深，开车切削，如图3.25(d)所示。

（5）车刀将行到终点时，应做好退刀停车准备，先快速退出车刀，然后停车，再开反车退回刀架，如图3.25(e)所示。

（6）再次横向进刀，继续切削。其切削的路线如图3.25(f)所示。

3. 车削外螺纹的进刀方法

车削螺纹时，有三种进刀方法，如图3.26所示。

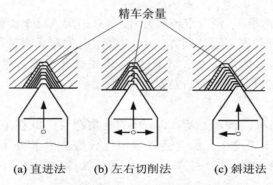

| (a) 直进法 | (b) 左右切削法 | (c) 斜进法 |

图3.26　车削外螺纹的进刀方式

（1）直进法。每次进给由中滑板做横向进给，螺纹车刀刀尖及左右两侧刃都直接参加切削工作，如图3.26(a)所示。随着螺纹深度的加深，背吃刀量相应减少，直至把螺纹车削好为止。这种方法操作简单，可保证螺纹牙型精度。但刀具受力大，散热差，排屑困难，刀尖易磨损。适用于$P<3$ mm的三角形螺纹的粗、精车。

（2）左右切削法。除了中滑板做横向进给外，同时控制小滑板的刻度，使车刀向左或向右做微量移动，分别切削螺纹的两侧面，经几次行程后完成螺纹的加工，如图3.26(b)所示。这种方法中的车刀是单面切削，所以不容易产生扎刀现象。但是车刀左右进给量不能过大，否则会使牙底过宽或凹凸不平。

（3）斜进法。中滑板横向进刀和小滑板纵向进刀相配合，车刀沿倾斜方向切入工件，如图3.26(c)所示。这种方法中车刀基本上只有一个刀刃参加切削，刀具受力较小，散热、排屑较好，生产率较高。但螺纹牙型的一面表面较粗糙，所以此法适用于粗车。在精车时，必须用左右切削法才能使螺纹的两侧面都获得较小的表面粗糙度值。

采用高速钢车刀低速车螺纹时要加注切削液，为防止扎刀现象，最好采用如图3.27所示的弹性刀柄。

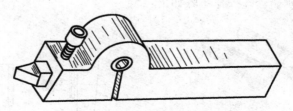

图3.27　弹性刀柄螺纹车刀

4. 乱扣及其防止措施

在加工螺纹时，一般都要经过多次走刀才能达到所需要的尺寸精度。若在第二次车削时，车刀刀尖已不在第一次吃刀的螺旋槽内，而是偏左、偏右或在牙顶中间，从而把螺旋槽车乱，称为乱扣。产生乱扣的原因主要是，车床丝杠螺距不是工件螺距的整数倍。

预防乱扣常用的方法如下：

（1）开倒顺车。即每车一刀以后，不提起开合螺母，而将车刀横向退出，再使主轴反转，让车刀沿纵向退回原来的位置，然后开顺车车第二刀。这样反复来回车削螺纹。因为车刀与丝杠的传动链没有分离过，车刀始终在原来的螺旋槽中反复来回运动，所以不会产生乱扣。

（2）若需在切削中途换刀，则应重新对刀，使车刀仍落入已车出的螺纹槽内。由于传动系统存在间隙，因此应先使车刀沿切削方向走一段距离，停车后再进行对刀。

（3）若进行工件测量，从顶尖上取下工件时，不得松开卡箍。重新安装工件时，必须使卡箍与拨盘（或卡盘）保持原来的相对位置。

5. 用板牙加工螺纹

一般加工直径小于 M16 或螺距 $P<2\ mm$ 的三角螺纹可以在车床上用板牙直接套丝。尤其是 M8～M12 的三角螺纹在车床上套丝效果比较好。由于板牙是一种成形、多刃的刀具，所以加工螺纹时操作简单，生产效率高，成品的互换性也较好。因此此方法在实际生产中经常用到。

（1）板牙。板牙的结构形状如图 3.28 所示。它的外形很像一个圆螺母，只是沿轴向钻有四个排屑孔，用于容纳和排除切屑。板牙的两端都有切削刃，并且都带有锥角，因此正、反两面都可以用。中间具有完整齿深的一段是校准部分，也是套丝的导向部分。

板牙一般是用合金工具钢制成的，端面上标有板牙规格及螺距。

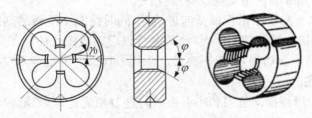

图 3.28　板牙的结构形状

（2）套丝工具。套丝工具的结构如图 3.29 所示，套丝工具是根据板牙外圆的大小规格制成的板牙架，板牙架通过莫氏锥套安装在尾座套筒中。

（3）套丝的方法。套丝时，工件做旋转运动，板牙通过滑动套筒在尾座套筒内做轴线直线运动，如图 3.30 所示。套丝操作步骤如下：

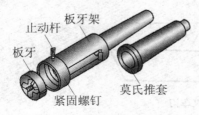

图 3.29　套丝工具的结构

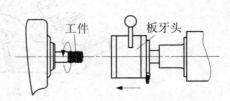

图 3.30　套丝时的运动形式

① 用板牙套丝前,根据工件的螺距和材料塑性的大小,把工件的外径车得比螺纹大径小 $0.2\sim0.4$ mm。外圆车好后,工件端面必须进行倒角(一般小于 $45°$),倒角后的端面直径应略小于螺纹小径,以便于板牙切入工件。

② 先把套丝工具的锥柄部分装到尾座套筒的锥孔内,再将板牙架尾部直杆部分装入套丝工具锥柄的圆孔中。将板牙架前端大圆孔中装入板牙,用板牙固定螺钉将板牙固定紧后,把尾座移向工件,使板牙离工件端面有一小段距离。固定尾座,调整刀台的距离,使刀台可以挡住套丝工具的防转拨杆,防止在套丝时板牙架转动。

③ 启动机床,转动尾座手轮,使板牙切入工件。当板牙切入工件一至两扣时停止手轮转动,使板牙架自动轴向前进。

④ 当板牙切削到所需长度尺寸时,立即停车,然后开倒车,使主轴反转,退出板牙,即完成螺纹加工。

(4) 套丝切削用量的选择。用板牙套丝时,应恰当选择切削速度,不同的材料切削速度有所不同,通常为:钢件 $v=3\sim4.2$ m/min;铸铁 $v=2\sim3$ m/min;黄铜 $v=6\sim8$ m/min。

(5) 套丝时切削液的选择。加工铸铁时,可用煤油作切削液或者不用切削液;切削钢件时用机油、乳化液或者硫化切削油作切削液;对于 40Gr 等韧性较大的合金钢,可以用工业植物油作切削液,食用酱油效果也很好。

3.2.2.3 螺纹的检测

螺纹的检测方法可分为综合检测和单项检测两类。

1. 综合检测

综合检测是指同时检测螺纹各主要部分的精度,通常采用螺纹极限量规来检测内、外螺纹是否合格(包括螺纹的旋合性和互换性)。

螺纹量规有螺纹塞规和螺纹环规两种,如图 3.31 所示,前者用于测量外螺纹,后者用于测量内螺纹,每一种量规均由通规和止规两件(两端)组成。检测时,若通规能顺利与工件旋合,止规与工件不能旋合或不完全旋合,则螺纹为合格;若通规不能与工件旋合,则说明螺母过小,螺栓过大,螺纹应予修退;若止规与工件能旋合,则表示螺母过大,螺栓过小,螺纹是废品。对于精度要求不高的螺纹,也可以用标准螺母和螺栓来检测,以旋入工件时是否顺利和旋入后松动程度来判定螺纹是否合格。

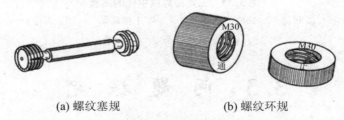

(a) 螺纹塞规　　　　　　　　(b) 螺纹环规

图 3.31　螺纹量规

螺纹综合检测不能测出实际参数的具体数值,但检测效率高,使用方便,广泛用于标准螺纹或大批量生产的螺纹的检测。

2. 单项检测

单项检测是指用量具或测量仪测量螺纹每个参数的实际值。

(1) 测量大径。由于螺纹的大径公差较大,一般只需采用游标卡尺或千分尺测量,方法如外圆直径的测量。

（2）测量螺距。在车削螺纹时，从第一次纵向进给运动开始就要做螺距的检测。第一刀在工件上切出一条很浅的螺旋线，用钢直尺、游标卡尺或螺距规进行测量。工件完成后再进行测量。方法是：用钢直尺、游标卡尺量出几个螺距的长度 L，如图 3.32（a）所示，然后按螺距 $P=L/n$ 计算出螺距；或用螺距规直接测定螺距，测量时将钢片沿平行轴线的方向嵌入齿形中，轮廓完全吻合时的读数则为被测螺距值，如图 3.32（b）所示。

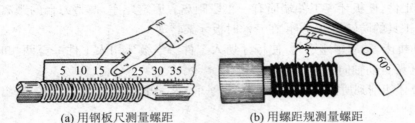

(a) 用钢板尺测量螺距　　　　(b) 用螺距规测量螺距

图 3.32　螺距测量

（3）测量中径。通常用螺纹千分尺来测量三角螺纹的中径，螺纹千分尺的读数原理也与普通千分尺相同，其测量杆上安装了适用于不同螺纹牙型和不同螺距的成对配套的测量头，如图 3.33 所示。在测量时，两个测量头正好卡在螺纹牙型面上，这时千分尺读数就是螺纹中径的实际尺寸。螺纹千分尺备有一系列不同牙型角和不同螺距的测量触头。测量不同规格的三角形螺纹中径时，需要调换适当的测量触头。

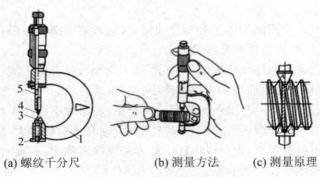

(a) 螺纹千分尺　　　　(b) 测量方法　　　　(c) 测量原理

图 3.33　三角形螺纹中径的测量

1. 尺架　2. 砧座　3. 下测量头　4. 上测量头　5. 测量螺杆

3.3　问 题 探 究

3.3.1　圆锥加工产生废品的原因及预防方法

一般圆锥加工产生废品的原因及预防的方法如表 3.2 所示。

使用普通机床加工零件

表 3.2　加工圆锥产生废品的原因及预防方法

废品种类	产生原因	预防措施
锥度(角度)不正确	用转动小滑板法车削时: (1) 小滑板转动角度计算差错或小滑板角度调整不当 (2) 车刀没有固紧 (3) 小滑板移动时松紧不均	(1) 仔细计算小滑板应转动的角度、方向,反复试车校正 (2) 固紧车刀 (3) 调整镶条间隙,使小滑板移动均匀
	用偏移尾座法车削时: (1) 尾座偏移位置不正确 (2) 工件长度不一致	(1) 重新计算和调整尾座偏移量 (2) 若工件数量较多,其长度两端或中心孔深度必须一致
	用宽刃刀车削法车削时: (1) 装刀不正确 (2) 切削刃不直 (3) 刃倾角 $\lambda_s \neq 0°$	(1) 调整切削刃的角度和对准中心 (2) 修磨切削刃的直线度 (3) 重磨刃倾角,使 $\lambda_s = 0°$
大小端尺寸不正确	(1) 未经常测量大小端直径 (2) 刀具进给不合适	(1) 经常测量大小端直径 (2) 及时测量,用计算法或移动床鞍法控制切削深度 a_p
双曲线误差	车刀刀尖未对准工件轴线	车刀刀尖必须严格对准工件轴线
表面粗糙度达不到要求	(1) 切削用量选择不当 (2) 手动进给忽快忽慢 (3) 车刀角度不正确,刀尖不锋利 (4) 小滑板镶条间隙不当 (5) 未留足精车余量	(1) 正确选择切削用量 (2) 手动进给要均匀,快慢一致 (3) 刃磨车刀,角度要正确,刀尖要锋利 (4) 调整小滑板镶条间隙 (5) 要留有适当的精车或铰削余量

3.3.2　外螺纹加工产生废品的原因及预防方法

一般外螺纹加工产生废品的原因及预防方法如表 3.3 所示。

表 3.3　加工外螺纹产生废品的原因及预防方法

废品种类	产生原因	预防方法
中径不正确	(1) 车刀切削深度不正确,以顶径为基准控制切削深度,忽略了顶径误差的影响 (2) 刻度盘使用不当	(1) 经常测量中径尺寸,应考虑顶径的影响,调整切削深度 (2) 正确使用刻度盘
螺距(导程)不正确	(1) 交换齿轮计算或组装错误,进给箱、溜板箱有关手柄位置扳错 (2) 局部螺距(导程)不正确:车床丝杠和主轴的窜动过大,溜板箱手轮转动不平衡,开合螺母间隙过大 (3) 车削过程中开合螺母自动抬起	(1) 在工件上先车一条很浅的螺旋线,测量螺距(导程)是否正确 (2) 调整好主轴和丝杠的轴向窜动量及开合螺母间隙,将溜板箱手轮拉出,使之与传动轴脱开,使床鞍均匀运动。调整开合螺母镶条,适当减小间隙,控制开合螺母传动的抬起,或用重物挂在开合螺母手柄上防止中途抬起

废品种类	产生原因	预防方法
牙型不正确	(1) 车刀刀尖刃磨不正确 (2) 车刀安装不正确 (3) 车刀磨损	(1) 正确刃磨和测量车刀刀尖角度 (2) 装刀时用样板对刀 (3) 合理选用切削用量,及时修磨车刀
表面粗糙度值大	(1) 刀尖产生积屑瘤 (2) 刀柄刚性不够,切削时产生振动 (3) 车刀径向前角太大,中滑板丝杠螺母间隙过大产生扎刀 (4) 高速切削螺纹时,切削厚度太小或切屑向倾斜方向排出,拉毛已加工牙侧表面 (5) 工件刚性差,而切削用量过大 (6) 车刀表面粗糙	(1) 用高速钢车刀切削时应降低切削速度,并正确选择切削液 (2) 增加刀柄截面并减小刀柄伸出长度 (3) 减小车刀径向前角,调整中滑板丝杠螺母间隙 (4) 用高速钢切削螺纹时,最后几刀的切屑厚度不要太小,以免车刀和加工表面产生挤压,导致扎刀,同时要使切屑沿垂直轴线方向排出 (5) 选择合理的切削用量 (6) 刀具切削刃口的表面粗糙度值应比零件加工表面粗糙度值小 2～3 档次
乱牙	工件的转数不是丝杠转数的整数倍	(1) 当第一次行程结束后,不提起开合螺母,将车刀退出后,开倒车使车刀沿纵向退回,再进行第二次行程车削,如此反复,直至将螺纹车好 (2) 当进刀纵向行程完成后,提起开合螺母脱离传动链退回,若刀尖位置产生位移应重新对刀

3.4 知 识 拓 展

3.4.1 工艺过程基本知识

在实际生产中,由于要加工的零件不是一个个孤立和抽象的表面,而是由基本表面和特形表面构成的。对于某个具体零件,也不是单独在一种机床上用某一种方法就能完成的,而是要经过一定的工艺过程、采用几种不同的工艺方案进行加工。因此不仅要根据零件的具体要求,结合现场的具体条件,对零件的各组成表面选择合适的加工方法,合理地安排加工顺序,逐步地把零件加工出来,同时还要从生产效率和经济效益出发,根据零件的具体要求和可能的加工条件选择比较合理且切实可行的方案,拟订较为合理的工艺过程。

3.4.1.1 生产过程和工艺过程

1. 生产过程

生产过程是将原材料转变为成品的一系列相互关联的劳动过程的总和。生产过程包括原材料的运输保管和准备、生产的准备、毛坯制造、零件的制造、部件和产品的装配、质量检测、表面处理和包装等工作。

生产过程可分为两大类:一类是直接生产过程(也称工艺过程),即直接改变被加工对象的形状、尺寸、性能和相对位置的过程;另一类为辅助生产过程,如技术准备、售后服务等。

2. 工艺过程

在生产过程中,改变生产对象的形状、尺寸、位置和性质等使其成为成品或半成品的过程称为工艺过程。工艺过程又可分为铸造、锻造、冲压、焊接、机械加工、装配等过程。

机械制造工艺过程一般是指零件的机械加工工艺过程和机器的装配工艺过程的总和。

(1)机械加工工艺过程。采用合理有序安排的各种加工方法逐步改变毛坯的形状、尺寸和表面质量使其成为合格零件的过程。

(2)机械装配工艺过程。采用按一定顺序布置的各种装配工艺方法将组成产品的全部零部件按设计要求正确地结合在一起形成产品的过程。

3.4.1.2 工艺过程的组成

零件的机械加工工艺过程由许多工序组合而成,每个工序又可分为若干个安装、工位、工步和走刀。

(1)工序。一个或一组工人,在一个工作地对同一个或同时对几个工件连续完成的那一部分工艺过程。划分工序的主要依据是:工作地是否变动、加工是否连续。

如图3.34所示,零件的加工表面有:大、小端面,两端面中心孔,大、小端外圆及倒角,键槽。这些加工内容可以安排

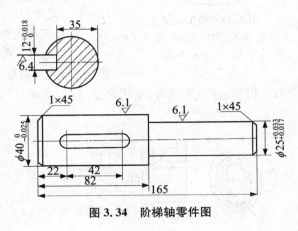

图 3.34 阶梯轴零件图

在两个工序中完成(表3.4);也可以安排在四个工序中完成(表3.5);还可以有其他安排。工序安排和工序数目的确定与零件的技术要求、零件的数量和现有工艺条件等有关。

表 3.4 阶梯轴第一种工序安排方案

工序号	工序内容	设备
1	加工小端面,对小端面钻中心孔,粗车小端外圆,对小端倒角;加工大端面,对大端面钻中心孔,粗车大端外圆,对大端倒角;精车外圆	车床
2	铣键槽,手工去毛刺	车床

表 3.5 阶梯轴第二种工序安排方案

工序号	工序内容	设备
1	加工小端面,对小端面钻中心孔,粗车小端外圆,对小端倒角	车床
2	加工大端面,对大端面钻中心孔,粗车大端外圆,对大端倒角	车床
3	精车外圆	铣床
4	铣键槽,手工去毛刺	铣床

(2)安装。在同一工序中,工件在机床或夹具中每定位和夹紧一次称为一次安装。在一道工序内,工件可能安装一次或数次,安装次数越多,装夹误差越大。

（3）工位。为了完成一定的工序内容，一次装夹工件后，工件与夹具或设备的可动部分一起相对刀具或设备的固定部分所占据的每一个位置。如图 3.35 所示为一利用回转工作台在一次安装中顺次完成装卸工件、钻孔、扩孔和铰孔四工位加工的例子。

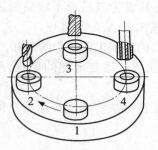

图 3.35　多工位加工

工位 1. 装卸工件　工位 2. 钻孔工件

工位 3. 扩孔　工位 4. 铰孔

（4）工步。工步是在加工表面和加工工具（或装配）不变的情况下，所连续完成的那一部分工序。工步是工序的组成单位，一道工序可由几个工步组成，只要加工表面或加工工具改变就成为另一个工步。如图 3.36 所示零件，一道工序中包含三个工步。

有时为提高生产率，可以用几把刀或复合刀具同时加工一个工件的几个表面的工步，称为复合工步。如图 3.37 所示，用一把车刀、一个钻头同时加工一个工件为一个复合工步。复合工步记为一个工步。

（5）走刀。在一个工步内，有时被加工表面需要切去较厚的金属层，需分几次切削，这时每进行一个切削就是一次走刀。例如：在车螺纹时，由于余量过大，必须分几次切削，就是几次走刀。

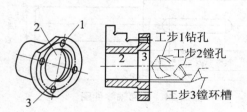

图 3.36　多工步加工

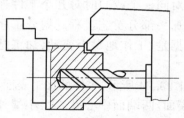

图 3.37　复合工步

工序、安装、工位、工步及走刀之间的关系如图 3.38 所示。

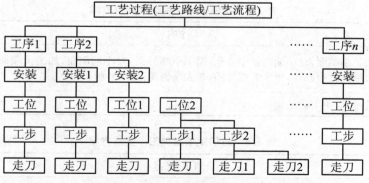

图 3.38　工序、安装、工位、工步及走刀之间的关系示意图

3.4.1.3　生产纲领与生产类型

在制订零件的机械加工工艺过程中，加工方法及设备的选择、工序的安排均与零件的技术要求和生产类型有关，而生产类型又由生产纲领决定。

1. 生产纲领

指企业在计划期内应有的产量和进度计划。计划期为一年的生产纲领称为年生产纲领。零件的年生产纲领可按下式计算：

$$N = Qn(1+\alpha\%)(1+\beta\%)$$

式中：Q 为产品的年产量（台/年）；n 为每台产品中所含零件的数量（件/台）；$\alpha\%$ 为备品率；$\beta\%$ 为废品率。

2. 生产类型

指企业生产专业化程度的分类。根据产品的尺寸大小和特征、生产纲领、批量及投入生产的连续性，机械制造业的生产类型分为单件生产、成批生产和大量生产三种。

（1）单件生产。单个地制造某一种零件，很少重复甚至完全不重复的生产称为单件生产。例如：重型机器厂以及试制和机修车间的生产通常都是单件生产。

（2）成批生产。成批地制造相同的零件，每隔一定时间又重复进行的生产称为成批生产。每批所制造的相同零件的数量称为批量。根据批量的大小和产品的特征，成批生产又可分为大批生产、中批生产和小批生产。显然，产量愈大，生产专业化程度愈高。

（3）大量生产。当同一产品的制造数量很多，在大多数工作地点经常重复地进行一种零件某一工序的生产称为大量生产。例如：汽车厂、轴承厂等的生产通常都属于大量生产。

从工艺特点上看，小批量生产和单件生产的工艺特点相似，大批生产和大量生产的工艺特点相似，因此生产上常按单件小批生产、中批生产和大批量生产来划分生产类型。生产类型不同，其工艺特点也有很大差异，如表 3.6 所示。

表 3.6　生产类型及其工艺特点

工艺特点	生产类型		
	单件小批生产	中批生产	大批量生产
工件的互换性	一般配对制造，无互换性，广泛用于钳工修配	大部分有互换性，少量钳工修配	具有完全互换性
装配方法	修配法、调整法	部分互换法、调整法等	完全互换法、分组选配法
毛坯及其加工余量	手工木模铸件、自由锻件，毛坯精度低，加工余量大	部分金属模铸造件、部分模锻件，毛坯精度和加工余量中等	广泛采用金属模造型、模锻件以及其他高精度制造方法，毛坯精度高，加工余量小
机床设备	通用机床、数控机床，采用机群式布置	部分通用机床和部分专用机床，广泛使用数控机床、加工中心、柔性制造单元等	数控机床、加工中心、专用机床、专用生产线、自动生产线、柔性制造生产线等
夹具	多用标准附件，如卡盘、虎钳、压板等，靠画线和试切达到精度	采用专用夹具或组合夹具，精度可以靠夹具保证或在加工中心上一次安装	高生产率的专用夹具，靠夹具及其调整保证工件精度
刀具与量具	通用刀具和通用量具	采用专用刀具、专用量具或三坐标测量机等	采用高生产率的专用刀具和专用量具或采用统计分析法保证成品率

工艺特点	生产类型		
	单件小批生产	中批生产	大批量生产
对工人的技术要求	需要技术熟练的技术工人	需要一定熟练程度的技术工人和编程人员	需要高素质的生产线维护人员、编程人员，对操作工人技术要求低
工艺规程	有简单的工艺规程	有工艺规程，对重要零件有详细的工序卡	有详细的工艺规程及工艺卡、工序卡
加工成本	高	中	低

3.4.1.4　零件机械加工工艺规程的制订

零件机械加工工艺规程是规定零件机械加工工艺过程和方法等的工艺文件。它是在具体的生产条件下，将最合理或较合理的工艺过程用图表（或文字）的形式制成文本，用来指导生产、管理生产的文件。

1. 机械加工工艺规程的内容及作用

（1）工艺规程的内容一般有零件的加工工艺路线、各工序基本加工内容、切削用量、工时定额及采用的机床和工艺装备（刀具、夹具、量具、模具）等。

（2）工艺规程的主要作用如下：

① 是指导生产的主要技术文件。合理的工艺规程是建立在正确的工艺原理和实践基础上的，是科学技术和实践经验的结晶。因此它是获得合格产品的技术保证，一切生产和管理人员必须严格遵守。

② 是生产组织管理工作、计划工作的依据。原材料的准备、毛坯的制造、设备和工具的购置、专用工艺装备的设计制造、劳动力的组织、生产进度计划的安排等工作都是依据工艺规程来进行的。

③ 是新建、扩建、改造工厂或车间的基本资料。在新建、扩建、改造工厂或车间时，需依据产品的生产类型及工艺规程来确定机床和设备的数量及种类、工人工种数量及技术等级、车间面积及机床的布置等。

2. 制订工艺规程的原则、原始资料

（1）制订工艺规程的原则是在保证产品质量的前提下，以最快的速度、最少的劳动消耗和最低的费用，可加工出符合设计图纸要求的零件。同时，还应在充分利用本企业现有生产条件的基础上，尽可能保证技术上先进、经济上合理、并且有良好的劳动条件。

（2）制订工艺规程的原始资料有：

① 产品零件图样及装配图样。零件图样标明了零件的尺寸和形位精度以及其他技术要求，产品的装配图有助于了解零件在产品中的位置、作用，所以它们是制订工艺规程的基础。

② 产品的生产纲领。

③ 产品验收的质量标准。

④ 本厂现有生产条件，如机床设备、工艺装备、工人技术水平及毛坯的制造生产能力等。

⑤ 国内外同类产品的生产工艺资料。

使用普通机床加工零件

3. 制订工艺规程的步骤

(1) 零件图样分析。零件图样分析的目的在于：

① 分析零件的技术要求。主要了解各加工表面的精度要求、热处理要求，找出主要表面并分析它与次要表面的位置关系，明确加工的难点及保证零件加工质量的关键，以便在加工时加以重点关注。

② 审查零件的结构工艺性是否合理，分析零件材料的选取是否合理。

(2) 毛坯选择。毛坯的选择主要依据以下几方面的因素：

① 零件的材料及机械性能。零件的材料一旦确定，毛坯的种类就大致确定了。例如：材料为铸铁，就应用来铸造毛坯；钢质材料的零件一般可用型材；当零件对机械性能要求较高时要用锻造；有色金属常用于型材或铸造毛坯。

② 零件的结构形状及尺寸。例如：直径相差不大的阶梯轴零件可选用棒料作毛坯；直径相差较大时，为节省材料，减少机械加工量，可采用锻造毛坯；尺寸较大的零件可采用自由锻；形状复杂的钢质零件则不宜用自由锻；对于箱体、支架等零件一般采用铸造毛坯；大型设备的支架可采用焊接结构。

③ 生产类型。大量生产时，应采用精度高、生产率高的毛坯制造方法，如机器造型、熔模铸造、冷轧、冷拔、冲压加工等。单件小批生产则采用木模手工造型、焊接、自由锻等。

④ 毛坯车间现有生产条件及技术水平以及通过外协获得各种毛坯选择的可能性。

(3) 拟订工艺路线：

① 定位基准的选择。正确选择定位基准，特别是主要的精基准，对保证零件加工精度、合理安排加工顺序起决定性的作用。所以在拟订工艺路线时首先应考虑选择合适的定位基准。

② 零件表面加工工艺方案的选择。由于表面的要求（尺寸、形状、表面质量、机械性能等）不同，往往同一表面的加工需采用多种加工方法完成。某种表面采用各种加工方法所组成的加工顺序称为表面加工工艺方案。

③ 加工阶段的划分。对于那些对加工质量要求高或比较复杂的零件，通常将整个工艺路线划分为粗加工、半精加工、精加工和光整加工几个阶段。粗加工阶段主要任务是切除毛坯的大部分余量并制出精基准，该阶段的关键问题是如何提高生产率；半精加工阶段主要任务是减小粗加工留下的误差，为主要表面的精加工做好准备，同时完成零件上各次要表面的加工；精加工阶段主要任务是保证各主要表面达到图样规定要求，这一阶段的主要问题是如何保证加工质量；光整加工阶段主要任务是减小表面粗糙度值和进一步提高精度。

划分加工阶段的好处是：按先粗后精的顺序进行机械加工，可以合理地分配加工余量以及选择切削用量，以充分发挥粗加工机床的效率，长期保持精加工机床的精度，同时减少工件在加工过程中的变形，避免精加工表面受到损伤；粗、精加工分开，还便于及时发现毛坯缺陷，同时有利于安排热处理工序。

(4) 加工顺序的安排。加工顺序的安排对保证加工质量、提高生产率和降低成本都有重要作用，是拟订工艺路线的关键之一。其内容包括切削加工顺序安排、热处理工序安排、辅助工序的安排等。

① 切削加工顺序的安排一般遵循先粗后精、先主后次、先面后孔、先基准后其他的原

则。先粗后精即先安排粗加工,中间安排半精加工,最后安排精加工;先主后次即先安排零件的装配基面和工作表面等主要表面的加工,后安排如键槽、紧固用的光孔和螺纹孔等次要表面的加工;先面后孔即对于箱体、支架、连杆、底座等零件主要表面的加工,顺序是先加工用作定位的平面和孔的端面的加工,然后再加工孔;先基准后其他即选作精基准的表面应在一开始的工序中就加工出来,以便为后续工序的加工提供定位精基准。

② 热处理工序的安排。零件加工过程中的热处理按应用目的大致可分为预备热处理和最终热处理。预备热处理的目的是改善机械性能、消除内应力,为最终热处理做准备,它包括退火、正火、调质和时效处理。对于铸件和锻件,为了消除毛坯制造过程中产生的内应力,改善机械加工性能,在机械加工前应进行退火或正火处理;对大而复杂的铸造毛坯件(如机架、床身等)及刚度较差的精密零件(如精密丝杠),需在粗加工之前及粗加工与半精加工之间安排多次时效处理;调质处理的目的是获得均匀细致的索氏体组织,为零件的最终热处理做好组织准备,同时它也可以作为最终热处理,使零件获得良好的综合机械性能,一般安排在粗加工之后进行。最终热处理的目的主要是提高零件材料的硬度及耐磨性,它包括淬火、渗碳及氮化等。淬火及渗碳通常安排在半精加工之后、精加工之前进行;在氮化处理中由于变形较小,通常安排在精加工之后。

③ 辅助工序的安排。辅助工序包括:检测、清洗、去毛刺、防锈、去磁及平衡去重等。其中检测是最主要的也是必不可少的辅助工序。零件加工过程中除了安排工序自检之外,还应在粗加工全部结束之后即精加工之前、工件转入转出车间前后、重要工序加工前后及全部加工工序完成后等场合安排相应的检测工序。

4. 工艺文件的编制

零件的机械加工工艺过程确定之后,应将有关内容填写在工艺卡片上,这些工艺卡片总称为工艺文件。生产中常用的工艺文件有下列三种形式:

(1) 机械加工工艺过程卡片。机械加工工艺过程卡片列出整个零件加工所经过的工艺路线(包括毛坯、机械加工、热处理以及装配等)。完成各道工序的车间(工段),各用的机床、夹具、刀具、量具和工时定额等内容如表 3.7 所示。适合单件小批生产。

(2) 机械加工工艺卡片。机械加工工艺卡片以工序为单位,比较详细地说明零件加工工艺过程的一种工艺文件,简称工艺卡。它不但包含了工艺过程卡片的内容,而且详细说明了每一工序的工位及工步的工作内容,对于复杂工序,还要绘出工序简图,标注工序尺寸及公差等,如表 3.8 所示。机械加工工艺卡片是用来指导工人生产和帮助技术管理人员掌握整个加工过程的主要技术文件,常用于成批生产和小批生产比较重要的零件。

(3) 机械加工工序卡片。机械加工工序卡是在工艺过程卡片的基础上,对每道工序所编制的一种工艺文件。工序卡要详细记录工序内容和加工所必需的工艺资料,如定位基准、装夹方法、工序尺寸和公差以及机床、刀具、夹具、量具、切削用量和工时定额等,如表 3.9 所示。工序卡中还要画出工序简图,用于具体指导工人操作,是大批量生产和中批复杂生产或重要零件生产的必备工艺文件。

使用普通机床加工零件

表 3.7 机械加工工艺过程卡片

工厂	机械加工工艺过程卡片	产品型号		零(部)作图号		共 页
		产品名称		零(部)件名称		第 页
材料牌号	毛坯种类	毛坯外形尺寸		每类毛坯件数	每台件数	备注
工序号	工序名称	工序内容	车间	工段	设备	工艺装备	工时
							准终	单件

工序号	工序名称	工序内容	车间	工段	设备	工艺装备	准终	单件
				编制(日期)	审核(日期)	会签(日期)		
标记	处记	更改文件号	签字	日期	标记	处记	更改文件号	签字	日期			

表 3.8 机械加工工艺卡片

工厂	机械加工工艺过程卡片	产品型号		零(部)作图号		共 页
		产品名称		零(部)件名称		第 页

材料牌号	毛坯种类	毛坯外形尺寸		每类毛坯件数	每台件数	备注

工序	装夹	工步	工序内容	同时加工零件数	切削用量				设备名称及编号	工艺装备名称及编号			技术等级	工时定额	
					背吃刀量/mm	切削速度/(m/min)	每分钟转数或往复次数	进给量或双行程/mm		夹具	刀具	量具		单件	准终
						编制(日期)	审核(日期)	会签(日期)							
标记	处记	更改文件号	签字	日期	标记	处记	更改文件号	签字	日期						

表 3.9　机械加工工序卡片

工厂	机械加工工艺过程卡片	产品型号		零(部)作图号		共　页
		产品名称		零(部)件名称		第　页

材料牌号	毛坯种类	毛坯外形尺寸	每类毛坯件数	每台件数	备注

(工序图)	车间	工序号	工序名称	材料牌号
	毛坯种类	毛坯外形尺寸	每毛坯件数	每台件数
	设备名称	设备型号	设备编号	同时加工件数
	夹具编号		夹具名称	切削液
				工序工时
				准终 / 单件

工步号	工步内容	工艺装备	主轴转速/(r/min)	切削速度/(m/min)	进给量/(mm/r)	背吃刀量/mm	进给次数	工时定额 机动	工时定额 辅助
				编制(日期)	审核(日期)	会签(日期)			

标记	处记	更改文件号	签字	日期	标记	处记	更改文件号	签字	日期

注:各工厂所用的工艺文件的格式有多种多样,可视具体情况和参照相关规定来编制。

3.4.2　轴类零件的工艺过程

3.4.2.1　轴类零件的功用与结构特点

轴类零件是机器中经常遇到的典型零件之一。轴类零件主要用于支承传动零件(齿轮、带轮等)、承受载荷、传递转矩以及保证装在轴上的零件的回转精度。

其结构特点是长度大于直径。根据轴的长度 L 与直径 d 之比,轴可以分为刚性轴($L/d \leqslant 12$)和挠性轴($L/d > 12$)两种;按其结构形状的特点,轴又可分为光轴、半轴、阶梯轴、空心轴、花键轴、偏心轴、凸轮轴、十字轴、曲轴等,如图 3.39 所示。其加工表面通常为内外圆柱面、圆锥面、螺纹、花键、沟槽等。

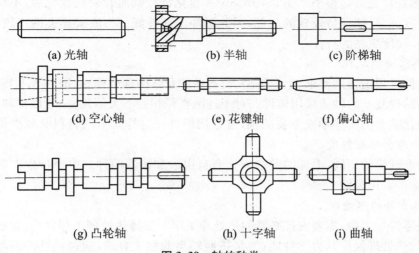

(a) 光轴	(b) 半轴	(c) 阶梯轴
(d) 空心轴	(e) 花键轴	(f) 偏心轴
(g) 凸轮轴	(h) 十字轴	(i) 曲轴

图 3.39　轴的种类

3.4.2.2　轴类零件的技术要求

轴用轴承支承,与轴承配合的轴段称为轴颈。轴颈是轴的装配基准,一般它们对精度和表面质量要求较高,其技术要求一般根据轴的主要功用和工作条件制订,通常有以下几项:

(1) 尺寸精度。轴的位置,一般对其尺寸精度要求较高(IT5～IT7),而对装配传动件的轴颈尺寸精度要求较低(IT6～IT9)。

(2) 几何形状精度。轴类零件的几何形状精度主要是指轴颈、外锥面、莫氏锥孔等的圆度、圆柱度等,一般应将其公差限制在尺寸公差范围内。对精度要求较高的内外圆表面,应在图纸上标注其允许偏差。

(3) 位置精度。轴类零件的位置精度要求主要是由轴在机械中的位置和功用决定的。通常应保证装配传动件的轴颈对支承轴颈的同轴度要求;否则会影响传动件(齿轮等)的传动精度,使其产生噪声。普通精度的轴,其配合轴段对支承轴颈的径向跳动一般为 0.01～0.03 mm,高精度轴(如主轴)通常为 0.001～0.005 mm。

(4) 表面粗糙度。一般与传动件相配合的轴径表面粗糙度为 $Ra2.5～Ra0.63\ \mu$m,与轴承相配合的支承轴径的表面粗糙度为 $Ra0.63～Ra0.16\ \mu$m。

3.4.2.3　轴类零件的材料、毛坯及热处理

1. 轴类零件的材料

轴类零件应根据不同的工作条件和使用要求选用不同的材料,并采用不同的热处理规范(如调质、正火、淬火等),以获得一定的强度、韧性和耐磨性。

(1) 45 钢是轴类零件的常用材料,价格便宜,经过调质(或正火)后,可得到较好的切削性能,而且能获得较高的强度和韧性等综合机械性能。淬火后表面硬度可达 45～52HRC。

(2) 40Cr 等合金结构钢适用于中等精度要求而转速较高的轴类零件,经调质和淬火后,具有较好的综合机械性能。

(3) 轴承钢 GCr15 和弹簧钢 65Mn 经调质和表面高频淬火后,表面硬度可达 50～58HRC,并具有较高的耐疲劳性能和较好的耐磨性能,可用于制造较高精度要求的轴。

(4) 对于高转速、重载荷等条件下工作的轴,可选用 20CrMnTi、20Cr 等低碳含金钢或 38CrMoAlA 氮化钢。低碳合金钢经渗碳淬火处理后,具有很高的表面硬度、抗冲击韧性和

项目
3
外螺纹的车削加工

芯部强度,热处理变形却很小。而38CrMoAlA氮化钢经调质和表面氮化后,不仅能获得很高的表面硬度,而且能保持较软的芯部,因此耐冲击韧性好。与渗碳淬火钢比较,它有热处理变形很小,硬度更高的特性。

2. 轴类零件的毛坯

轴类零件可根据使用要求、生产类型、设备条件及结构选用棒料、锻件等毛坯形式,只有某些大型的结构复杂的轴才采用铸件。对于外圆直径相差不大的轴,一般以棒料为主;而对于外圆直径相差大的阶梯轴或重要的轴,常选用锻件。这样既节约材料又减少机械加工的工作量,还可改善机械性能。

根据生产规模的不同,毛坯的锻造方式有自由锻和模锻两种。中小批生产多采用自由锻,大批量生产采用模锻。

3. 轴类零件的热处理

在轴类零件加工中,需要安排必要的热处理工序。安排热处理工序:一是根据轴类的技术要求,通过热处理保证其力学性能;二是按照轴类的加工要求,通过热处理改善材料的可加工性。

若轴类零件毛坯是锻件,大多需要进行正火处理,以消除锻造内应力,改善材料内部金相组织和降低其硬度,使材料的可加工性提高。

经粗车后的轴或加工余量不大的棒料毛坯,应安排调质处理,以获得均匀细致的回火索氏金相体组织,提高零件材料的综合力学性能,并为表面淬火时得到均匀细致且硬度由表面向中心逐步降低的硬化层奠定基础,同时索氏体金相组织经机械加工后,表面粗糙度值较小。

此外,对有相对运动的轴颈表面和经常装卸工夹具的内锥孔等摩擦部位,一般应进行表面淬火,以提高其耐磨性,表面淬火一般安排在精加工之前。对于氮化钢(如38GrMoAl),需在渗氮之前进行调质和低温时效处理。

3.4.2.4 加工阶段的划分

轴类零件的加工过程可分为粗加工、半精加工、精加工、光整加工四个阶段:

(1)粗加工的主要任务是切除毛坯的大部分加工余量(采用大功率机床,较大切削用量),并为半精加工准备余量。

(2)半精加工的任务是减小粗加工后留下来的误差和表面缺陷层,使被加工表面达到一定的精度,并为主要表面的精加工做好准备,同时完成一些次要表面的最后加工。

(3)精加工的任务是各主要表面经加工后达到图样的全部技术要求,因此此阶段的主要目标是全面保证加工质量,保证主要表面达到图纸要求。

(4)对于表面粗糙度要求很细和尺寸精度要求很高的表面,还需要进行光整加工阶段。这个阶段的主要目的是提高表面质量,一般不能用于提高形状精度和位置精度。常用的加工方法有金刚车(镗)、研磨、珩磨、超精加工、镜面磨、抛光及无屑加工等。

当毛坯余量特别大,表面非常粗糙时,在粗加工阶段前还有荒加工阶段。为能及时发现毛坯缺陷,减少运输量,荒加工阶段常在毛坯准备车间进行。

3.4.2.5 定位基准的选择

轴类零件普遍采用中心孔定位。无论是轴类零件加工时采用的顶两头、一夹一顶的定位方式,还是轮盘类零件加工时采用的心轴装夹的定位方式,其定位基准大多为中心孔。因为轴类零件各内外圆表面、螺纹表面的同轴度以及端面对轴线的垂直度是位置精度要求的主要项目,而这些表面的设计基准的中心孔在许多工序(如粗车、半精车、精车、粗磨和精磨等)中可以重复使用,符合基准统一原则。因此加工轴类零件多用中心孔作为定位基准,有利于保证各加工表面的位置精度。

3.4.2.6 轴类零件表面加工方法选择

车削和磨削是轴类零件的主要加工方法。对精度要求一般的轴,经过粗车和精车即可;对精度要求较高、表面粗糙度值要求较低或需进行表面淬火的轴,在经过粗车、半精车或热处理后,还需进行粗磨和精磨。

一般情况下,根据零件的精度(包括尺寸精度、行位精度及表面粗糙度)要求,考虑现有设备及加工经济精度的因素选择加工方法。加工经济精度是指在正常加工条件下(采用合理标准的设备、工艺装备和标准技术等级的工人,不延长加工时间)所能保证的加工精度。相应粗糙度为经济粗糙度。表 3.10 介绍了外圆表面加工方案及经济精度。

表 3.10 外圆表面加工方案及经济精度

加工方法	经济精度	经济粗糙度	使用范围
粗车	IT11～IT13	12.5～50.0	适用于淬火钢以外的各种金属
粗车→半精车	IT9～IT10	3.2～6.3	
粗车→半精车→精车	IT6～IT7	0.8～1.6	
粗车→半精车→精车→抛光(滚压)	IT6～IT7	0.020～0.025	
粗车→半精车→磨削	IT6～IT7	0.4～0.8	适用于淬火钢、未淬火钢、铸铁等,不宜加工强度低、韧度高的有色金属
粗车→半精车→粗磨→精磨	IT5～IT6	0.2～0.4	
粗车→半精车→粗磨→精磨→高精度磨削	IT3～IT5	0.008～0.100	
粗车→半精车→粗磨→精磨→研磨	IT3～IT5	0.008～0.010	
粗车→半精车→精车→精细车(研磨)	IT5～IT6	0.025～0.400	适用于有色金属

1. 外圆表面车削加工

(1) 粗车。切除大部分余量;IT11～IT13,$Ra12.5～Ra50\ \mu m$。

(2) 半精车。修整预备热处理后的变形;IT8～IT10,$Ra3.2～Ra6.3\ \mu m$。

(3) 精车。使磨削前各表面具有一定的同轴度和合理的磨削余量;精加工螺纹及各端面等;IT7～IT8,$Ra0.8～Ra1.6\ \mu m$。

2. 外圆表面磨削加工

可获得较高的加工精度及很细的粗糙度:一般磨削加工后工件的精度可达到 IT8～IT7,表面粗糙度 Ra 可达 1.6～0.8 μm;精磨后工件的精度可达 IT7～IT6,表面粗糙度 Ra 可达 0.8～0.2 μm)。能磨削硬度很高的淬硬钢、硬质合金或硬度很高的金属和非金属材料。加工余量小,常作为精加工工序。

磨削外圆的方法通常有以下几种(图 3.40):

(1) 纵磨法。磨削时工件随工作台做直线往复纵向进给运动,工件每往复一次(或单行程),砂轮横向进给一次。纵向磨削法磨削力小,散热条件好,可获得较高的加工精度和较小的表面粗糙度值。劳动生产率低,磨削力较小,适用于细长、精密或薄壁工件的磨削。

(2) 横磨法。工件不做纵向进给运动,砂轮以缓慢的速度连续或断续地向工件做径向进给运动,直至磨去全部余量为止。粗磨时可用较高的切入速度,精磨时切入速度则较低,

项目 3 外螺纹的车削加工

以防止工件烧伤和发热变形。只用于大批量生产中磨削刚性较好、长度较短的外圆及两端都有阶梯的轴颈。

（3）综合磨削法。先用横磨法分段粗磨被加工表面的全长，相邻段搭接处过磨 5～10 mm，留下 0.01～0.03 mm 余量，然后用纵磨法进行精磨。适用于成批生产磨削刚性好、长度大、余量多的外圆面。

（4）深磨法。这是一种用得较多的磨削方法，采用较大的背吃刀量在一次纵向进给中磨去工件的全部磨削余量。由于磨削基本时间缩短，故劳动生产率高。磨削余量一般为 0.1～0.35 mm，纵向进给长度较小（1～2 mm），适用于大批量生产中磨削刚性较好的短轴。

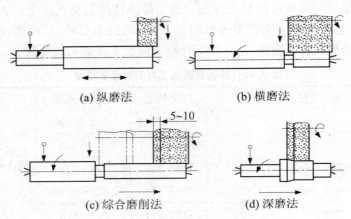

(a) 纵磨法   (b) 横磨法

(c) 综合磨削法   (d) 深磨法

图 3.40　外圆的磨削方法

3. 外圆表面的光整加工

常用的方法高精度磨削、超精加工、研磨等。

（1）超精加工。将细粒度的油石以一定的压力压在工件表面，加工时工件低速转动、磨头轴向进给、油石高速往复振动三种运动使磨粒在工件表面形成复杂运动轨迹，以完成对工件表面的切削作用，实质是低速微量磨削，如图 3.41 所示。可加工余量小，为 0.005～0.025 mm，Ra 值为 0.08～0.01 μm。

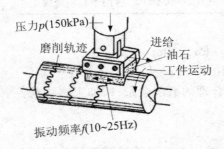

图 3.41　超精加工原理

（2）研磨。用研磨工具和研磨剂从工件表面上研去一层极薄的表层的精密加工方法。研磨原理与研具如图 3.42 所示。研磨用的研具由比工件材料软的材料（如铸铁、铜、巴氏合金及硬木等）制成。一般研磨的余量为 0.01～0.02 mm，Ra 值可取 0.08～0.01 μm。

研磨套在一定压力下与工件做复杂的相对运动。工件缓慢转动带动磨料而对工件表面起切削作用。

3.4.2.7　轴类零件的一般加工工艺路线

轴类零件的主要表面是各个轴颈的外圆表面，空心轴的内孔对精度一般要求不高，而精密主轴上的螺纹、花键、键槽等次要表面对精度要求比较高。因此轴类零件的加工工艺路线主要是考虑外圆的加工顺序，并将次要表面的加工合理地穿插其中。下面是生产中常用的不同精度和材料轴类零件的加工工艺路线：

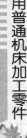
使用普通机床加工零件

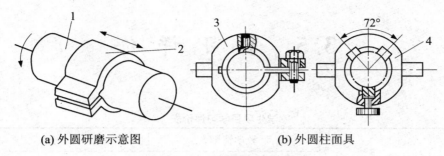

(a) 外圆研磨示意图   (b) 外圆柱面具

图 3.42　研磨原理与研具

1. 工件　2. 研具　3. 开口可调研磨环　4. 三点式研具

（1）一般渗碳钢的轴类零件加工工艺路线。备料→锻造→正火→打顶尖孔→粗车→半精车、精车→渗碳(或碳氮共渗)→淬火、低温回火→粗磨→次要表面加工→精磨。

（2）一般精度调质钢的轴类零件加工工艺路线。备料→锻造→正火(退火)→打顶尖孔→粗车→调质→半精车、精车→表面淬火、回火→粗磨→次要表面加工→精磨。

（3）精密氮化钢轴类零件的加工工艺路线。备料→锻造→正火(退火)→打顶尖孔→粗车→调质→半精车、精车→低温时效→粗磨→氮化处理→次要表面加工→精磨→光磨。

（4）整体淬火轴类零件的加工工艺路线。备料→锻造→正火(退火)→打顶尖孔→粗车→调质→半精车、精车→次要表面加工→整体淬火→粗磨→低温时效→精磨。

一般精度轴类零件的最终工序采用精磨就足以保证加工质量。对于精密轴类零件，除了精加工外，还应安排光整加工，如图 3.43 所示。对于除整体淬火之外的轴类零件，其精车工序可根据具体情况不同，安排在淬火热处理之前进行，或安排在淬火热处理之后、次要表面加工之前进行。应该注意的是：经淬火后的部位，不能用一般刀具切削，所以一些沟、槽、小孔等需在淬火之前加工完。

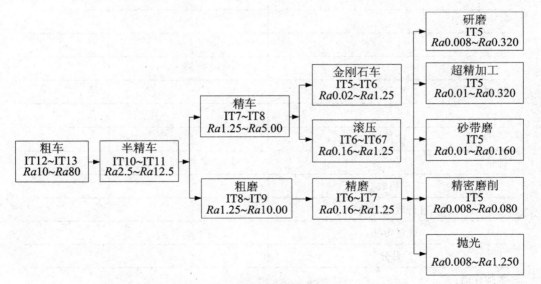

图 3.43　精密轴类零件的工艺路线

3.5 学 习 评 价

学生项目学习评价表

项目评价表	教学情境		总　分	
	项目名称		项目执行人	

评分内容	总分值	自我评分 （30%）	教师评分 （70%）
咨询：	10		
决策与计划：	10		
实施：	45		
检测：	20		
评估：	15		
本项目收获：			
有待改进之处：			
改进方法：			
总分	100		

教师评语：

被评估者签名	日期	教师签名	日期

使用普通机床加工零件

3.6 考 工 要 点

本项目内容占中级车工考工内容的比例约为 30%。

1. 考工应知知识点

螺纹车刀的几何角度;圆锥的加工与检测方法;螺纹的加工与检测方法;圆锥加工产生废品的原因及预防方法;外螺纹加工产生废品的原因及预防方法;工艺过程的基本知识;轴类零件的工艺过程。

2. 考工应会技能点

螺纹车刀的刃磨与安装;圆锥的加工与检测;螺纹的加工与检测;轴类零件的工艺规程安排。

项目 4　轴套的车削加工

　　轴类零件的加工是车削加工的重要内容。根据使用刀具的不同,轴类零件的加工内容包括钻孔、扩孔、镗孔和铰孔等工序。因为孔加工是在工件内部进行的,观察切削情况困难,且刀杆尺寸受孔径和孔深的限制,刚性较差,排屑和冷却效果也较差,因此轴类加工比外圆加工难度大。

学习目标

1. 掌握轴套类零件的加工工艺;
2. 掌握内孔加工的各种方法;
3. 掌握内螺纹车削的操作技能;
4. 掌握轴套类零件的检测方法并对加工质量进行分析;
5. 掌握提高金属切削效益的途径;
6. 掌握刀具材料的相关知识;
7. 了解镗削加工工艺;
8. 掌握材料拉、压的相关知识。

4.1　项　目　描　述

　　给定尺寸为 $\phi60$ mm×50 mm 的铝棒毛坯件,按图 4.1 所示的图纸要求加工出合格零件。

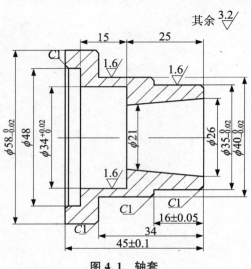

图 4.1　轴套

4.1.1 零件结构和技术要求分析

从毛坯尺寸及图 4.1 可知,该零件需要在车床上多次装夹加工。图中三处直径尺寸 $\phi 58$ mm、$\phi 40$ mm、$\phi 35$ mm 公差均为 0.02 mm,表面粗糙度 Ra 为 1.6 μm;内孔直径 $\phi 34$ 公差为 0.02 mm,表面粗糙度 Ra 为 1.6 μm,内孔直径 $\phi 48$ 及内圆锥大、小端直径 $\phi 21$、$\phi 26$ 为一般尺寸未注公差;长度尺寸两处带有公差,即 16 mm±0.05 mm 和 45 mm±0.1 mm,其余长度尺寸 15 mm、25 mm、34 mm 为一般尺寸未注公差。内外共有四处 C1 倒角,其余表面粗糙度 Ra 为 3.2 μm。

4.1.2 加工工艺

轴套的加工工艺如表 4.1 所示。

表 4.1 轴套的加工工艺

序号	工序名称	工序内容	测量与加工使用工具	备注
1	备料	备 $\phi 60$ mm×50 mm 铝棒料一块	钢直尺	
2	车削端面	夹持长度约 35 mm,分别车削两端端面,保证长度尺寸 45 mm±0.1 mm	游标卡尺	
3	钻孔	打中心孔,钻 $\phi 20$ mm 的通孔	中心钻、麻花钻	
4	车削外圆	夹持工件一端,长度约 12 mm,粗、精车外圆至尺寸 $\phi 4_{-0.02}^{0}$ mm,长度到 34 mm,粗糙度为 1.6 μm;粗、精车外圆至尺寸 $\phi 35_{-0.02}^{0}$ mm,长度至 16 mm±0.05 mm,粗糙度为 1.6 μm	90°外圆车刀、千分尺、游标卡尺	
5	车削内锥	粗、精车内锥面,保证大端直径 $\phi 26$ mm,长度不小于 25 mm,粗糙度为 3.2 μm	内孔车刀、游标卡尺	
6	倒角	车削三处外倒角 C1	45°外圆车刀	
7	车削外圆	调头装夹 $\phi 40$ 外圆,粗、精车外圆至尺寸 $\phi 58_{-0.02}^{0}$ mm	90°外圆车刀、千分尺	
8	车削内孔	粗、精车内孔至尺寸 $\phi 34_{-0.02}^{0}$ mm,长度至 20 mm	内孔车刀、千分尺	
9	车削内孔	粗、精车内孔至尺寸至 $\phi 48$ mm,长度至 5 mm	内孔车刀、游标卡尺	
10	倒角	车削内倒角 C1	45°外圆车刀	

4.1.3 工具、量具及设备的使用

4.1.3.1 内孔车刀

内孔车刀的工作条件较外圆车刀差,这是由于内孔车刀的刀杆悬伸长度和刀杆截面尺寸都受孔尺寸限制,当刀杆伸出较长而截面较小时刚度低,容易引起振动。内孔车刀的切削

部分基本上与外圆车刀相似,只是多了一个弯头而已。

根据刀片和刀杆的固定形式,内孔车刀分为整体式和机械夹固式两种。

1. 整体式内孔车刀

整体式内孔车刀一般分为高速钢和硬质合金两种。

(1) 高速钢整体式内孔车刀的刀头、刀杆都是由高速钢制成的,其形状、几何角度如图4.2所示。

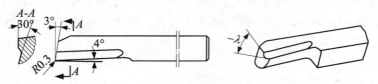

图 4.2　高速钢内孔车刀几何形状及角度

(2) 硬质合金整体式内孔车刀只是在切削部分焊接上一块合金刀头片,其余部分都是用碳素钢制成的。根据不同的加工情况,分为通孔车刀和盲孔车刀两种,如图4.3所示。

① 通孔车刀的几何形状与外圆车刀基本上相似,如图4.3(a)所示。通孔车刀主要用来加工通孔,为了减小径向切削抗力,防止车孔时振动,主偏角 K_r 应取得大一些,一般为 $60°\sim75°$,副偏角 K_r' 一般为 $15°\sim30°$。为了防止内孔车刀后刀面与孔壁的摩擦,但又不使后角磨得太大,一般磨成两个后角,如图4.3(b)所示的 α_{o1} 和 α_{o2},其中 α_{o1} 取 $6°\sim12°$,α_{o2} 取 $30°$ 左右。

② 盲孔车刀主要用来车削盲孔或阶台孔,如图4.3(c)所示,其切削部分的几何形状与偏刀基本上相似。它的主偏角 K_r 大于 $90°$,一般为 $92°\sim95°$。后角的要求和通孔车刀一样,不同之处是车削盲孔时,刀尖在刀杆的最前端,刀尖与刀杆外端间的距离 a 应小于内孔半径 R,否则孔的底平面就无法车平。

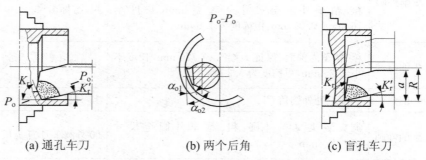

(a) 通孔车刀　　　　　(b) 两个后角　　　　　(c) 盲孔车刀

图 4.3　硬质合金整体式内孔车刀

2. 机械夹固式内孔车刀

机械夹固式内孔车刀由刀排、小刀头、紧固螺钉组成。按其结构不同也可将其分为通孔车刀和盲孔车刀两种,如图4.4所示。其特点是能增加刀杆强度,节约刀杆材料,既可安装高速钢刀头,也可安装硬质合金刀头。使用时可根据孔径选择刀排,因此比较灵活方便。

4.1.3.2　麻花钻

麻花钻是一种形状较复杂的双刃钻孔或扩孔的标准刀具。一般用于孔的粗加工(IT11以下精度及表面粗糙度 $Ra25\sim Ra6.3~\mu m$),也可用于加工攻丝、铰孔、拉孔、镗孔、磨孔的预制孔。

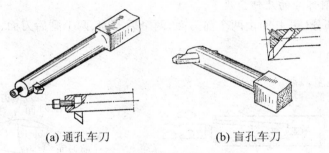

(a) 通孔车刀　　　　　　　(b) 盲孔车刀

图 4.4　机械夹固式内孔车刀

1. 麻花钻的结构

麻花钻的基本形状有锥柄麻花钻[图 4.5(a)]、直柄麻花钻[图 4.5(b)]两种。标准麻花钻由颈部、工作部分和装夹部分三个部分组成。

(1) 颈部。是工作部分和尾部间的过渡部分,供磨削时砂轮退刀和打印标记用。直柄钻头没有颈部。

(2) 工作部分。是钻头的主要部分,前端为切削部分,承担主要的切削工作;后端为导向部分,起引导钻头的作用,也是切削部分的后备部分。

(3) 装夹部分。是钻头的尾部,用于与机床连接,可传递扭矩和轴向力。按麻花钻直径的大小分为直柄麻花钻(直径小于 12 mm)和锥柄(直径大于 12 mm)两种。

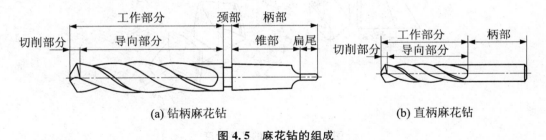

(a) 钻柄麻花钻　　　　　　　(b) 直柄麻花钻

图 4.5　麻花钻的组成

直柄麻花钻钻头的直径小,切削时扭矩较小,可用钻夹头(图 4.6)装夹,用固紧扳手拧紧,再和车床尾座套筒的锥孔配合,由手摇尾座套筒带动钻头直线进给。这种方法简便但夹紧力小,容易产生跳动。

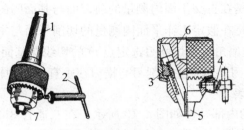

图 4.6　钻夹头及其应用

1. 锥柄　2. 扳手　3. 环形螺纹　4. 扳手　5、7. 自动定心夹爪　6. 锥柄安装孔

锥柄钻头可直接或通过钻套(或称过渡套)使钻头和车床尾座套筒的锥孔配合,如图 4.7所示,这种方法配合牢靠,同轴度高。

2. 麻花钻切削部分的几何角度

麻花钻切削部分(图4.8)由两个前刀面、两个后刀面、两个副后刀面、两条主切削刃和一条横刃组成。

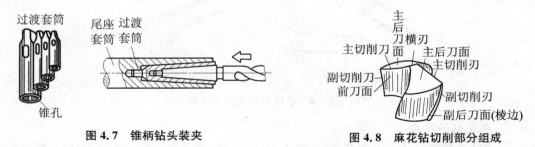

图4.7　锥柄钻头装夹　　　　　　　　　图4.8　麻花钻切削部分组成

主要几何角度包括:

(1) 螺旋角 β　螺旋角是钻头最外缘螺旋线的切线与钻头轴线的夹角,如图4.9所示。

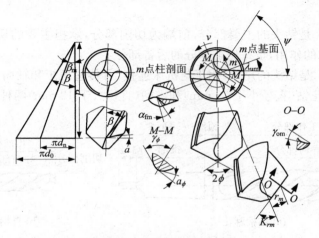

图4.9　麻花钻的几何角度

(2) 锋角(顶角)2ϕ。锋角是两主切削刃在与它们平行的平面上投影的夹角,标准麻花钻的锋角 $2\phi=118°$,此时两条主切削刃呈直线;若磨出的锋角 $2\phi>118°$,则主切削刃呈凹形;若 $2\phi<118°$,则主切削刃呈凸形。

(3) 前角 γ_{om}。前角是在正交平面内测量的前刀面与基面间的夹角。

(4) 后角 α_{fm}。后角是在假定工作平面内测量的切削平面与主后刀面之间的夹角。

(5) 主偏角 K_{rm}。主偏角是主切削刃选定点 m 的切线在基面投影与进给方向的夹角。

(6) 横刃斜角。ψ 横刃斜角是主切削刃与横刃在垂直于钻头轴线的平面上投影的夹角。

4.1.3.3　内径百分表

内径百分表测量架的内部结构如图4.10所示。在三通管3的一端装着活动测头1,另一端装着可换测头2,垂直管口一端,通过连杆4装有百分表5。活动测头1的移动使传动杠杆7回转,通过活动杆6推动百分表的测量杆,使百分表指针产生回转。由于传动杠杆7的两侧触点是等距离的,当活动测头移动1 mm时,活动杆也移动1 mm,推动百分表指针回转一圈,盘上刻有100格,即刻度盘上每一格为0.01 mm。用两触点量具测量内径时,不容易找正孔的直径方向,定心护桥8和弹簧9就起了一个帮助找正直径位置的作用,使内径百分表的两个测头正好在内孔直径的两端。活动测头的测量压力由活动杆 6 上的弹簧控制，保证测量压力一致。

内径百分表活动测头的移动量，小尺寸的只有 0~1 mm，大尺寸的可有 0~3 mm，它的测量范围是由更换或调整可换测头的长度来达到的。因此每个内径百分表都附有成套的可换测头。国产内径百分表的分度值为 0.01mm，测量范围有 10~18 mm，18~35 mm，35~50 mm，50~100 mm，100~160 mm，160~250 mm，250~450 mm。

用内径百分表测量内径是一种比较量法，测量前根据被测孔径的大小在专用的环规或百分尺上调整好尺寸后才能使用。调整内径百分尺的尺寸时，选用的可换测头的长度及其伸出的距离（大尺寸内径百分表的可换测头，是用螺纹旋上去的，故可调整伸出的距离，小尺寸的不能调整）应使被测尺寸在活动测头总移动量的中间位置。

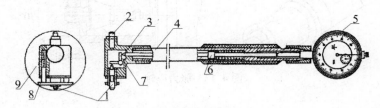

图 4.10　内径百分表结构

1. 活动测头　2. 可换测头　3. 三通管　4. 连杆　5. 百分表　6. 活动杆　7. 传动杠杆　8. 定心护桥　9. 弹簧

4.1.3.4　心轴

对于精加工盘套类零件，如孔与外圆的同轴度以及孔与端面的垂直度要求较高，则工件需在心轴上装夹进行加工。常用的心轴有下列几种：

1. 圆柱心轴

图 4.11 为常用圆柱心轴的结构形式。图 4.11(a) 为间隙配合心轴，心轴与工件孔是较小的间隙配合，工件靠螺母压紧。其特点是一次可以装夹多个工件，装卸工件较方便，但定心精度不高，只能保证 0.02 mm 左右的同轴度。图 4.11(b) 为过盈配合心轴，这种心轴制造简便，定心准确，但装卸工件不便，且易损伤工件定位孔，多用于为定心精度要求较高的场合。

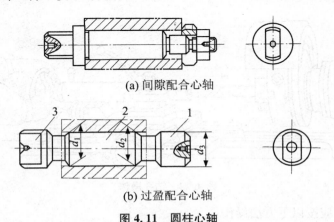

(a) 间隙配合心轴

(b) 过盈配合心轴

图 4.11　圆柱心轴

1. 导向部分　2. 工作部分　3. 传动部分

2. 小锥度心轴

小锥度心轴的锥度一般取 $K = 1/5\,000 \sim 1/1\,000$，如图 4.12 所示。定位时可消除工件

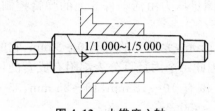

图 4.12 小锥度心轴

与心轴之间的配合间隙,提高定心精度,但轴向无法定位,承受切削力小,装卸不太方便。

3. 胀力心轴

胀力心轴依靠材料弹性变形所产生的胀力来固定工件,如图 4.13 所示。胀力心轴的圆锥角最好为 30°左右,最薄部分壁厚 3~6 mm。为了使胀力均匀,槽可做成三等分。若长期使用的胀力心轴可用弹簧钢 65Mn 制成。胀力心轴装卸方便,定心精度高,故应用广泛。

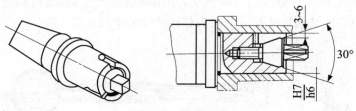

图 4.13 胀力心轴

4.2 技 能 训 练

4.2.1 内孔的加工与检测

4.2.1.1 钻孔

钻孔是指用钻头在实体材料上加工出孔的方法,如图 4.14 所示。钻削时,钻头是在半封闭的状态下进行切削的,转速高,切削用量大,排屑又很困难,摩擦严重,钻头刚性差、易抖动,加工精度较低。

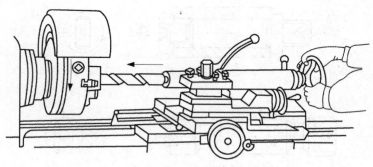

图 4.14 钻孔操作

（1）钻孔加工应按以下方法操作：

① 钻孔前,工件的端面要保持平整,中心部位不允许有凸台。

② 找正尾座,使尾座中心与主轴中心重合,防止钻孔时孔径扩大。

③ 小直径钻头刚性差,钻头横刃接触端面时钻头产生摆动,容易使钻头折断。可用装

在刀架上的挡铁支顶钻头以防止摆动，然后缓慢进给钻削，如图 4.15 所示。

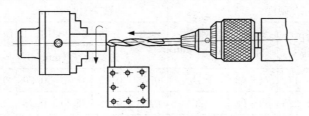

图 4.15 用挡铁支顶钻头

④ 钻头小于 $\phi 5$ mm 时，先用中心钻钻出中心孔，如图 4.16 所示，再用麻花钻钻孔。

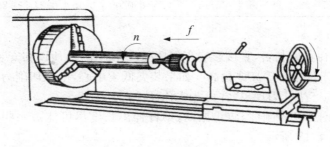

图 4.16 中心钻钻中心孔

⑤ 钻削大于 $\phi 30$ mm 的孔应分两次钻：第一次先钻第一个直径较小的孔（为加工孔径的 0.5~0.7 倍）；第二次用钻头将孔扩大到所要求的直径。

⑥ 钻不通孔时孔深尺寸的控制方法：使钻头尖部接触工件端部，用钢直尺量出尾座套筒长度，钻进长度等于所测长度加孔深尺寸，如图 4.17 所示；或者通过尾座手轮摇动圈数计算，尾座手轮每转一圈，尾座套筒移动 5 mm。

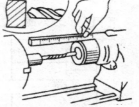

**图 4.17 孔深尺寸的
控制方法**

⑦ 钻削时的冷却润滑：钻削钢件时常用机油或乳化液；钻削铝件时常用乳化液或煤油；钻削铸铁时则用煤油。

（2）钻孔时应该注意：

① 在钻削过程中，特别钻深孔时，要经常退出钻头以排出切屑和进行冷却；否则可能使切屑堵塞或钻头过热磨损甚至折断，同时也影响加工质量。

② 钻通孔时，当孔将被钻透时，进刀量要减小，避免钻头在钻穿时的瞬间抖动，出现"啃刀"现象，影响加工质量，损伤钻头，甚至发生事故。

③ 钻孔时切削用量的选择可参考表 4.2。

4.2.1.2 车孔

对精度和表面粗糙度要求都较高的套类零件，常常需要用内孔车刀车削，称为车孔。车孔是常用的加工方法之一，可以做粗加工，也可以做精加工。车孔精度可达到 IT7~IT8，表面粗糙度值可达 $Ra1.6 \sim Ra3.2\ \mu m$，精车可达 $Ra0.8\ \mu m$。

表 4.2　钻孔时切削用量的参考表

加工材料	硬度		切削速度 v/(m/min)	钻头直径 d/mm					钻头螺旋角/(°)	钻尖角/(°)
	布氏 HBS	洛氏 HRB		<3	3～6	6～13	13～19	19～25		
				进给量 f/(mm/r)						
碳钢 −0.25C	125～175	71～88	24	0.08	0.13	0.20	0.26	0.32	25～35	118
碳钢 −0.50C	175～225	88～98	20	0.08	0.13	0.20	0.26	0.32	25～35	118
碳钢 −0.90C	175～225	88～96	17	0.08	0.13	0.20	0.26	0.32	25～35	118
合金钢 0.12～0.25C	175～225	88～98	21	0.08	0.15	0.20	0.40	0.48	25～35	118
合金钢 0.30～0.65C	175～225	88～98	15～18	0.05	0.09	0.15	0.21	0.26	25～35	118

1. 内孔车刀的装夹

内孔车刀安装得正确与否,直接影响车削情况及孔的精度,所以在安装时一定要注意:

(1) 刀尖应与工件中心等高或稍高。如果装夹低于中心,由于切削力的作用,刀柄容易被压弯,刀尖下移而产生扎刀现象,并可造成孔径扩大。

(2) 为了增加内孔车刀刚性,防止振动,刀杆伸出长度尽可能短一些,一般比工件孔深长 5～10 mm,如图 4.18 所示。

(3) 刀柄要平行于工件轴线,以免车削时刀柄碰到内孔表面。

(4) 为了确保车孔安全,通常在车孔前让车刀在孔内试走一遍,这样才能保证车孔顺利进行。

(5) 加工阶梯孔时,主刀刃应和端面成 3°～5° 的夹角。在车削内端面时,要求横向有足够的退刀余地,如图 4.19 所示。

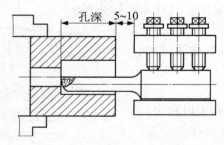

图 4.18　刀杆伸出不宜过长

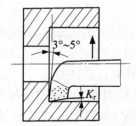

图 4.19　车阶梯孔时刀具的安装

2. 车孔的关键技术

车孔的关键技术是解决内孔车刀的刚性和排屑问题。

(1) 增加内孔车刀刚性的措施。尽量增加刀柄的截面积,通常内孔车刀的刀尖位于刀柄的上面,这样刀柄的截面积较小,如图 4.20(a)所示。当内孔车刀的刀尖位于刀杆的中心线上时,刀杆的截面积可达最大,如图 4.20(b)所示。此外需尽可能缩短刀杆的伸出长度,并且根据孔深加以调节,以增加刀杆的刚性。

(2) 内孔车刀的后面一般磨成两个后角的形式,如图 4.3(b)所示。

(3) 通孔的内孔车刀最好磨成正刃倾角,切屑流向待加工表面,即前排屑。不通孔的内孔车刀无法从前端排屑,只能从后端排屑。

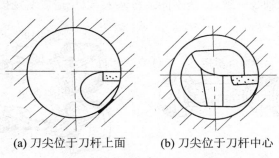

(a) 刀尖位于刀杆上面　　　　(b) 刀尖位于刀杆中心

图 4.20　内孔车刀刀尖位置

3. 车孔的方法

车孔时,由于工作条件不利,加上刀柄刚性差,容易引起振动,因此其切削用量应比车外圆低一些。孔的类型不同,加工方法一般也不一样:

(1)直孔的车削方法基本上与车外圆一样,只是横向进给时与车外圆相反。车削时可用试切法控制尺寸,即先根据加工余量确定刀具横向进刀量,再使刀具做纵向进给运动,当车刀纵向切削至 2 mm 左右时纵向退出车刀(横向不动),然后停车试测。反复进行,直至符合孔径精度要求为止。

(2)加工阶梯孔时,对于直径较小的阶梯孔,可以使用先车小孔后车大孔的加工步骤;对于大直径的阶梯孔,可以使用先粗车,然后将小孔和大孔一起精车的方法。

(3)盲孔加工的重点在于盲孔底面的车削。用中拖板控制孔径的大小,先做纵向进给;离孔底面还有 2～3 mm 时,改为手动进给,通过观察或者手的感觉可知是否车到底面;最后可做横向进给,车平底面。

(4)控制孔深的方法。控制车孔深度的方法通常为:粗车时可利用在刀柄上刻线痕做记号、安放限位铜片(图 4.21)以及床鞍刻度控制线等来控制;精车时需用小滑板刻度盘或游标深度尺等来控制车孔的深度。

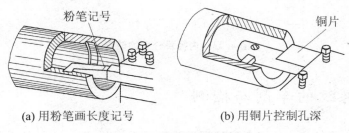

(a)用粉笔画长度记号　　　　(b)用铜片控制孔深

图 4.21　控制孔深的方法

4.2.1.3　孔径的测量

测量孔径尺寸,通常用内卡钳、塞规和内径百分表。目前对于精度较高的孔径都用内径百表测量。

1. 用塞规测量

塞规由通端、止端和手柄组成,如图 4.22 所示。通端按孔的最小极限尺寸制成,测量时应塞入孔内;止端按孔的最大极限尺寸制成,测量时不允许插入孔内。当通端塞入孔内,而止端插不进去时,就说明此孔尺寸在最小极限尺寸与最大极限尺寸之间,是合格的。

测量盲孔的塞规上还开有排气槽,以便于盲孔内的空气排出。使用塞规测量时:一是要注意塞规轴线应与孔的轴线一致;二是不能强行塞入,以免造成塞规拔不出或损坏工件。

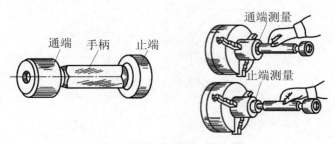

图 4.22　塞规及其使用

2. 用内径百分表测量

(1) 内径百分表的安装与校正。在内径测量杆上安装表头时,百分表的测头和测杆的压缩量一般为 1 mm 左右;安装测杆上的固定测头时,其伸出长度可以调节,一般比测量孔径大 0.5 mm 左右(可以用卡尺测量);安装完毕后用千分尺来校正零位。

(2) 内径百分表的使用与测量。内径百分表和百分尺一样是比较精密的量具,因此测量时先用卡尺控制孔径尺寸,留余量为 0.3~0.5 mm 时再使用内径百分表,这是因为余量太大易损坏内径百分表。测量中,要注意百分表的读法,长指针顺时针转过零点为负偏差,不过零点为正偏差。测量时,内径百分表上下摆动时取最小值为实际偏差,如图 4.23 所示。

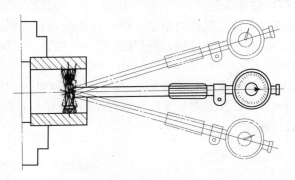

图 4.23　内径百分表的使用

4.2.2　内螺纹的车削与检测

加工三角形内螺纹比加工三角形外螺纹难度要大一些,因为内螺纹在加工时不容易观察和测量,只能靠托板刻度盘上的读数和螺纹塞规来确定尺寸是否达到要求,加工中出现问题时,处理起来也有一定难度。因此在车削时一定要细心,要合理选择刀具,掌握正确的加工方法。

4.2.2.1　内螺纹车刀的选择和装夹

内螺纹车刀一般是根据车削方法、工件材料来选择的。内螺纹车刀和外螺纹车刀基本一致,只是受内孔尺寸的影响,在选择刀具尺寸时有所限制。一般内螺纹车刀的刀头径向长度应比孔径尺寸小 3~5 mm;否则退刀时易碰伤牙顶,甚至导致不能车削。为了增强刀杆的刚度,在保证排屑的情况下,刀杆尺寸要尽量大一些。

使用普通机床加工零件

图 4.24、图 4.25 是常用三角形内螺纹车刀的几何形状及刃磨的角度。

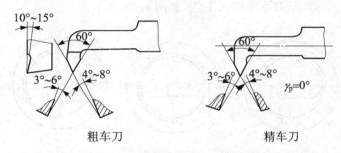

粗车刀   精车刀

图 4.24 硬质合金三角形内螺纹车刀

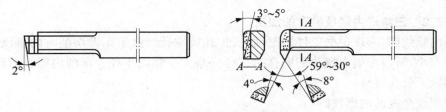

图 4.25 高速钢三角形内螺纹车刀

内螺纹车刀在刃磨时,除要求磨出正确的几何和刀尖角外,还要特别注意两条切削刃的对称中心线一定要和刀杆轴线垂直;否则在车削螺纹时会出现刀杆碰伤工件内孔的现象,甚至导致牙型角不对称。刀尖刃磨时宽度一般为 $0.1P$(螺距),如图 4.26 所示。

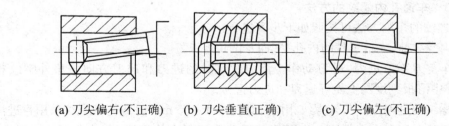

(a) 刀尖偏右(不正确)   (b) 刀尖垂直(正确)   (c) 刀尖偏左(不正确)

图 4.26 刀尖刃磨示意图

如图 4.27(a)所示,在安装内螺纹车刀时,必须严格按对刀样板校正刀尖角,以免车削出的螺纹出现斜牙现象。车刀装好后,应在内孔内摇动床鞍至终点,检测是否会发生碰撞,如图 4.27(b)所示。

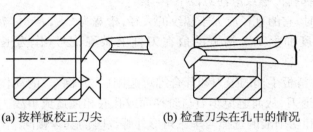

(a) 按样板校正刀尖   (b) 检查刀尖在孔中的情况

图 4.27 内螺纹车刀的安装

车刀装好后,车刀刀尖一定要对准工件的中心,不能偏高或偏低。如果刀装得偏高,它的工作后角就会增大,工作前角减小,这时车刀的刀刃不能顺利切削,而会产生刮削现象,从而引起振动,使工件表面产生波纹现象。如果车刀装得偏低,它的工作后角将减小,刀头下部就会与工件发生摩擦,车刀不能切入工件,如图 4.28 所示。

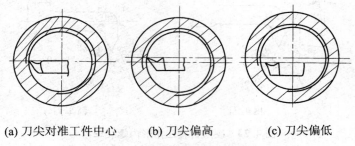

(a) 刀尖对准工件中心　　　(b) 刀尖偏高　　　(c) 刀尖偏低

图 4.28　刀尖高度示意图

4.2.2.2　三角形内螺纹底孔的加工

车削内螺纹前,必须根据工件情况钻孔、扩孔或镗孔。由于车刀切削时的挤压作用,内孔直径要缩小,所以车削内螺纹的底孔时直径应略大于螺纹小径。车削内螺纹的底孔直径大小可用以下公式计算:

车削塑性金属的内螺纹时:

$$D_孔 = d - P$$

车削脆性金属的内螺纹时:

$$D_孔 = d - 1.05P$$

式中:d 为螺纹公称直径(mm);P 为螺纹螺距(mm)。

4.2.2.3　车通孔内螺纹的方法

通孔内螺纹的车削方法可按照如下步骤进行:

(1) 车内螺纹前,先把工件的内孔、平面及倒角等车好。

(2) 开车空刀练习进刀、退刀动作。车内螺纹时的进刀和退刀方向与车外螺纹相反。练习时,需在中滑板刻度圈上做好退刀和进刀记号。

(3) 内螺纹的进刀方式与外螺纹相同。螺距小于 1.5 mm 时或铸铁螺纹采用直进法,螺距大于 2 mm 时采用左右切削法。为了改善刀杆受切削力的变形,它的大部分切削余量应首先在尾座方向切削掉,然后车另一面,最后车内螺纹大径。车内螺纹时,目测困难,一般根据观察到的排屑情况用切削,并判断螺纹的表面粗糙度。

4.2.2.4　车不通孔或阶梯孔内螺纹

车不通孔或阶梯孔内螺纹应注意以下事项:

(1) 车退刀槽时,它的直径应大于螺纹的大径,槽宽为 2~3P,并与阶梯面切平。

(2) 将螺纹长度加上 1/2 槽宽的值在刀杆上做好记号,作为退刀和开合螺母起闸之用。

(3) 车削时,中滑板手柄的退刀和开合螺母起闸(或开倒车)的动作要迅速、准确、协调,以保证刀尖到槽中退刀,从而避免车刀与阶梯面或孔底相撞造成事故。

(4) 切削用量和切削液的选择与车三角形外螺纹时的基本相同。

4.2.2.5　三角形内螺纹的检测

检测三角形内螺纹一般采用综合测量法。检测时,采用螺纹塞规测量,如图 4.29 所示。如果螺纹塞规通端正好可旋入工件且感觉松紧适当,而止端旋不进,说明加工的螺纹符合精度要求,反之工件不合格。检测不通孔螺纹时过端拧进的长度应达到图样要求的长度。

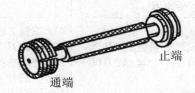

止端

通端

图 4.29　螺纹塞规

4.3　问　题　探　究

4.3.1　内孔车削加工产生废品的原因及预防方法

一般内孔车削加工产生废品的原因及预防方法如表 4.3 所示。

表 4.3　加工内孔产生废品的原因及预防方法

废品种类	产生原因	预防方法
尺寸不对	(1) 测量不正确 (2) 车刀安装不对,刀柄与孔壁相碰 (3) 产生积屑瘤,增加刀尖长度,使孔车大 (4) 工件热胀冷缩	(1) 要仔细测量。用游标卡尺测量时,要调整好卡尺松紧,控制好摆动位置,并进行试切 (2) 选择合理的刀柄直径,最好在未开车前,先把车刀在孔内走一遍,检测是否会相碰 (3) 研磨前面,使用切削液,增大前角,选择合理的切削速度 (4) 最好使工件冷下后再精车,加切削液
内孔有锥度	(1) 刀具磨损 (2) 刀柄刚性差,产生让刀现象 (3) 刀柄与孔壁相碰 (4) 车床主轴轴线歪斜 (5) 床身不水平,使床身导轨与主轴轴线不平行 (6) 床身导轨磨损且磨损不均匀,使走刀轨迹与工件轴线不平行	(1) 高刀具耐用度,采用耐磨的硬质合金 (2) 尽量采用大尺寸的刀柄,减小切削用量 (3) 正确安装车刀 (4) 检测机床精度,校正主轴轴线和床身导轨的平行度 (5) 校正机床水平 (6) 大修车床
内孔不圆	(1) 壁薄,装夹时产生变形 (2) 轴承间隙太大,主轴颈成椭圆 (3) 工件加工余量和材料组织不均匀	(1) 选择合理的装夹方法 (2) 大修机床,并检测主轴的圆柱度 (3) 增加半精镗,把不均匀的余量车去,使精车余量尽量减小和均匀,对工件毛坯进行回火处理

废品种类	产生原因	预防方法
内孔不光	（1）车刀磨损 （2）车刀刃磨不良，表面粗糙度值大 （3）车刀几何角度不合理，装刀低于中心 （4）切削用量选择不当 （5）刀柄细长，产生振动	（1）重新刃磨车刀 （2）保证刀刃锋利，研磨车刀前刀面 （3）合理选择刀具角度，精车装刀时可略高于工件中心 （4）适当降低切削速度，减小进给量 （5）加粗刀柄并降低切削速度

4.4 知 识 拓 展

4.4.1 提高金属切削效益的途径

4.4.1.1 工件材料的切削加工性

不同材料的切削加工难易程度是不同的。了解影响金属切削加工难易程度的因素，对提高加工效率和加工质量将有重要的意义。

1. 工件材料的切削加工性指标

在一定的切削条件下，在进行切削加工时工件材料表现出的加工难易程度被称为材料的切削加工性。某种材料的切削加工性好坏是相对另一种材料而言的。在讨论钢材的切削加工性时，一般以 45 钢为基准，其他材料与其比较，用相对切削加工性系数 K_r 来表示：

$$K_r = \frac{v_{60}}{v_{B60}}$$

式中：v_{60} 为某种材料其耐用度为 60 min 时的切削速度；v_{B60} 为切削 45 钢（$\sigma_b = 0.735$ GPa）耐用度为 60 min 时的切削速度。

当 $K_r > 1$ 时，表明该材料比 45 钢容易切削；当 $K_r < 1$ 时，表明该材料比 45 钢难加工。常用材料的切削加工性按相对加工性可分为 8 级，如表 4.4 所示。

表 4.4 常用工件材料的相对加工性及分级

切削加工性等级	种类		相对加工性系数 K_r	代表性材料
1	很容易切削材料	一般有色金属	＞3.0	铜合金、铝合金、锌合金
2	易切削材料	易切削钢	2.5～3.0	退火 15Cr 钢（$\sigma_b = 380～450$ MPa）Y12 钢（$\sigma_b = 400～500$ MPa）
3		较易切削钢	1.6～2.5	正火 30 钢（450～560 MPa）
4	普通材料	一般钢及铸铁	1.0～1.6	45 钢、灰铸铁
5		稍难切削材料	0.65～1.00	调质 2Cr13 钢（$\sigma_b = 850$ MPa）85 热轧钢（$\sigma_b = 900$ MPa）

切削加工性等级	种类		相对加工性系数 K_r	代表性材料
6	难切削材料	较难切削材料	0.50～0.65	调质 45Cr
7		难切削材料	0.15～0.50	50CrV 调质、1Cr18Ni9Ti 未淬火、工业纯铁、某些钛合金
8		很难切削材料	<0.15	某些钛合金、铸造镍基高温合金、Mn13 高锰钢

4.4.1.2 影响工件材料切削加工性的因素

在影响工件材料切削加工性的各种因素中,最主要的影响因素是材料的硬度,其次是该材料的金相组织相关因素,再次是工件材料的塑性和韧性。

1. 材料硬度对切削加工性的影响

一般情况下,加工硬度高的工件材料时,切屑与前刀面的接触长度减小,前刀面上的法向应力增大,使切削温度增高,摩擦加剧,刀尖容易磨损和崩刃。工件材料的硬度越高,所允许的切削速度越低。

2. 材料强度对切削加工性的影响

工件材料的强度越高,所需的切削力也越大,切削温度也相应增高,刀具磨损变大。因此材料的切削加工性是随着材料的强度增大而降的。

3. 材料的塑性与韧性对切削加工性的影响

在强度相同时,塑性、韧性大的材料所需切削力大,产生的切削温度也高,另外还容易发生黏结现象,切削变形大,因而刀具磨损较大,已加工表面质量较差,此材料的切削加工性也较低。

4. 金相组织对切削加工性的影响

一般铁素体的塑性较高,珠光体的塑性较低。金属材料中含有大部分铁素体和少量珠光体时材料的切削加工性较好。对于纯铁,完全是铁素体,塑性太高,切削加工性很低。切削马氏体、回火马氏体和索氏体等硬度较高的金相组织时,刀具磨损大,材料切削加工性差。

5. 材料化学成分对切削加工性的影响

钢的化学成分能改善钢的性能。其中:Cr、Ni、V、Mo、W、Mn 等元素能提高钢的强度和硬度;Si 和 Al 等元素容易形成氧化铝和氧化硅等硬质点,增加刀具磨损,使材料的切削加工性降低。

6. 材料的加工硬化性能对切削加工性的影响

工件材料的加工硬化性能越高,切削力越大,切削温度也越高;另外,刀具容易被硬化的切屑和已硬化表面磨损。因而材料的切削加工性越低。

4.4.1.3 改善材料切削加工性的措施

工件材料的切削加工性往往不能满足加工的需要,需要采取措施提高材料的加工性能。主要可以采取以下两种措施:

1. 调整工件材料的化学成分

在材料中加入硫元素,组织中产生硫化物,减少组织的结合强度,便于切削;加入铅,使材料组织结构不连接,有利于断屑,铅还能形成润滑膜,减小摩擦系数。因此在钢中添加硫、

项目
4
轴套的车削加工

铅等化学元素,金属的切削性能将得到有效提高,使钢成为易切削钢。

2. 通过热处理改变材料的金相组织和力学性能

高碳钢和工具钢硬度高,通过球化退火可以得到球状渗碳体组织,降低了材料硬度,改善了切削加工性;低碳钢塑性高,通过冷拔和正火处理可以降低其塑性,提高硬度,使其切削加工性得到改善;热轧状态的中碳钢通过正火处理或退火处理可使材料的组织和硬度均匀,提高材料切削加工性;铸铁一般通过退火处理可消除内应力和降低表面硬度,以改善切削加工性。

4.4.1.4 刀具几何参数的选择

刀具的几何参数,对切削变形、切削力、切削温度、刀具寿命等有显著的影响。选择合理的刀具几何参数对保证加工质量、提高生产率、降低加工成本有重要的意义。

所谓刀具合理几何参数是指在保证加工质量的前提下能够满足较高生产率、较低加工成本的刀具几何参数。

1. 前角的选择

增大前角可减小切削变形,从而减小切削力、切削热,降低切削功率的消耗,还可以抑制积屑瘤和鳞刺的产生,提高加工质量。但增大前角会使刀头强度降低,容易造成崩刃,还会使刀头的散热面积减小而使切削区局部温度上升,使磨损刀具加剧,耐用度下降。

选择合理的前角时,在刀具强度允许的情况下应尽可能取较大的值,具体选择原则如下:

(1) 加工塑性材料时,应选较大的前角;加工脆性材料时,应取较小的前角。工件的强度和硬度低,应选较大的前角;反之应取较小的前角。用硬质合金刀具切削特硬材料或高强度钢时,应取负前角。

(2) 刀具材料的抗弯强度和冲击韧性较高时,应取较大的前角。例如:高速钢刀具的前角比硬质合金刀具的前角要大;陶瓷刀具的韧性差,其前角应更小。

(3) 粗加工或断续切削时,应选用较小的前角;精加工时,为提高表面加工质量,应选用较大的前角;当机床的功率不足或工艺系统的刚度较低时,应取较大的前角。

硬质合金车刀合理前、后角的参考值如表 4.5 所示。

表 4.5　硬质合金车刀合理前、后角的参考值

工件材料种类	合理前角参考值/(°)		合理后角参考值/(°)	
	粗车	精车	粗车	精车
低碳钢	20～25	25～30	8～10	10～12
中碳钢	10～15	15～20	5～7	6～8
合金钢	10～15	15～20	5～7	6～8
淬火钢	−15～−5		8～10	
不锈钢(奥氏体)	15～20	20～25	6～8	8～10
灰铸铁	10～15	5～10	4～6	6～8
铜及铜合金(脆)	10～15	5～10	6～8	6～8
铝及铝合金	30～35	35～40	8～10	10～12
钛合金($\sigma_b \leqslant 1.177$ Gpa)	5～10		10～15	

2. 后角的选择

增大后角可减小刀具后刀面与已加工表面间的摩擦,减小磨损,提高刃口锋利程度,改善表面加工质量。但后角过大会削弱切削刃的强度,减小散热体积,使散热条件恶化,降低刀具耐用度。其选择原则如下:

(1) 工件的强度、硬度较高时,为增加切削刃的强度,应选取较小后角;工件材料的塑性、韧性较大时,为减小刀具后刀面的摩擦,可选取较大的后角;加工脆性材料时,切削力集中在刃口附近,应选取较小的后角。

(2) 粗加工或断续切削时,为了强化切削刃,应选取较小的后角;精加工或连续切削时,刀具的磨损主要发生在刀具后刀面,应选用较大的后角。

(3) 当工艺系统刚性较差而容易出现振动时,应适当减小后角;在一般条件下,为了提高刀具耐用度,可增大后角,但为了减少重磨费用,对重磨刀具可适当减小后角。

3. 主偏角与副偏角的选择

主偏角 K_r 主要影响各切削分力的比值,也影响切削层截面形状和工件表面形状。当主偏角减小,进给量 f 和背吃刀量 a_p 不变时,切削宽度将增加,散热条件改善,刀具耐用度将提高。同时,主偏角减小,F_f 减小,F_p 增加,有可能使工件弯曲并在切削时产生振动。

主偏角的选择原则是:在工艺系统刚度允许的前提下,应选择较小的主偏角。表 4.6 为合理主偏角的参考值。

表 4.6　合理主偏角的参考值

工作条件	主偏角 K_r/(°)
系统刚性大、背吃刀量较小、进给量较大、工件材料硬度高	10~30
系统刚性较大($L/d<6$)、加工盘类零件	30~45
系统刚性较小($L/d<6$)、背吃刀量较大或有冲击	60~75
系统刚性较小($L/d>12$)、车阶梯轴、车槽及切断	90~93

副偏角 K_r' 的大小会对刀具耐用度和加工表面粗糙度产生影响。副偏角减小,可降低残留物面积的高度,提高表面粗糙度值,同时增大刀尖强度,刀具耐用度提高。但副偏角太小又会使刀具副后刀面与工件产生摩擦,在加工中引起振动,使刀具耐用度降低。表 4.7 为合理副偏角的参考值。

表 4.7　合理副偏角的参考值

工作条件	副偏角 K_r'/(°)
工艺系统刚性好时,精加工	5~10
工艺系统刚性好时,粗加工	10~15
系统刚度较差或从工件中间切入	30~45
精车时,副切削刃上可磨出修光刃,长度 1.2~1.5mm 为进给量	0

4. 刃倾角的选择

刃倾角主要影响切屑的流向、刀尖的强度和切削刃的锋利程度。

(1) 影响切屑的流向。如图 4.30 所示,当 $\lambda_s=0$ 时,切屑沿主切削刃垂直方向流出;当 $\lambda_s>0$ 时,切屑流向待加工表面;当 $\lambda_s<0$ 时,切屑流向已加工表面。

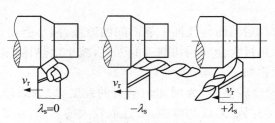

图 4.30　刃倾角对切屑流出方向的影响

（2）影响刀尖强度。如图 4.31（b）所示，当 $\lambda_s < 0$ 时，切削过程中远离刀尖的切削刃先接触工件，刀尖可免受冲击，同时切削层公称横截面积在切入时由小到大、切出时由大到小逐渐变化，因而切削过程比较平稳，大大减小了刀具受到的冲击，从而减少了崩刃的现象。

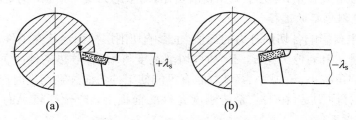

图 4.31　刃倾角对刀尖强度的影响

（3）影响切削刃的锋利程度。当刃倾角的绝对值增大时，刀具的实际前角增大，刃口实际钝圆半径减小，增大了切削刃的锋利性。

表 4.8 为合理刃倾角的参考值。

表 4.8　合理刃倾角的参考值

工作条件	副偏角 $K_r'/(°)$
精车细长轴	0～5
精车有色金属	5～10
粗车一般钢和铸铁	0～−5
粗车余量不均、淬硬钢等	−5～−10
冲击较大的断续车削	−5～−15
大刃倾角薄切屑	45～75

5.其他几何参数的选择

（1）前刀面形式。常见的刀具前刀面形式有平前刀面、带倒棱的前刀面和带断屑槽的前刀面，如图 4.32 所示。

① 平前刀面的特点是形状简单，制造、刃磨方便，但不能强制卷屑，多用于成形、复杂和多刃以及精车、加工脆性材料的刀具。

② 由于倒棱可增加刀刃强度，提高刀具耐用度，粗加工刀具常用带倒棱的前刀面。

③ 带断屑槽的前刀面是在前刀面上磨有直线或弧形的断屑槽。切屑从前刀面流出时受断屑槽的强制附加变形而使切屑按要求卷曲折断。主要用于塑性材料的粗加工及半精加工刀具。

使用普通机床加工零件

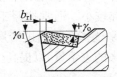 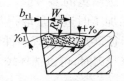

(a) 平前刀面　(b) 带倒棱的前刀面　(c) 带断屑槽的前刀面　(d) 负前角平面前到面　(e) 双平面前刀面

图 4.32　前刀面的形式

（2）后刀面形式。几种常见的后刀面形式如图 4.33 所示。后刀面有平后刀面、带消振棱或刃带的后刀面、双重或三重后刀面。平后刀面形状简单,制造刃磨方便,应用广泛,带消振棱的后刀面用于减小振动;带刃带的后刀面用于定尺寸刀具;双重或三重后刀面主要能增强刀刃强度,减少后刀面的摩擦,刃磨时一般只磨第一后刀面。

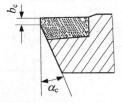 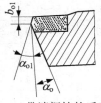 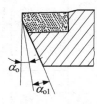

(a) 带刃带的后刀面　　(b) 带消振棱的后刀面　　(c) 双重后刀面

图 4.33　后刀面形式

（3）过渡刃。为增强刀尖强度和散热能力,通常在刀尖处磨出过渡刃。过渡刃的形式主要有两种:直线形过渡刃和圆弧形过渡刃,如图 4.34 所示。直线形过渡刃能提高刀尖的强度,改善刀具散热条件,主要用于粗加工刀具。圆弧形过渡刃不仅可提高刀具耐用度,还能大大减小已加工表面的粗糙度,因而常用于精加工刀具。

4.4.1.5　切削用量的选择

选择合理的切削用量,要综合考虑生产率、加工质量和加工成本。一般地,粗加工时,由于要尽量保证较高的金属切除率和必要的刀具耐用度,

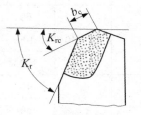 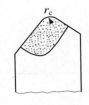

(a) 直线形过渡刃　　(b) 圆弧过渡刃

图 4.34　刀具过渡刃形式

应优先选择大的背吃刀量,其次选择较大的进给量,最后根据刀具耐用度确定合适的切削速度。精加工时,由于要保证工件的加工质量,应选用较小的进给量和背吃刀量,并尽可能选用较高的切削速度。

1. 背吃刀量的选择

粗加工的背吃刀量应根据工件的加工余量确定。在保留半精加工余量的前提下,应尽量使一次走刀就切除全部粗加工余量;当加工余量过大或工艺系统刚性过差时,可分二次走刀,第一次走刀的背吃刀量一般为总加工余量的 2/3~3/4。在加工铸、锻件时,应尽量使背吃刀量大于硬皮层的厚度,以保护刀尖。半精、精加工的切削余量较小,其背吃刀量通常都是一次走刀切除全部余量。

2. 进给量的选择

粗加工时,进给量的选择主要受切削力的限制。在工艺系统刚度和强度良好的情况下,可

选用较大的进给量值,表 4.9 为粗车时进给量的参考值。由于进给量对工件已加工表面的粗糙度值影响很大,一般在半精加工和精加工时进给量取得都较小。通常按照工件加工表面粗糙度值的要求及工件材料、刀尖圆弧半径、切削速度等条件来选择合理的进给量。当切削速度提高、刀尖圆弧半径增大或刀具磨有修光刃时,可以选择较大的进给量,以提高生产率。

表 4.9 硬质合金及高速钢车刀粗车外圆和端面时的进给量

工件材料	车刀刀杆尺寸 B×H/mm	工件直径/mm	背吃刀量/mm				
			≤3	>3~5	>5~8	>8~12	>12
			进给量/(m/r)				
碳素结构钢合金结构钢	16×25	20	0.3~0.4				
		40	0.4~0.5	0.3~0.4			
		60	0.5~0.7	0.4~0.6	0.3~0.5		
		100	0.6~0.9	0.5~0.7	0.5~0.6	0.4~0.5	
		400	0.8~1.2	0.7~1.0	0.6~0.8	0.5~0.6	
	20×30 25×25	20	0.3~0.4				
		40	0.4~0.5	0.3~0.4			
		60	0.6~0.7	0.5~0.7	0.4~0.6		
		100	0.8~1.0	0.7~1.0	0.5~0.7	0.4~0.7	
		600	1.2~1.4	1.0~1.2	0.8~1.0	0.6~0.9	0.4~0.6
	25×40	60	0.6~0.9	0.5~0.8	0.4~0.7		
		100	0.8~1.2	0.7~1.1	0.6~0.8	0.5~0.6	
		1000	1.2~1.5	1.1~1.5	0.9~1.2	0.8~1.0	0.7~0.8
铸铁及铜合金	16×25	40	0.4~0.5				
		60	0.6~0.8	0.5~0.8	0.4~0.6		
		100	0.8~1.2	0.7~1.0	0.6~0.8	0.5~0.7	
		400	1.0~1.4	1.0~1.2	0.8~1.0	0.6~0.8	
	25×30 25×25	40	0.4~0.5				
		60	0.6~0.9	0.5~0.8	0.4~0.7		
		100	0.9~1.3	0.8~1.2	0.7~1.0	0.5~0.8	
		600	1.2~1.8	1.2~1.6	1.0~1.3	0.9~1.1	0.7~0.9

注:1. 加工断续表面及有冲击地加工时,表内的进给量应乘系数 K=0.75~0.85。
2. 加工耐热钢及其合金时,不采用大于 1.0 mm/r 的进给量。
3. 加工淬硬钢时,表内进给量应乘系数 K=0.8(材料硬度为 44~56HRC)或 K=0.5(材质硬度为 57~62HRC 时)。

3. 切削速度的选择

在背吃刀量和进给量选定以后,可在保证刀具合理耐用度的条件下确定合适的切削速度。粗加工时,背吃刀量和进给量都较大,切削速度受刀具耐用度和机床功率的限制一般较

使用普通机床加工零件

低。精加工时,背吃刀量和进给量都取得较小,切削速度主要受加工质量和刀具耐用度的限制,一般较高。选择切削速度时,还应考虑工件材料的强度和硬度以及切削加工性等因素。表 4.10 为车削外圆时切削速度的参考值。

表 4.10　硬质合金外圆车刀切削速度参考值

工件材料	热处理状态	$a_p=0.3\sim2$ mm $f=0.08\sim0.3$ mm/r	$a_p=2\sim6$ mm $f=0.3\sim0.6$ mm/r	$a_p=6\sim10$ mm $f=0.6\sim1$ mm/r
		$v/(\text{m/s})$		
低碳钢 易切削钢	热轧	2.33~3.00	1.67~2.00	1.17~1.50
中碳钢	热轧	2.17~2.67	1.50~1.83	1.00~1.33
	调质	1.670~2.171	1.17~1.50	0.83~1.17
合金结构钢	热轧	1.67~2.17	1.17~1.50	0.83~1.17
	调质	1.33~1.83	0.83~1.17	0.67~1.00
工具钢	退火	1.5~2.0	1.00~1.33	0.83~1.17
不锈钢	1.17~1.33	1.00~1.17	0.83~1.00	
灰铸铁	<190HBS	1.5~2.0	1.00~1.33	0.83~1.17
	190~225HBS	1.33~1.85	0.83~1.17	0.67~1.00
高锰钢		0.17~0.33		
铜及铜合金		3.33~4.17	2.00~0.30	1.5~2.0
铝及铝合金		5.1~10.0	3.33~6.67	2.5~5.0
铸铝合金		1.67~3.00	1.33~2.50	1.00~1.67

注:切削钢及灰铸铁时刀具耐用度约为 60~90 min。

4.4.1.6　切削液的选择

1. 切削液的作用

(1) 冷却作用。切削液能从切削区域带走大量切削热,使切削温度降低。其冷却性能取决于它的热导率、比热容、汽化热、汽化速度、流量和流速等。

(2) 润滑作用。切削液能渗入到刀具与切屑、加工表面之间,形成润滑膜或化学吸附膜,减小摩擦。润滑性能取决于切削液的渗透能力、形成润滑膜的能力和强度。

(3) 清洗作用。切削液可以冲走切削区域和机床上的细碎切屑和脱落的磨粒,防止划伤已加工表面和导轨。清洗性能取决于切削液的流动性和使用压力。

(4) 防锈作用。在切削液中加入防锈剂可在金属表面形成一层保护膜,起到防锈作用。防锈作用的强弱取决于切削液本身的成分和添加剂的作用。

2. 切削液的添加剂

为改善切削液的性能而加入的一些化学物质称为切削液的添加剂。常用的添加剂有以下几种:

(1) 油性添加剂。它含有极性分子,能在金属表面形成牢固的吸附膜,主要起润滑作用。

常用于低速精加工。常用的油性添加剂有动物油、植物油、脂肪酸、胺类、醇类和脂类等。

（2）极压添加剂。它是含有硫、磷、氯、碘等元素的有机化合物，在高温下与金属表面起化学反应，形成较耐高温和高压的化学吸附膜，能防止金属界面间的直接接触，减小摩擦。

（3）表面活性剂（乳化剂）。它是使矿物油和水乳化而形成稳定乳化液的添加剂。表面活性剂是一种有机化合物，由可溶于水的极性基团和可溶于油的非极性基团组成，可定向地排列并吸附在油-水两相界面上：极性端向水，非极性端向油，将水和油连接起来，使油以微小颗粒稳定地分散在水中，形成乳化液。表面活性剂还能吸附在金属表面上，形成润滑膜，起油性添加剂的润滑作用。常用的表面活性剂有石油磺酸钠、油酸钠皂等。

（4）防锈添加剂。它是一种极性很强的化合物，对金属表面有很强的附着力而吸附在金属表面形成保护膜，或与金属表面化合形成钝化膜，起到防锈作用。常用的防锈添加剂有碳酸钠、三乙醇胺、石油磺酸钡等。

3．常用切削液的种类与选用

（1）水溶液。它的主要成分是水，在其中加入防锈添加剂，主要起冷却作用；加入乳化剂和油性添加剂，有一定润滑作用，主要用于磨削。

（2）乳化液。它是乳化油（由矿物油和表面活性剂配成）用水稀释而成的，用途广泛。低浓度的乳化液具有良好的冷却效果，主要用于普通磨削、粗加工等；高浓度的乳化液润滑效果较好，主要用于精加工等。

（3）切削油。它主要是矿物油（如机械油、轻柴油、煤油等），少数采用动、植物油或复合油。普通车削、攻丝时可选用机油；精加工有色金属或铸铁时可选用煤油；加工螺纹时可选用植物油。在矿物油中加入一定量的油性添加剂和极压添加剂能提高高温、高压下的润滑性能，可用于精铣、铰孔、攻螺纹及齿轮加工。

常用切削液的种类及选用如表 4.11 所示。

表 4.11　切削液的种类及选用

序号	名称	组成	主要用途
1	水溶液	将硝酸钠、碳酸钠等溶于水的溶液，用 100～200 倍的水稀释而成	磨削
2	乳化液	（1）矿物油很少，主要为表面活性剂的乳化油，用 40～80 倍的水稀释而成，冷却和清洗性能好	车削、钻孔
		（2）以矿物油为主，少量表面具活性剂的乳化油，用 10～20 倍的水稀释而成，冷却和润滑性能好	车削、攻螺纹
		（3）在乳化液中加入极压添加剂而形成	高速车削、钻孔
3	切削油	（1）矿物油（L-AN15 或 L-AN32 全损耗系统用油）单独使用	滚齿、插齿
		（2）矿物油加植物油或动物油形成混合油，润滑性能好	精密螺纹车削
		（3）矿物油或混合油中加入极压添加剂形成极压油	高速滚齿、插齿、车螺纹等
4	其他	液态的二氧化碳	主要用于冷却
		用二硫化钼、硬脂酸、石蜡做成蜡笔，涂于刀具表面	攻螺纹

注：切削钢及灰铸铁时刀具耐用度为 60～90 min。

4.4.2　刀具的材料

在金属切削过程中,刀具切削部分承担切削工作。刀具材料的性能将是影响加工表面质量、切削效率、刀具寿命的基本因素,因此在设计和选择刀具时必须合理选择刀具材料。

4.4.2.1　刀具材料的基本要求

加工金属时,刀具受到很大切削压力、摩擦力和冲击力,产生很高的切削温度,刀具在这种高温、高压和剧烈的摩擦环境下工作,因此刀具材料需满足如下一些基本要求:

(1) 高硬度。刀具用于从工件上去除材料,所以刀具材料的硬度必须高于工件材料的硬度。刀具材料最低硬度应在 60HRC 以上。

(2) 高强度与强韧性。刀具在切削时受到很大的切削力与冲击力,刀具材料必须具有较高的强度和较强的韧性。

(3) 较强的耐磨性和耐热性。刀具耐磨性是刀具抵抗磨损的能力。一般刀具硬度越高,耐磨性越好。刀具材料耐热性通常用高温下保持高硬度的性能来衡量,也称热硬性。刀具材料热硬性越好,则耐热性越好,在高温下抗塑性变形能力、抗磨损能力越强。

(4) 良好的工艺性与经济性。刀具本身还应该易于制造,这要求刀具材料有较好的工艺性,如锻造、热处理、焊接、磨削、高温塑性变形等。此外,经济性也是刀具材料的重要指标之一,选择刀具时要考虑经济效果,以降低生产成本。

当前所使用的刀具材料有许多,不过应用最多的还是工具钢(碳素工具钢、合金工具钢、高速钢)和硬质合金类普通刀具材料。以下对这些刀具材料分别介绍。

4.4.2.2　高速钢

高速钢是在合金工具钢中加入了较多的钨、钼、铬、钒等合金元素的高合金工具钢。其抗弯强度较高,韧性较好,常温硬度在 63～66HRC,刃磨时切削刃易磨得锋利,故生产中常将其称为"锋钢"。其热硬温度可达 600～660℃,切削碳钢时切削速度可达 30m/min。它具有较好的工艺性能,可以制造刃形复杂的刀具,如成形车刀、铣刀、钻头、丝锥、拉刀和齿轮刀具等。加工材料范围也很广泛,如碳钢、合金钢、有色金属和铸铁等多种材料。

高速钢按切削性能可分为普通高速钢和高性能高速钢两大类。

1. 普通高速钢

普通高速钢分为两种:钨系高速钢和钨-钼系高速钢。

(1) 钨系高速钢。最常见的牌号是 W18Cr4V,具有较好的综合性能和可磨削性能,可制造各种复杂刀具和精加工刀具,在我国应用非常广泛。

(2) 钼系高速钢。最常见的牌号是 W6Mo5Cr4V2,具有较好的综合性能。由于钼的作用,其碳化物呈细小颗粒且均匀分布,故抗弯强度和冲击韧性都高于钨系高速钢,并具有较好的热塑性,适于制作热轧刀具。但有脱碳敏感性大、淬火温度窄和较难掌握热处理工艺等缺点。

2. 高性能高速钢

高性能高速钢是在普通高速钢中增加碳、钒含量并添加钴、铝等合金元素而形成的新钢种。此类钢的优点是具有较强的耐热性,在 630～650℃高温下仍可保持 60HRC 的高硬度,而且刀具耐用度是普通高速钢的 1.5～3 倍,适于加工奥氏体不锈钢、钛合金、超高强度钢等难加工材料。典型的钢种有高碳高速钢 9W6Mo5Cr4V2、高钒高速钢 W6Mo5Cr4V3、钴高速钢 W6Mo5Cr4V2Co5 等。

3. 粉末冶金高速钢

粉末冶金高速钢是用高压氩气或纯氮气雾化熔化的高速钢钢水,得到细小的高速钢粉末,然后经热压制成刀具毛坯。

粉末冶金钢有以下优点:无碳化物偏析,提高钢的强度、韧性和硬度,硬度值达 69～70HRC;保证材料各向同性,减小热处理内应力和变形;磨削加工性好,磨削效率比熔炼高速钢高 2～3 倍;耐磨性好。此类钢适于制造切削难加工材料的刀具、大尺寸刀具(如滚刀和插齿刀)、精密刀具和磨加工量大的复杂刀具。

4.4.2.3 硬质合金

硬质合金是难熔金属碳化物(如碳化钛、碳化钨、碳化铌等)和金属黏结剂(如钴、镍等)按粉末冶金方法制成的。

1. 硬质合金的性能特点

硬质合金中高熔点、高硬度碳化物含量高。因此硬质合金的优点是:常温硬度很高,可达 78～82 HRC;热熔性好,热熔温度可达 800～1 000 ℃,切削速度比高速钢提高 4～7 倍。硬质合金缺点是:脆性大,抗弯强度和抗冲击韧性不强,抗弯强度只有高速钢的 1/3～1/2,冲击韧性只有高速钢的 1/4～1/35。

硬质合金力学性能主要由组成硬质合金碳化物的种类、数量、粉末颗粒的粗细和黏结剂的含量决定:碳化物的硬度和熔点越高,硬质合金的热硬性越好;黏结剂含量越大,则强度与韧性越好;碳化物粉末越细,而黏结剂含量一定,则硬度越高。

2. 普通硬质合金的种类、牌号及适用范围

国产普通硬质合金按其化学成分的不同可分为四类:

(1) 钨钴类($WC+Co$),合金代号为 YG,对应于国标 K 类。此合金钴含量越高,韧性越好。钴含量高,适于粗加工;钴含量低,适于精加工。

(2) 钨钛钴类($WC+TiC+Co$),合金代号为 YT,对应于国标 P 类。此类合金有较高的硬度和耐热性,主要用于加工切屑呈层状的钢件等塑性材料。合金中 TiC 含量高,则耐磨性和耐热性提高,但强度降低。因此粗加工一般选择 TiC 含量低的牌号,精加工选择 TiC 含量高的牌号。

(3) 钨钛钽(铌)钴类[$WC+TiC+TaC(Nb)+Co$],合金代号为 YW,对应于国标 M 类。此类硬质合金不但适于加工冷硬铸铁、有色金属及合金半精加工,也能用于高锰钢、淬火钢、合金钢及耐热合金钢的半精加工和精加工。

(4) 碳化钛基类($WC+TiC+Ni+Mo$),合金代号 YN,对应于国标 P01 类。一般用于精加工和半精加工,对于大长且对加工精度要求较高的零件尤其适用,但不适于有冲击载荷的粗加工和低速切削。

4.4.2.4 特殊刀具材料

1. 陶瓷刀具

陶瓷刀具材料主要由硬度和熔点都很高的 Al_2O_3、Si_3N_4 等氧化物、氮化物组成,另外还有少量的金属碳化物、氧化物等添加剂,通过粉末冶金工艺方法制粉,再压制烧结而成。常用的陶瓷刀具有两种:Al_2O_3 基陶瓷和 Si_3N_4 基陶瓷。

陶瓷刀具的优点是:有很高的硬度和耐磨性,硬度达 91～95HRA,耐磨性是硬质合金的 5 倍;刀具寿命比硬质合金高;具有很好的热硬性,当切削温度达 760 ℃时,具有 87HRA(相

当于 66HRC)硬度,温度达 1 200 ℃时,仍能保持 80HRA 的硬度;摩擦系数低,切削力比硬质合金小,用该类刀具加工能提高表面光洁度。陶瓷刀具的缺点是:强度和韧性差,热导率低,而最大的缺点是脆性大,抗冲击性能很差。

此类刀具一般用于高速精细加工硬材料。

2. 金刚石刀具

金刚石是碳的同素异构体,具有极高的硬度。现用的金刚石刀具有三类:天然金刚石刀具、人造聚晶金刚石刀具、复合聚晶金刚石刀具。

金刚石刀具的优点是:具极高的硬度和耐磨性,人造金刚石硬度达 10 000 HV,耐磨性是硬质合金的 60～80 倍;切削刃锋利,能实现超精密微量加工和镜面加工;具很高的导热性。金刚石刀具的缺点是耐热性差,强度低,脆性大,对振动很敏感。

此类刀具主要用于高速条件下精细加工有色金属及其合金和非金属材料。

3. 立方氮化硼刀具

立方氮化硼(简称 CBN)是以六方氮化硼为原料在高温高压下合成的。

CBN 刀具的主要优点是:硬度高(硬度仅次于金刚石)、热稳定性好、较高的导热性和较小的摩擦系数。缺点是强度和韧性较差,抗弯强度仅为陶瓷刀具的 1/5～1/2。

CBN 刀具适于加工高硬度淬火钢、冷硬铸铁和高温合金材料,而不宜加工塑性大的钢件和镍基合金,也不适于加工铝合金和铜合金,通常采用负前角的高速切削。

4. 涂层刀具

涂层刀具是在韧性较好的硬质合金基体上或高速钢刀具基体上,通过化学气相沉积和真空溅射等方法,涂覆一层耐磨性较高的难熔金属化合物制成的。

虽然涂层厚度一般只有 5～12 μm,但它却具有比基体高得多的硬度,表层硬度可达 2 500～4 200HV。常用的涂层材料有 TiC、TiN、Al_2O_3 等。TiC 的硬度比 TiN 高,抗磨损性能好。不过 TiN 与金属亲和力小,在空气中抗氧化能力强。因此对于摩擦剧烈的刀具,宜采用 TiC 涂层,而在容易产生黏结的条件下,宜采用 TiN 涂层刀具。

涂层刀具具有高的抗氧化性能和抗黏结性能,因此具有较高的耐磨性。涂层摩擦系数较低,可降低切削时的切削力和切削温度,提高刀具耐用度:高速钢基体涂层刀具耐用度可提高 2～10 倍,硬质合金基体刀具可提高 1～3 倍。加工材料硬度愈高,涂层刀具效果愈好。

4.4.3 镗削加工工艺

镗削是利用镗刀对工件上已加工孔或孔系(即要求相互平行或垂直的若干孔)进行再加工,使孔径扩大并达到精度和表面粗糙度要求的加工方法。其加工范围广泛。如图 4.35 所示。

镗孔是常用的孔加工方法之一。一般镗孔的精度可达 IT7～IT8,表面粗糙度 Ra 值可达 1.6～0.8 μm;精细镗时,精度可达 IT6～IT7,表面粗糙度 Ra 值为 0.8～0.1 μm。根据工件的尺寸形状、技术要求及生产批量的不同,镗孔可以在镗床、车床、铣床、数控机床和组合机床上进行。一般回旋体零件上的孔多用车床加工,而箱体类零件上的孔或孔系则可以在镗床上加工。

镗孔不但能校正原有孔轴线偏斜,而且能保证孔的位置精度,所以镗削适于加工机座、箱体、支架等外形复杂的大型零件上的孔径较大、对尺寸精度要求较高、有位置要求的孔和孔系。

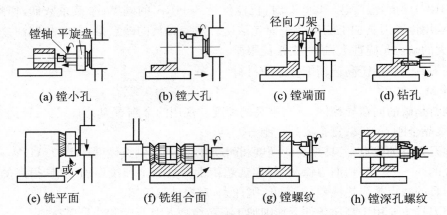

(a) 镗小孔   (b) 镗大孔   (c) 镗端面   (d) 钻孔

(e) 铣平面   (f) 铣组合面   (g) 镗螺纹   (h) 镗深孔螺纹

图 4.35　镗削工艺范围

4.4.3.1　镗床

镗床主要用于加工尺寸较大且精度要求较高的孔,特别是分布在不同表面上的对孔距和位置精度要求很严格的孔系,如箱体、汽车发动机缸体等零件上的孔系加工。镗床工作时,由刀具做旋转主运动,进给运动则根据机床类型和加工条件的不同,或者由刀具完成,或者由工件完成。镗床主要类型有卧式镗床、坐标镗床以及金刚镗床等。

1. 卧式镗床

卧式镗床由床身、主轴箱、工作台、平旋盘和前、后立柱等组成,如图 4.36 所示。主轴箱 8 安装在前立柱 7 的垂直导轨上,可沿导轨上下移动。主轴箱上装有镗轴 6、平旋盘 5、主运动和进给运动机构。工作台由下滑座 11、上滑座 12 和工作台 3 组成。工作台可随下滑板座沿床身 10 上的导轨做纵向移动,也可绕垂直轴线转位,以便加工分布在不同面上的孔。后立柱 2 的垂直导轨上装有支架 1,用以支承较长的镗杆,从而增加镗杆的刚性。支架可沿后立柱的垂直导轨上下移动,以保持与镗轴同轴;后立柱还可根据镗杆长度做纵向位置的调整移动。

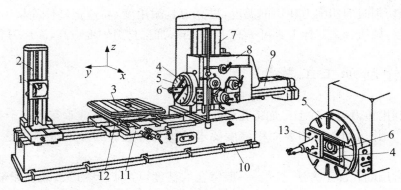

图 4.36　卧式镗床

1. 支架　2. 后立柱　3. 工作台　4. 径向刀架　5. 平旋盘　6. 镗轴　7. 前立柱
8. 主轴箱　9. 后尾筒　10. 床身　11. 下滑座　12. 上滑座　13. 刀座

卧式镗床结构复杂,通用性较大,除可进行镗孔外,还可进行钻孔、加工各种形状沟槽、铣平面、车削端面和螺纹等。卧式镗床的主参数是镗轴直径。它广泛用于机修和工具车间,适于单件小批生产。

2. 坐标镗床

具有精密坐标定位装置的镗床称为坐标镗床。它主要用于对镗削尺寸、形状和位置精度要求较高的孔系的加工。所以坐标镗床是一种高精度的孔加工机床,主要在单件小批生产的工具车间用于夹具的精密孔、孔系以及模具零件加工。坐标镗床的零部件和装配精度都很高,而且具有良好的刚性和抗振性。坐标镗床的工作台、主轴箱等运动部件都装有精密的坐标测量装置,能实现工件和刀具的精确定位,其坐标定位精度可达 0.002～0.010 mm。

坐标镗床按其布局形式的不同可分为立式单柱、立式双柱和卧式等形式(图 4.37～4.39)。坐标镗床的主参数以工作台面宽度表示。

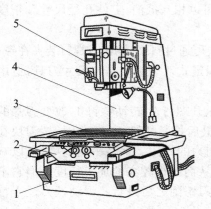

图 4.37　立式单柱坐标镗床
1. 床身　2. 床鞍　3. 工作台
4. 立柱　5. 主轴箱

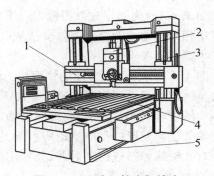

图 4.38　立式双柱坐标镗床
1. 横梁　2. 主轴箱　3. 立柱
4. 工作台　5. 床身

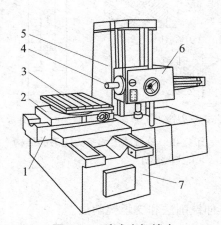

图 4.39　卧式坐标镗床
1. 下滑座　2. 下滑座　3. 回转工作台　4. 主轴　5. 立柱　6. 主轴箱　7. 床身

4.4.3.2　镗刀

镗刀有多种类型,按其切削刃数量可分为单刃镗刀、双刃镗刀和多刃镗刀;按其加工表面可分为通孔镗刀、盲孔镗刀、阶梯孔镗刀和端面镗刀;按其结构可分为整体式、装配式和可调式。

1. 单刃镗刀

单刃镗刀刀头结构与车刀类似,刀头装在刀杆中,根据被加工孔孔径大小,通过手工操作,用螺钉固定刀头的位置。刀头与镗杆轴线垂直安装可镗通孔,如图4.40(a)所示,倾斜安装可镗盲孔,如图4.40(b)所示。

单刃镗刀结构简单,可以校正原有孔轴线偏斜和小的位置偏差,适应性较广,可用来进行粗加工、半精加工或精加工。但是镗孔径尺寸的大小要靠人工调整刀头的悬伸长度来保证,较为麻烦,加之仅有一个主切削刃参与工作,故生产效率较低,多用于单件小批生产。

2. 双刃镗刀

双刃镗刀有两个对称的切削刃,切削时径向力可以相互抵消,工件孔径尺寸和精度由镗刀径向尺寸保证。

图4.40(c)为固定式双刃镗刀。工作时,镗刀块可通过斜楔、锥销或螺钉装夹在镗杆上,镗刀块相对于轴线的位置偏差会造成孔径误差。固定式双刃镗刀是定尺寸刀具,适用于粗镗或半精镗直径较大的孔。

图4.40(d)为可调节浮动镗刀块。调节时,先松开螺钉2,转动螺钉1,改变刀片的径向位置至两切削刃之间间距等于所要加工孔径尺寸,最后拧紧螺钉2。工作时,镗刀块在镗杆的径向槽中不紧固,能在径向自由滑动,刀块在切削力的作用下保持平衡对中,可以减少镗刀块安装误差及镗杆径向跳动所引起的加工误差,从而获得较高的加工精度。但它不能校正原有孔轴线偏斜或位置误差,其使用应在单刃镗刀镗削之后进行。浮动镗刀适于精加工批量较大、孔径较大的孔。

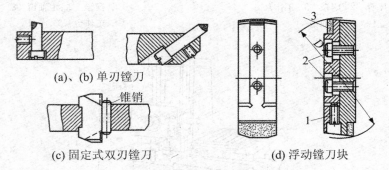

(a)、(b) 单刃镗刀

(c) 固定式双刃镗刀   (d) 浮动镗刀块

图4.40　单刃镗刀和多刃镗刀的结构

1. 调整螺钉　2. 紧固螺钉　3. 刀片

4.4.3.3　镗削加工方法

镗削加工方法主要有悬伸镗削法和支承镗削法。

1. 悬伸镗削法

使用悬伸的单镗刀杆对中等孔径和不穿通的同轴孔进行镗削加工的方法叫悬伸镗削法。悬伸镗削法是镗床的主要加工方式。

根据镗床运动方式的不同,悬伸镗削法又可分为主轴进给和工作台进给两种方式。如图4.41所示,先用短镗刀杆镗削 A 孔,再用长镗刀杆镗削 B 孔,在加工过程中调换镗刀杆,图中虚线表示工作台进给情形。

悬伸镗削法的主要特点有:

(1) 由于悬伸镗削所使用的镗刀杆一般均较短粗,刚性较好,切削速度的选择可高于支承镗刀杆,故生产效率高。

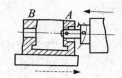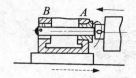

(a) 用短镗刀杆镗削 A 孔   (b) 用长镗刀杆镗削 B 孔

图 4.41　悬伸镗削法

(2) 在悬伸镗刀杆上装夹、调整刀具较方便,在加工中也便于观察和测量,能节省辅助时间。

(3) 用悬伸镗削的主轴进给法切削时,由于镗刀杆随主轴进给而不断悬伸,刀杆系统因自重变化产生的挠度也不同,在加工较长内孔时,孔的轴线易产生弯曲。由于主轴不断伸出,整个刀杆系统刚性不断变差,镗削时,在切削力作用下系统弹性变形逐渐增大,影响孔的镗削精度,使被加工孔产生圆柱度误差。

若用工作台进给悬伸镗削法,由于主轴悬伸长度在镗削前已经调定,故镗削过程中由刀杆系统自重和镗削力引起的挠曲变形及弹性变形相对较为稳定。因此被加工孔产生的轴线弯曲和圆柱度误差均比用主轴进给悬伸镗削时小。

2. 支承镗削法

支承镗削法是采用架于镗床尾座套筒内的支承镗杆对细长穿通孔进行镗削的一种镗削加工方法。

如图 4.42 所示,镗杆做旋转运动、工作台做进给运动加工同轴孔系。支承镗削法的特点是:

(1) 与悬伸镗削法相比,大大增强了镗杆的刚性。

(2) 适于同轴孔系的加工。可配用多种精度较高的镗刀,加工精度高,能确保加工质量。

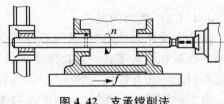

图 4.42　支承镗削法

(3) 装夹和调整镗刀较麻烦,费时,不易观察加工情况,试镗、测量等操作没有悬伸镗削法那样直观、方便。

(4) 若采用工作台进给支承镗削法,由于这种镗削方式采用工作台进给,所以镗杆两支承间的距离很长,一般要超过孔长的 2 倍,镗杆受力后产生的挠曲变形量相对要大。

4.4.4　材料拉伸与压缩受力分析

工程中有很多杆件是要承受轴向拉伸(压缩)力的。例如:旋臂式吊车中的 AB 杆(图 4.43)、紧固螺栓(图 4.44)等都是受拉伸的杆件;而液压机传动机构中的连杆(图 4.45)、千斤顶的螺杆等则是受压缩的杆件。这些杆的受力特点为作用于杆件的外力合力的作用线与杆件的轴线相重合。其变形特点为沿杆轴线方向的伸长或缩短,这种变形称为轴向拉伸(压缩),这类杆件称为拉(压)杆。拉(压)杆的力学简图如图 4.46 所示。

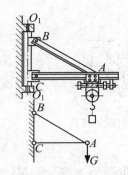

图4.43 旋臂式吊车

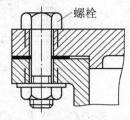

图4.44 紧固螺栓

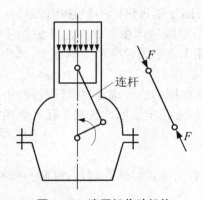

图 4.45 液压机传动机构

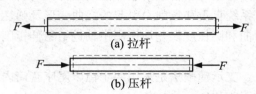

图 4.46 拉(压)杆的力学简图

4.4.4.1 内力的概念

物体未受外力作用时,其内部各质点之间就存在着相互作用的力,以保持物体各部分间的相互联系和原有形状。若物体受到外力作用而发生变形,其内部各部分之间因相对位置改变而引起的相互作用力的改变(即因外力引起的附加相互作用力)称为附加内力,简称内力。由于物体是均匀连续的,因此在物体内部相邻部分之间,相互作用的内力实际上是一个连续分布的内力系,而内力就是该分布内力系的合成(力或力偶)。这种内力随外力增大而增大,到达某一限度时就会引起构件破坏,所以内力与构件的强度密切相关。

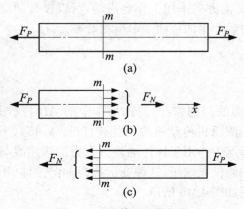

图 4.47 用截面法分析拉
(压)杆的内力

4.4.4.2 截面法

用截面法分析拉(压)杆内力的步骤如下:

(1) 欲求某一截面处 m-m 处的内力时,就沿该截面假想地把杆件切开为两部分,如图 4.47(a)所示。

(2) 任取其中一部分(如左段)作为研究对象,如图 4.47(b)所示,舍去右段。

(3) 杆件原来在外力的作用下处于平衡状态,则选取部分仍应保持平衡,因此左段除外力作用外,在截面 m-m 处必定产生右段对左段的作用力。此为一个连续分布的内力系,此分布内力系的合成即为横截面上分布内力的合力,此合力

使用普通机床加工零件

称为物体的内力。今后就用内力一词表示连续分布于截面的内力系的合力（偶），内力的大小和方向由平衡条件确定，在轴向拉伸（压缩）的情况下，内力为一沿杆件轴线的力 F_N，如图 4.47(b)所示。

（4）截面上内力的大小可由平衡条件求出：

$$\sum F_x = 0, \quad F - F_N = 0, \quad F_N = F$$

如果选取右段为研究对象，可得同样结果，如图 4.47(c)所示。

以上过程可归纳为以下几步：

（1）切开。沿所求截面假想地将杆件切开。

（2）取出。取出其中任意一部分作为研究对象。

（3）替代。以内力代替弃去部分对选取部分的作用。

（4）平衡。列平衡方程求出内力。

4.4.4.3 轴力

由上述讨论可知，对于受轴向拉伸（压缩）的构件，因其内力垂直于横截面并与轴线重合，所以把轴向拉伸（压缩）时横截面上的内力称为轴力，用 F_N 表示，如图 4.47(b)、(c)所示。轴力的正、负由构件的变形确定：当轴力的方向与横截面的外法线方向一致时（即离开截面），构件受拉伸长，轴力为正；反之，构件受压缩短，轴力为负。

例 4.1 杆件在 A、B、C、D 各截面作用外力如图 4.48 所示，求 1-1，2-2，3-3 截面处轴力。

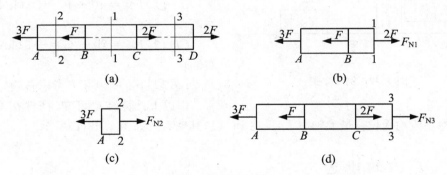

图 4.48 例 4.1 图

解 由截面法，沿各所求截面将杆件切开，取左段为研究对象，在相应截面分别画上轴力 F_{N1}、F_{N2}、F_{N3}，列平衡方程：

$$\sum F_x = 0, \quad F_{N1} - 3F - F = 0, \quad F_{N1} = 3F + F = 4F \tag{4.1}$$

同理

$$F_{N2} - 3F = 0, \quad F_{N2} = 3F \tag{4.2}$$

及

$$F_{N3} + 2F - 3F - F = 0, \quad F_{N3} = 3F + F - 2F = 2F \tag{4.3}$$

由式 4.1～4.3 不难得到以下结论：拉压杆各截面上的轴力在数值上等于该截面一侧（研究段）所有外力的代数和。外力离开该截面时取为正，指向该截面时取为负，即

$$F_N = \sum_{i=1}^{n} F_i \tag{4.4}$$

轴力为正时,表示轴力离开截面,杆件受拉;轴力为负时,表示轴力指向截面,杆件受压。

4.4.4.4 轴力图

为了表明横截面上的轴力沿轴线变化的情况,可按选定的比例尺,以平行于杆轴线的坐标表示横截面所在的位置,以垂直于杆轴线的坐标表示横截面上轴力的数值,这样绘出的图形称为轴力图。

例 4.2 一等截面直杆,其受力情况如图 4.49(a)所示。试作其轴力图。

解 (1) 作杆的受力图,如图 4.49(b)所示,求约束反力 F_A。

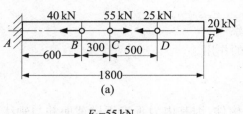

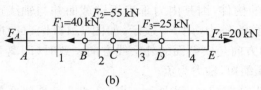

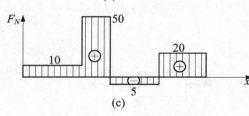

图 4.49 例 4.2 图

根据

$$\sum F_x = 0$$

$$-F_A - F_1 + F_2 - F_3 + F_4 = 0$$

得

$$F_A = -40 + 55 - 25 + 20 = 10 \, (\text{kN})$$

(2) 求各段横截面上的轴力并作轴力图。计算轴力可用截面法,亦可直接应用结论式(4.4),因而不必再逐段截开及作研究段的分离图。在计算时,取截面左侧或右侧均可,一般取外力较少的轴段:

AB 段:$F_{N1} = F_A = 10 \, \text{kN}$(考虑左侧)

BC 段:$F_{N2} = 10 + 40 = 50 \, (\text{kN})$(考虑左侧)

CD 段:$F_{N3} = 20 - 25 = -5 \, (\text{kN})$(考虑右侧)

DE 段:$F_{N4} = 20 \, \text{kN}$(考虑右侧)

由以上计算结果可知,杆件在 CD 段受压,在其他各段均受拉。最大轴力 F_{Nmax} 在 BC 段,其轴力图如图 4.49(c)所示。

4.4.5 应力的概念

只根据轴力并不能判断杆件是否有足够的强度。例如:用同一材料制成粗细不同的两杆件,在相同的拉力下,两杆件的轴力自然是相同的,但当拉力逐渐增大时,细杆必定先拉断。

这说明杆件的强度不仅与轴力的大小有关,而且与横截面面积有关,所以必须用横截面上的应力来度量杆件的受力程度。本小节讨论拉(压)杆横截面的应力。

为了引入应力的概念,如图 2.8 所示,首先围绕 K 点取微小面积 ΔA,ΔA 上分布内力的合力为 ΔF,ΔF 与 ΔA 的比值为

$$p_m = \frac{\Delta F}{\Delta A}$$

式中,P_m 是一个矢量,代表在 ΔA 范围内,单位面积上的内力的平均集度,称为平均应力。当 ΔA 趋于零时,P_m 的大小和方向都将趋于一定极限,得到

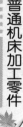

$$p = \lim_{\Delta A \to 0} p_m = \lim_{\Delta A \to 0} \frac{\Delta F}{\Delta A} = \frac{\mathrm{d}F}{\mathrm{d}A}$$

式中,p 称为 K 点处的全应力。通常把全应力 p 分解成垂直于截面的分量 σ 和切于截面的分量 τ,σ 称为正应力,τ 称为切应力,如图 4.50(b)所示。

应力即单位面积上的内力,表示某截面 $\Delta A \to 0$ 处内力的密集程度,国际单位为 Pa 或 MPa,且有

$$1\,\mathrm{Pa} = 1\,\mathrm{N/m^2}, \quad 1\,\mathrm{MPa} = 10^6\,\mathrm{Pa}, \quad 1\,\mathrm{GPa} = 10^9\,\mathrm{Pa}$$

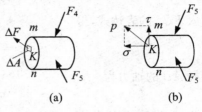

图 4.50 应力的概念

4.4.6 横截面上的应力

为了确定轴向拉(压)杆横截面上任一点的应力,必须研究杆的变形情况。取一如图 4.51所示的等直杆,施力前在等直杆的侧面上画垂直于杆轴的直线 ab 和 cd,拉伸变形后 ab 和 cd 仍为直线,且仍然垂直于轴线,只是分别平行地移至 $a'b'$ 和 $c'd'$。根据这一现象,提出如下的假设:变形前原为平面的横截面变形后仍然保持为平面。这就是轴向拉伸(压缩)时的平面假设。如果设拉(压)杆是由无数条纵向纤维所组成的,材料是均匀的,各纵向纤维的性质相同,因而其受力也就相同,便可以推断:拉(压)杆所有纵向纤维的伸长(缩短)都是相等的,亦即它们受力的大小也都是一样的,所以等直杆受轴向拉

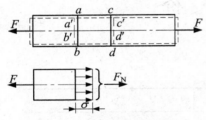

图 4.51 横截面上的正应力

(压)时,横截面上只有正应力 σ,而且 σ 是均匀分布的。

如果以 A 表示等直杆的横截面的面积,则轴向拉(压)杆横截面上的正应力计算式为

$$\sigma = \frac{F_N}{A} \tag{2.5}$$

习惯上由正轴力产生的正应力取正值,称为拉应力;而由负轴力产生的正应力取负值,称为压应力。

需要说明的是,使用公式(4.5)时,要求外力的合力作用线必须与杆件轴线重合。

此外,因为在集中力作用点附近应力分布比较复杂,所以它不适用于集中力作用点附近的区域。

例 4.3 如图 4.52(a)所示为一悬臂吊车的简图,斜杆直径 $d = 20$ mm,AB 为钢杆。载荷 $F = 15$ kN,当 F 移到 A 点时,求斜杆 AB 横截面上的应力。

解 当载荷 F 移到 A 点时,斜杆 AB 受到的拉力最大,设其值为 $F_{N\max}$,如图 4.52(c)所示,根据横梁的平衡条件 $\sum M_C = 0$,得

$$F_{N\max} \sin \alpha \cdot AC - F \cdot AC = 0$$

$$F_{N\max} = \frac{F}{\sin \alpha}$$

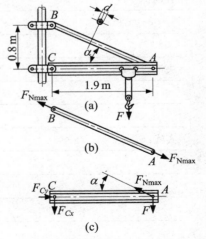

图 4.52 例 4.3 图

由 $\triangle ABC$ 求出

$$\sin\alpha = \frac{BC}{AB} = \frac{0.8}{\sqrt{0.8^2 + 1.9^2}} \approx 0.388$$

代入 F_{Nmax} 的表达式,得

$$F_{Nmax} = \frac{F}{\sin\alpha} = \frac{15}{0.388} \approx 38.7(\text{kN})$$

斜杆 AB 的轴力为

$$F_N = F_{Nmax} = 38.7\text{kN}$$

由此求得 AB 杆横截面上的应力为

$$\sigma = \frac{F_N}{A} = \frac{38.7 \times 10^3}{\frac{\pi}{4} \times (20 \times 10^{-3})^2}\text{Pa} \approx 123\text{ MPa}$$

4.5 学 习 评 价

学生项目学习评价表

项目评价表	教学情境	总　分	
	项目名称	项目执行人	

评分内容	总分值	自我评分 (30%)	教师评分 (70%)
咨询:	10		
决策与计划:	10		
实施:	45		

使用普通机床加工零件

项目评价表	教学情境		总　分	
	项目名称		项目执行人	
检测：		20		
评估：		15		
	本项目收获：			
	有待改进之处：			
	改进方法：			
	总分	100		
教师评语：				
被评估者签名	日期	教师签名		日期

4.6　考工要点

本项目内容占中级车工考工内容的比例约为 30%。

1. 考工应知知识点

内孔车刀的几何角度;麻花钻的结构及几何角度;内径百分表的工作原理;心轴的种类;内孔的加工与检测方法;内螺纹的加工与检测方法;提高金属切削效益的途径;切削液的作用与种类;刀具材料的种类与性能。

2. 考工应会技能点

内孔车刀的刃磨与安装;内孔的加工与检测;轴套的加工工艺规程安排。

项目 **4** 轴套的车削加工

项目 5　平面的铣削加工

铣平面是铣床加工的基本工作内容，也是进一步掌握铣削其他各种复杂表面的基础。所谓铣平面就是用铣刀铣削加工工件的表面。在铣床上可使用各种不同的铣刀加工水平面、垂直面、斜面等。通过本项目的学习，学生可以掌握工件在铣床上的定位方式、平面铣刀的安装以及平面铣削的加工工艺等铣削工艺知识，同时掌握铣床的基本操作技能。

学习目标

1. 了解铣削加工；
2. 掌握铣削加工常用工具、量具和设备的使用；
3. 掌握铣削平面的基本操作技能；
4. 掌握平面铣削产生废品的原因及预防方法；
5. 了解铣床的结构与传动系统；
6. 掌握铣削基本工艺；
7. 掌握工件的定位与夹具的相关知识；
8. 掌握材料剪切与挤压受力分析。

5.1　项　目　描　述

给定尺寸为 105 mm×80 mm×55 mm 的铸铁 HT200 毛坯件，按图 5.1 所示的图纸要求，加工出合格零件。

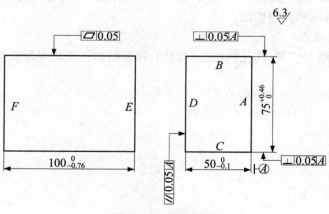

图 5.1　六面体零件

5.1.1 零件结构和技术要求分析

从毛坯尺寸及图 5.1 可知,该工件长、宽、高三个尺寸均有尺寸公差。其中:最小公差值为 0.1 mm;每一加工平面的平面度公差为 0.05 mm;六面体相对面之间的平行度公差以及相邻面之间的垂直度公差均为 0.05 mm。该零件需要在铣床上用平口钳多次装夹加工,每一次装夹的位置要求极为关键,需要用相应量具校正后装夹才能满足零件的平行度、垂直度精度要求。零件的平面度精度依靠端铣刀及铣床自身的制造精度保证。注意加工中用游标卡尺时时测量,以调整加工尺寸,保证零件的尺寸精度。

5.1.2 加工工艺

六面体零件的铣削加工工艺如表 5.1 所示。

表 5.1 六面体零件的铣削加工工艺

序号	工序名称	工序内容	测量与加工使用工具	工序简图
1	铣削基准面 1	平口钳固定钳口与铣床主轴轴线垂直安装,以面 2 为粗基准,靠向固定钳口,两钳口与工件间垫铜皮装夹工件	平口钳、端面铣刀	
2	铣削面 2	以面 1 为精基准靠向固定钳口,在活动钳口与工件间置圆棒装夹工件	平口钳、端面铣刀	
3	铣削面 3	仍以面 1 为基准靠向固定钳口,用相同方法装夹工件	平口钳、端面铣刀	
4	铣削面 4	以面 1 为基准靠向平口钳钳体导轨面上的平行垫铁,面 3 靠向固定钳口装夹工件	平口钳、端面铣刀	
5	铣削面 5	调整平口钳,使固定钳口与主轴轴线平行安装,以面 1 为基准靠向固定钳口,用 90° 刀口角尺校正,使工件面 2 与平口钳钳体导轨面垂直,装夹工件	平口钳、端面铣刀、90° 刀口角尺	
6	铣削面 6	以面 1 为基准靠向固定钳口,面 5 靠向平口钳钳体导轨面上的平行垫铁装夹工件	平口钳、端面铣刀	

5.1.3　工具、量具及设备的使用

5.1.3.1　铣工常用工具

1. 双头扳手

双头扳手是装配机床或备件及调整、维修机床时必需的通用工具,常用于紧固四方、六方螺母或螺栓。常用的规格有 5 mm×7 mm、8 mm×10 mm、9 mm×11 mm、12 mm×14 mm、19 mm×22 mm、27 mm×30 mm 等。一般采用 45 号中碳钢或 40Cr 合金钢整体锻造加工制作。双头扳手外形图及使用方法如图 5.2 所示。

(a) 双头扳手　　　　　(b) 正确握法　　　　　(c) 错误握法

图 5.2　双头扳手使用方法

2. 活络扳手

活络扳手又称活扳手,是一种旋紧或拧松有角螺杆或螺母的常用工具,其结构如图 5.3 所示,由扳体、扳口、蜗杆、扳手体等部分组成。活络扳手的规格以扳手体的长度表示,常用的有 6″、8″、10″、12″、15″、18″ 等。使用时通过蜗杆调整扳口,使扳口张开尺寸与所紧固的螺母对边尺寸相适应。

(a) 活络扳手结构　　　　　(b) 正确握法　　　　　(c) 错误握法

图 5.3　活络扳手结构及使用方法

3. 内六角扳手

内六角扳手外形如图 5.4 所示,用于圆柱头内六角螺钉的装拆。其规格以内六角形的对边尺寸表示,有 6 mm、8 mm、10 mm、12 mm、14 mm、17 mm 等规格。内六角扳手简单而且轻巧,内六角螺钉与扳手之间有六个接触面,受力充分且不容易损坏,可以用来拧紧、松开深孔中的螺钉。

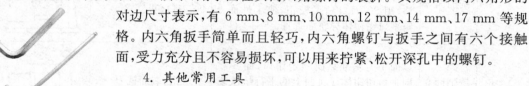

图 5.4　内六角扳手

4. 其他常用工具

铣工其他常用的工具还包括螺丝刀、月牙扳手、手锤、平行垫铁、拉紧螺钉扳手、锉刀等,如图 5.5 所示。

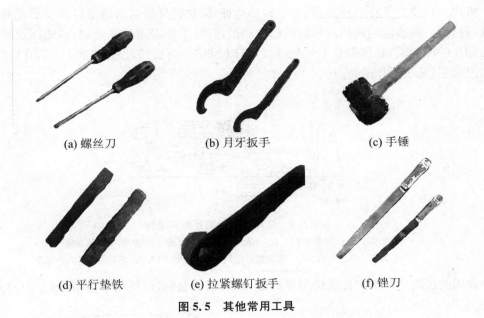

(a) 螺丝刀　　　　(b) 月牙扳手　　　　(c) 手锤

(d) 平行垫铁　　　(e) 拉紧螺钉扳手　　　(f) 锉刀

图 5.5　其他常用工具

5.1.3.2　90°角尺

图 5.6 所示为 90°角尺。90°角尺主要用来测量工件相邻表面的垂直度。使用 90°角尺时要放正放好,90°角尺底座的一边与被测量面的基准贴合,观察 90°角尺另一边与被测量面的另一边是否贴合:如果接触严密、不透光或透光细而均匀,说明垂直度符合要求;否则说明有一定的误差。

图 5.6　90°角尺

如图 5.7(a)所示,当被测量工件较大时,可将工件放在标准平板上。以平板为基准,直角尺与被测量表面接触后,若上部有缝隙,则 $\beta < 90°$,如图 5.7(b)所示;若下部有缝隙,则 $\beta > 90°$,如图 5.7(c)所示。

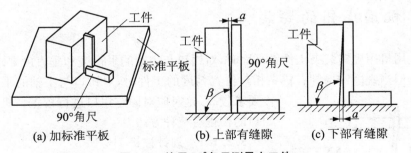

(a) 加标准平板　　　(b) 上部有缝隙　　　(c) 下部有缝隙

图 5.7　使用 90°角尺测量大工件

5.1.3.3　机用平口钳

机用平口钳又称平口虎钳,是将工件固定夹持在机床工作台上进行切削加工的一种机床附件,其结构如图 5.8 所示。机用平口钳广泛应用于中型铣床、钻床以及平面磨床等机械设备的零件装夹。

机用平口钳的工作原理是：用扳手转动丝杆，通过螺母带动活动钳口移动形成对工件的加紧与松开。其装配结构用可拆卸的螺纹和销连接；工作表面是螺旋副、导轨副及间隙配合的轴和孔的摩擦面；底盘带有180°刻度线，可以360°平面旋转，使用范围广，具有结构紧凑，夹紧力度强，易于操作的特点。

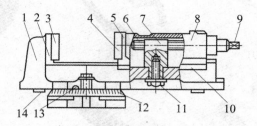

图5.8　机用平口钳的外形和结构

1. 钳体　2、3. 固定钳口　4、5. 活动钳口　6. 丝杆　7. 螺母　8. 活动座
9. 方头　10. 压板　11. 紧固螺钉　12. 回转底盘　13. 钳座零线　14. 定位键

常用的机用平口钳有普通机用平口钳[图5.9(a)]和可倾机用平口钳[图5.9(a)]两种。

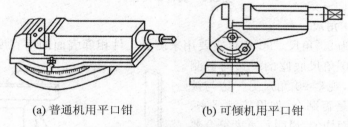

(a) 普通机用平口钳　　　　　(b) 可倾机用平口钳

图5.9　常用的机用平口钳

5.2　技　能　训　练

5.2.1　机用虎钳的安装

铣床上用机用虎钳装夹工件铣平面时，对钳口与主轴的平行度和垂直度要求不高，一般目测即可。但当铣削沟槽等有较高相对位置精度的工件时，对钳口与主轴的平行度和垂直度要求较高，这时应对固定钳口进行校正。机用虎钳固定钳口的校正有三种方法。

5.2.1.1　划针校正

用划针校正固定钳口与铣床主轴轴心线垂直的方法如图5.10所示，将划针夹持在铣刀柄垫圈间，调整工作台的位置，使划针靠近左面钳口铁平面，然后移动工作台，观察并调整钳口铁平面与划针针尖的距离，使之在钳口全长范围内一致。此方法的校正精度较低。

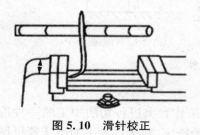

图5.10　滑针校正

5.2.1.2 角尺校正

用角尺校正固定钳口与铣床主轴轴心线平行的方法如图 5.11 所示。在校正时,先松开底座紧固螺钉,使固定钳口铁平面与主轴轴线大致平行,再将角尺的尺座底面紧靠在床身的垂直导轨面上调整钳体,使固定钳口铁平面与角尺的外测量面密合,然后紧固钳体。为避免紧固钳体时钳口发生偏转,紧固钳体后需再复检一次。

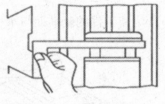

图 5.11　用直角尺校正

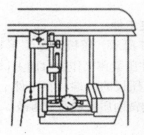

图 5.12　用百分表校正

5.2.1.3 百分表校正

用百分表校正固定钳口与铣床主轴轴心线垂直或平行的方法如图 5.12 所示。校正时将百分表座固定在铣床的主轴或床身适应位置,使测量杆与固定钳口平面大致垂直,再使测量头接触到钳口铁平面,将测量杆压缩量调整到 1 mm 左右。此时,纵向或横向移动工作台,观察百分百表的读数变化,即反映出虎钳固定钳口与纵向进给或横向进给方向的不平行度。若升降移动工作台,则可测出固定钳口与工作台面的垂直度,可以逐渐调整虎钳至正确位置。此方法的校正精度较高。

5.2.2　工件的装夹

铣削加工中,最常用的是利用机用虎钳和压板进行零件的装夹。

5.2.2.1 用机用虎钳装夹工件

用机用虎钳装夹工件具有稳固简单、操作方便等优点。但如果装夹方法不正确,会造成工件的变形等问题。为避免此问题的出现,可以采用以下几种方法:

1. 加垫铜皮

用加垫铜皮的机用虎钳装夹毛坯工件的方法如图 5.13 所示。装夹毛坯工件时,应选择大而平整的面与钳口铁平面贴合。为防止损伤钳口和装夹不牢,最好在钳口铁和工件之间垫放铜皮。毛坯件的上面要用划针进行校正,使之与工作台台面尽量平行。校正时,工件不宜夹得太紧。

2. 加垫圆棒

为使工件的基准面与固定钳口铁平面密合,保证加工质量,在装夹时,应在活动钳口与工件之间放置一根圆棒,如图 5.14 所示。圆棒要与钳口的上平面平行,其位置应在工件被夹持部分高的中间偏上。

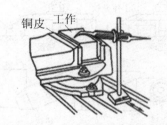

图 5.13　加垫铜皮装夹毛坯工件

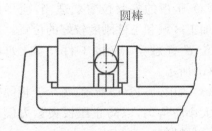

图 5.14　加垫圆棒装夹工件

3．加垫平行垫铁

为使工件的基准面与水平导轨面密合，保证加工质量，在工件与水平导轨面之间通常要放置平行垫铁，如图 5.15 所示。工件夹紧后，可用铝棒或铜锤轻敲工件上平面，同时用手试着移动平行垫铁，当垫铁不能移动时，表明垫铁与工件及水平导轨面密合。敲击工件时，用力要适当且逐渐减小，用力过大会因产生较大的反作用力而影响装夹效果。

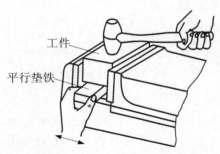

图 5.15　加垫平行垫铁装夹工件

5.2.2.2　用压板装夹工件

压板的结构如图 5.16 所示。压板通过 T 形螺栓、螺母和阶梯垫铁将工件压紧在工作台台面上，螺母和压板之间应垫有垫圈。压紧工件时，应至少选用两块压板，将压板的一端压在工件上，另一端压在阶梯垫铁上。压板位置要适当，以免压紧力不当而影响铣削质量或造成事故。

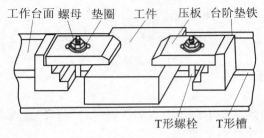

图 5.16　压板的结构

用压板装夹工件时，应注意以下几点：

（1）如图 5.17(a)所示，压板螺栓应尽量靠近工件，使螺栓到工件的距离小于螺栓到垫铁的距离，这样会增大夹紧力。

（2）如图 5.17(b)所示，垫铁的选择要正确，高度要与工件相同或高于工件，以免影响夹紧效果。

（3）如图 5.17(c)所示，压板夹紧工件时，应在工件和压板之间垫放铜皮，以避免损伤工件的已加工表面。

（4）压板的夹紧位置要适当，应尽量靠近加工区域和工件刚度较好的位置。若夹紧位置有悬空，应将工件垫实，如图5.17(d)所示。

（5）如图 5.17(e)所示，每个压板的夹紧力大小应均匀，以防止压板夹紧力偏移而使压板倾斜。

（6）夹紧力的大小应适当，过大会使

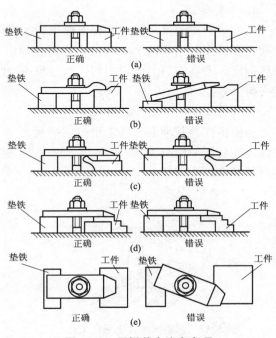

图 5.17　压板装夹注意事项

工件变形,过小达不到夹紧效果,夹紧力大小严重不当会造成事故。

5.2.3 铣刀的安装

5.2.3.1 带柄铣刀的安装

带柄铣刀多用于在立式铣床上加工平面、阶梯面、沟槽与键槽、T形槽及燕尾槽等。

1. 锥柄铣刀的安装

当铣刀锥柄尺寸与主轴端部锥孔相同时,可直接装入锥孔并用拉杆拉紧。如果铣刀锥柄的锥度(一般为莫氏锥度 2～4 号)与主轴孔锥度不同,就要用过渡锥套进行安装。图5.18(a)所示为锥柄铣刀的安装,安装前,先要根据铣刀锥柄的尺寸选择合适的过渡锥套,将刀柄及过渡锥套内外表面擦净后一起装入主轴锥孔并用拉杆拉紧。

2. 直柄铣刀的安装

直径为 3～20 mm 的直柄铣刀可装在主轴上专用的弹簧夹头中,如图 5.18（b）所示。安装时,收紧螺母使弹簧套做径向收缩而将铣刀的柱柄夹紧。弹簧夹头有多种孔径,以适应不同尺寸的直柄铣刀。

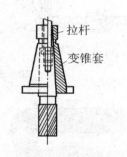

(a) 锥柄铣刀的安装   (b) 直柄铣刀的安装

图 5.18   带柄铣刀的安装

5.2.3.2 带孔铣刀的安装

带孔铣刀多用于在卧式铣床上加工平面、直槽、切断、齿形和圆弧形槽(或圆弧形螺旋槽)等。

带孔铣刀[图 5.19(a)]一般安装在刀杆上。刀杆的一端为锥体,将其装入机床主轴锥孔中,并用螺纹拉杆穿过主轴内孔拉紧刀杆,使其与主轴锥孔紧密配合。主轴的旋转运动通过主轴锥面和前端的端面键[图 5.19(b)]带动刀杆旋转,刀具套在刀杆上,并由刀杆上的键来带动铣刀旋转。刀具的轴向位置由套筒来定位。为了提高刀杆的刚度,刀杆另一端由机床横梁上的吊架支承。套筒与铣刀的端面需擦净,以减小铣刀的端面跳动;拧紧刀杆上的压紧螺母前,需先装好吊架,以防刀杆变弯;铣刀装在刀杆上的位置应尽量靠近主轴的前端,以减少刀杆的变形。

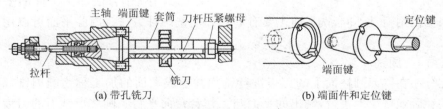

(a) 带孔铣刀   (b) 端面件和定位键

图 5.19   卧式铣床刀杆的结构

在卧式铣床上安装圆柱铣刀的步骤如图 5.20 所示。

圆柱铣刀在安装时有正、反装之分,无论铣刀的旋向如何,安装后,轴的旋转方向应保证铣刀刀齿在切入工件时,前刀面朝向工件方向正常切削,如图 5.21 所示。

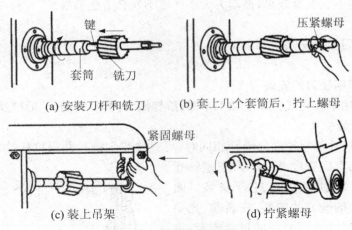

(a) 安装刀杆和铣刀　　　　　(b) 套上几个套筒后，拧上螺母

(c) 装上吊架　　　　　　　　(d) 拧紧螺母

图 5.20　安装铣刀的过程

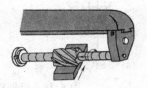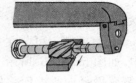

(a) 右旋铣刀正确安装　　　　(b) 左旋铣刀正确安装

图 5.21　圆柱铣刀的正确安装

5.2.3.3　在立式铣床上安装面铣刀

在立式铣床上安装面铣刀如图 5.22 所示。一般面铣刀中间带有圆孔，先将铣刀装在刀柄上并紧固紧刀螺钉，再将刀柄装入机床的主轴并用拉杆拉紧。也可先把刀柄安装到铣床主轴上，然后再把面铣刀安装在刀柄上。哪一种方法比较方便，要根据具体的条件和场合而定。

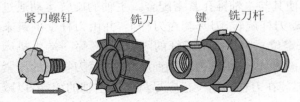

图 5.22　端铣刀的安装

5.2.4　铣平面的方法

用铣削方法加工工件的平面称为铣平面。根据使用刀具不同，铣平面主要有周铣和端铣两种方法。内腔平面可以用立铣刀来加工。

5.2.4.1　周铣

利用分布在铣刀圆柱面上的刀刃进行铣削并形成平面的加工称为圆周铣，简称周铣。周铣主要在卧式铣床上进行，铣出的平面与工作台台面平行。圆柱形铣刀的刀齿有直齿与螺旋齿两种。由于螺旋齿刀齿在铣削时是逐渐切入工件的，铣削较平稳，因此铣平面时均采用螺旋齿圆柱形铣刀，如图 5.23 所示。

根据铣削时切削层参数的变化规律不同，周铣有逆铣和顺铣两种形式。

1. 逆铣

铣削时，铣刀切入工件时的切削方向与工件的进给方向相反，这种铣削方式称为逆铣，

使用普通机床加工零件

如图 5.24 所示。逆铣时,刀齿切入的切削厚度是由零逐渐变到最大的。由于刀齿切削刃有一定的钝圆,所以刀齿要滑行一段距离,以此对工件表面进行挤压和摩擦,然后才能切入工件。铣刀对工件的垂直分力方向向上,使工件产生抬起的趋势,易引起刀具径向振动后造成已加工表面产生波纹,影响刀具使用寿命。

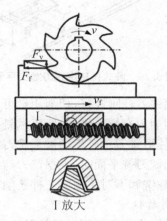

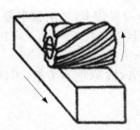

图 5.23　在卧式铣床上用圆柱铣刀铣平面

图 5.24　逆铣

如图 5.24 放大部分所示,由于铣床的工作台的纵向进给运动一般是依靠丝杠和螺母来实现的。螺母固定,由丝杠转动带动工作台移动。逆铣时,纵向铣削分力与驱动工作台移动的纵向力方向相反,使丝杠与螺母间始终紧贴,工作台不会发生窜动现象,铣削过程比较平稳。

2. 顺铣

铣削时,铣刀切入工件的方向与工件的进给方向相同,这种铣削方式称为顺铣,如图 5.25所示。顺铣时,刀齿切入的切削厚度由大变小,易切入工件,避免了逆铣切入时的挤压、滑擦和啃刮现象。加工中,工件受铣刀向下压的分力,使工件始终压紧在夹具上,避免了工件的振动,安全可靠。因此顺铣工件的已加工表面质量好,刀具耐用度高,有利于高速切削。

如图 5.25 放大部分所示,顺铣时,铣削力的纵向分力方向始终与驱动工作台移动的纵向力方向相同。如果丝杠与螺母传动副中存在间隙,当纵向铣削分力大于工作台与导轨之间的摩擦力时,会使工作台带动丝杠出现窜动,使切削过程不平稳,甚至引起打刀。所以只有消除了丝杠与螺母间隙才能采用顺铣。尤其是对有硬皮的工件和状态一般的机床,都要用逆铣加工。

5.2.4.2　端铣

利用分布在铣刀端面上的刀刃进行铣削并形成平面的加工称为端铣。用端铣刀铣平面可以在卧式铣床上进行,铣出的平面与铣床工作台台面垂直,如图 5.26 所示。端铣也可以在立式铣床上进行,铣出的平面与铣床工作台台面平行,如图 5.27 所示。为了一次进给铣完待加工面,端铣刀的直径或圆柱铣刀的长度一般应大于待加工面的宽度。

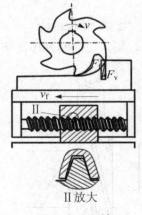

图 5.25　顺铣

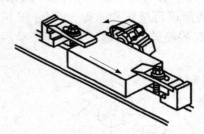

图 5.26　卧式铣床端铣刀加工平面

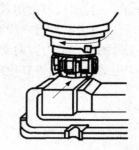

图 5.27　立式铣床端铣刀加工平面

因端铣刀杆刚性好,切削用量可大些,同时参与切削的刀齿较多,切削较平稳,加上端面刀齿副切削刃有修光作用,所以端铣在切削效率和表面质量上均优于周铣。在铣床上铣平面时,圆柱形铣刀铣已逐渐被端铣刀铣所取代。

用端铣刀铣平面时,根据铣刀与工件加工面的相对位置(或称吃刀关系)不同分为对称铣、不对称铣和不对称顺铣三种铣削方式,如图 5.28 所示。

1. 对称铣

铣刀轴线位于铣削弧长的对称中心位置(即切入、切出的切削厚度相同)进行的铣削为对称铣,如图 5.28(a)所示。这种铣削方式具有较大的平均切削厚度,在用较小的每齿进给量铣削淬硬钢时,为使刀齿超越冷硬层切入工件,应采用对称铣。

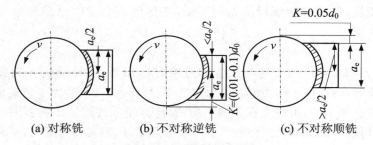

(a) 对称铣　　　　　(b) 不对称逆铣　　　　(c) 不对称顺铣

图 5.28　端铣的铣削方式

2. 不对称逆铣

切入切削厚度小于切出切削厚度的铣削为不对称逆铣,如图 5.28(b)所示。铣削碳钢和一般合金钢时采用这种铣削方式可减小切入时的冲击力,故可将硬质合金端铣刀使用寿命提高 1 倍以上。

3. 不对称顺铣

切入切削厚度大于切出切削厚度的铣削为不对称顺铣,如图5.28(c)所示。实践证明,用不对称顺铣加工不锈钢和耐热合金可减少硬质合金的剥落磨损,且可将切削速度提高40%~60%。

5.2.4.3　用立铣刀铣平面

用立铣刀铣平面一般在立式铣床上进行。用立铣刀的圆柱面刀刃铣出的平面与铣床工作台台面垂直,如图 5.29 所示。

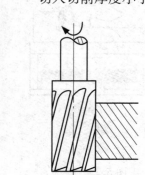

图 5.29　用立铣床加工平面

由于立铣刀的直径相对于端铣刀的回转直径较小,因此加工效率较低。用立铣刀加工较大平面会产生接刀纹,相对而言,表面粗糙度值 Ra 较大。但其加工范围广泛,可进行各种内腔平面的加工。

5.3 问题探究

5.3.1 铣刀的种类与角度

铣刀是金属切削刀具中种类最多的刀具之一,从结构上可以成看是圆柱体、圆锥体、特形回转体的外缘或端面上分布切削刃或镶装上刀齿的多齿刀具。每一个刀齿相当于一把车刀,其切削加工特点与车削加工基本相同。

5.3.1.1 铣刀种类

铣刀可以按用途分类,也可以按齿背形式分类。

1. 按用途分

铣刀按其用途大体上可分为加工平面用铣刀、加工沟槽用铣刀和加工成形面铣刀三类。

(1)面铣刀。又称端铣刀,用于在立式铣床上加工平面,铣刀的轴线垂直于被加工表面,如图 5.2 所示。面铣刀的主切削刃位于圆柱或圆锥表面上,副切削刃位于圆柱或圆锥的端面上。用面铣刀加工平面时,同时参与切削的齿数较多且副切削刃具修光作用,所以已加工表面粗糙度小。小直径的面铣刀一般用高速钢制成整体式[图 5.30(a)],大直径的面铣刀在刀体上焊接硬质合金刀片[图 5.30(b)],或采用机械夹固式可转位硬质合金刀片[图 5.30(c)]。

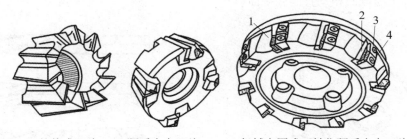

(a) 整体式刀片　(b) 硬质合金刀片　(c) 机械夹固式可转位硬质合金刀片

图 5.30　面铣刀

1. 刀体　2. 定位座　3. 定位座夹板　4. 刀片夹板

(2)圆柱铣刀。主要用于在卧式铣床上加工平面,通常用高速钢制成整体式,如图 5.31(a)所示,也可以镶焊硬质合金刀片制成螺旋形的镶齿式,如图 5.31(b)所示。螺旋形切削刃分布在圆柱表面上,没有副切削刃。螺旋形的刀齿切削时是逐渐切入和脱离工件的,所以切削过程较平稳,一般适用于加工宽度小于铣刀长度的狭长平面。国标(GB 1115—85)规定圆柱铣刀直径有 50 mm、63 mm、80 mm、100 mm 四种规格。

(3)三面刃铣刀。图 5.32 所示的铣刀,在刀体的圆周上及两侧环形端面上均有刀齿,所以称为三面刃铣刀,又称盘铣

(a) 整体式　　(b) 镶齿式

图 5.31　圆柱铣刀

刀。盘铣刀的圆周刀刃为主切削刃,侧面刀刃是副切削刃,只对加工侧面起修光作用。它改善了三面刃铣两端面的切削条件,提高了切削效率,但重磨后宽度尺寸变化较大。主要用于在卧式铣床上加工阶梯面和一端或两端贯穿的浅沟槽。三面刃有直齿[图5.32(a)]和斜齿[图5.32(b)]之分,直径较大的三面刃铣刀常采用镶齿结构[图5.32(c)]。

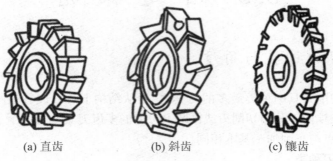

(a) 直齿   (b) 斜齿   (c) 镶齿

图 5.32 三面刃铣刀

(4) 锯片铣刀。图5.33所示为锯片铣刀,用于切削狭槽或切断。它与切断车刀类似,对刀具几何参数的合理性要求较高。为了避免夹刀,其厚度由边缘向中心减薄,使两侧形成副偏角。

(5) 立铣刀。相当于带柄的小直径圆柱铣刀,一般由3~4个刀齿组成。用于加工平面、阶梯、内腔和相互垂直的平面,利用锥柄或直柄紧固在机床主轴中,如图5.34所示。圆柱上的切削刃是主切削刃,端面上分布着副切削刃。主切削刃一般为螺旋齿,可以增加切削平稳性,提高加工精度。普通立铣刀由于端面中心处无切削刃,所以不能做轴向进给,端面刃主要用来加工与侧面相垂直的底平面。

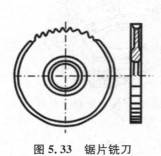

图 5.33 锯片铣刀

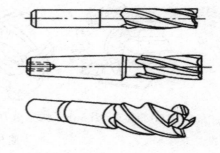

图 5.34 立铣刀

(6) 键槽铣刀。主要用来加工圆头封闭键槽,如图5.35(a)所示。键槽铣刀有两个刀齿,圆柱面和端面都有切削刃,端面刃延伸至中心,可以沿轴向进给。加工时先轴向进给达到槽深,然后沿键槽方向铣出键槽全长。

其他槽类铣刀还有T形槽铣刀[图5.35(b)]和燕尾槽铣刀[图5.35(c)]等。

(7) 角度铣刀。有单角度铣刀和双角度铣刀之分,用于铣沟槽和斜面,如图5.36所示。角度铣刀大端和小端直径相差较大时,往往会造成小端刀齿过密而使容屑空间较小,因此常将小端刀齿间隔地去掉,使小端的齿数减少一半,以增大容屑空间。

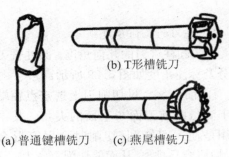

(a) 普通键槽铣刀　(c) 燕尾槽铣刀

图 5.35　键槽铣刀

(b) T形槽铣刀

(a) 单角度铣刀　(b) 双角度铣刀

图 5.36　角度铣刀

（8）成形铣刀。成形铣刀是用于在铣床上加工成形表面的刀具，其刀齿廓形要根据被加工工件的廓形来确定。如图 5.37(a)所示的半圆形成形铣刀可在通用铣床上加工复杂形状的表面，并可获得较高的精度和表面质量，生产率也较高。图 5.37(b)所示的指状铣刀通常用于普通铣床仿形法加工齿轮。

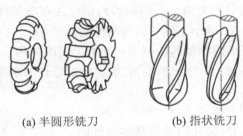

(a) 半圆形铣刀　　(b) 指状铣刀

图 5.37　成形铣刀

2. 按刀齿齿背形式分

（1）尖齿铣刀。这种铣刀在刀齿截面上，齿背是由一条或几条直线组成的，如图 5.38(a)所示，由于齿背是直线形的，故制造刃磨方便；刀刃锋利，因此生产中常用的铣刀大都是尖齿铣刀，如圆柱铣刀、三面刃铣刀、端铣刀和立铣刀等。

（2）铲齿铣刀。其刀齿如图 5.38(b)所示。这种铣刀在刀齿截面上，齿背是一条特殊曲线，一般为平面螺旋线（即阿基米德螺线），它是在铲齿机床上铲出来的。这种铣刀的优点是刀齿在刃磨后齿形可不变；缺点是制造费用大，切削性能较差，故只用于制造成形铣刀。

5.3.1.2　铣刀的几何角度

铣刀的种类、形状虽多，但都可以归纳为圆柱铣刀和面铣刀两种基本形式，每个刀齿可以被看作是一把简单的车刀，所不同的是铣刀回转、刀齿较多。因此只通过对一个刀齿的分析就可以了解整个铣刀的几何角度。

1. 铣刀的标注角度参考系

以圆柱铣刀为例来说明铣刀的标注角度参考系。与车刀相似，由坐标平面和测量平面组成，其基本坐标平面有基面和切削平面：基面是通过切削刃选定点并包含铣刀轴线的平面，且假定与主运动方向垂直；切削平面是通过切削刃选定点的圆柱切平面。测量平面为端

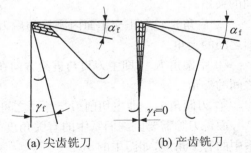

(a) 尖齿铣刀　　(b) 产齿铣刀

图 5.38　铣刀尺背形式

剖面,螺旋齿铣刀还有法剖面,如图 5.39 所示。

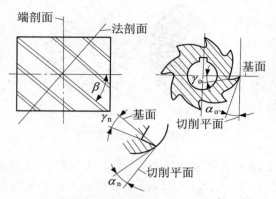

图 5.39　铣刀标注角度参考系及几何角度

2. 铣刀的几何角度

(1) 圆柱铣刀的几何角度。圆柱铣刀各部分及标注角度如图 5.39 所示:

① 前角 γ_o。过切削刃上选定点在端剖面上测量的前刀面与基面的夹角。其主要作用是使刀刃锋利,切削时金属变形会减小,切屑容易排出,从而使切削更省力。

为了便于制造,规定圆柱铣刀的前角用法平面前角 γ_n 表示,根据 γ_o 可计算出 γ_n:

$$\tan \gamma_n = \tan \gamma_o \cos \beta$$

② 后角 α_o:过切削刃上选定点在端剖面上测量的后刀面与切削平面间的夹角。前角和后角都标注在端剖面上,其主要作用是减少后刀面与切削平面之间的摩擦,减小工件的表面粗糙度。

③ 螺旋角 β。在切削平面内测量的切削刃与基面之间的夹角。其作用是使刀齿逐渐切入和切离工件,提高铣削的平稳性,增大螺旋角,能使螺旋形切屑沿螺旋形屑槽排出,使切削更顺利。

(2) 面铣刀的标注角度。如图 5.40 所示,面铣刀的一个刀齿相当于一把小车刀,其几何角度基本与外圆车刀相类似,所不同的是每齿基面只有一个铣刀,即以刀尖和铣刀轴线共同确定的平面为基面。因此面铣刀每个刀齿都有前角、后角、主偏角和刃倾角四个基本角度。

① 前角 γ_o。在正交平面内测量的前刀面与基面之间的夹角。

② 后角 α_o。在正交平面内测量的后刀面与切削平面之间的夹角。

③ 主偏角 K_r。即主刀刃与进给方向在基面上投影之间的夹角。

④ 刃倾角 λ_s。即主切削刃与基面之间的夹角。

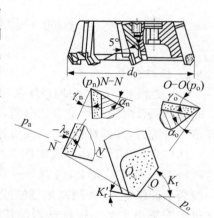

图 5.40　面铣刀的几何角度

面铣刀除需要主剖面系中的有关角度外,在设计、制造、刃磨时,还需要进给、切深剖面系中的有关角度,如图中的 γ_f、α_f。

5.3.2　平面铣削产生废品的原因及预防方法

判定加工平面的表面质量主要有平面度和表面粗糙度这两个指标。平面铣削质量与铣床的精度、工件的装夹、铣刀的选用、进给速度和转速的选用等诸多因素有关。

一般平面铣削加工产生废品的原因及预防方法如表 5.2 所示。

表 5.2 一般平面铣削加工产生废品的原因及预防方法

废品种类	产生原因	预防措施
表面粗糙度达不到要求	(1) 进给量太大 (2) 振动大 (3) 表面有深啃现象 (4) 铣刀磨损,切削刃刃口变钝 (5) 进给不均匀 (6) 铣刀摆差太大 (7) 切削速度过低	(1) 减少每齿进给量 (2) 减少铣削用量及调整工作台的楔铁,使工作台无松动现象 (3) 中途不能停止进给,若已出现深啃现象而工件还有余量,可再切一次,消除深啃现象 (4) 重新更换或刃磨铣刀 (5) 手转要均匀或改用机动进给 (6) 减少每转进给量或重磨、重装铣刀 (7) 提高转速,进而提高切削速度
平面度达不到要求	(1) 工件因夹紧力和铣削力过大发生变形 (2) 周铣时,铣刀自身的圆柱度误差大 (3) 端铣时,铣刀安装轴线与进给方向不垂直 (4) 主轴轴承磨损,产生较大的轴向和径向间隙	(1) 夹紧力不宜过大,选择合适的背吃刀量 (2) 选择制造精度较高的圆柱铣刀 (3) 重新安装端铣刀,并检测铣刀的跳动量 (4) 更换主轴轴承

5.4 知识拓展

5.4.1 铣削加工的特点

铣削加工是利用多刃回转体刀具在铣床上对工件表面进行加工的一种切削加工方法。主要用于加工水平面、垂直面、斜面、沟槽、成形表面、螺纹和齿形等,也可切断材料,加工的工艺范围相当广泛,如图 5.41 所示。铣削加工是平面加工的主要方法之一。

与其他平面加工方法比较,铣削的工艺特点是:

(1) 铣刀是典型的多刃刀具,加工过程有几个刀齿同时参与切削,总的切削宽度较大。铣削的主运动是铣刀的旋转,有利于进行高速切削,故铣削的生产率高于刨削加工。

(2) 铣削加工范围广,可以加工刨削无法加工或难以加工的表面。例如:可铣削周围封闭的凹平面、圆弧形沟槽、具有分度要求的小平面和沟槽等。

(3) 铣削过程中,每个刀齿是依次参与切削的,刀齿在离开工件的一段时间内可以得到一定的冷却。因此刀齿散热条件好,有利于减少铣刀的磨损,延长了使用寿命。

(4) 由于是断续切削,刀齿在切入和切出工件时会产生冲击,而且每个刀齿的切削厚度也时刻在变化,这就引起了切削面积和切削力的变化。因此铣削过程不平稳,容易产生振动。

(5) 铣床、铣刀比刨床、刨刀结构复杂,铣刀的制造与刃磨比刨刀困难,所以铣削成本比刨削高。

(6) 铣削与刨削的加工质量大致相当,经粗、精加工后都可达到中等精度。但在加工大平面时,刨削后无明显接刀痕。

（7）用直径小于工件宽度的端铣刀铣削时,各次走刀间有明显的接刀痕,影响表面质量。

(a) 铣平面	(b) 铣平面	(c) 铣台阶面	(d) 铣平面
(e) 铣沟槽	(f) 铣沟槽	(g) 切面	(h) 铣曲面
(i) 铣键槽	(j) 铣键槽	(k) 铣梯形槽	(l) 铣燕尾槽
(m) 铣U形槽	(n) 铣成形槽	(o) 铣型腔	(p) 铣螺旋面

图 5.41　铣削加工的典型表面

铣削加工适用于单件小批生产,也适用于大批量生产。

5.4.2　铣床的结构与传动系统

铣床是用铣刀进行切削加工的机床,它的用途极为广泛。铣床工作时的主运动是主轴部件带动铣刀的旋转运动,进给运动是由工作台在三个互相垂直方向的直线运动来实现的。由于铣床上使用的是多齿刀具,切削过程中存在冲击和振动,所以要求铣床在结构上应具有较高的静刚度和动刚度。

铣床有多种形式,并各有特点,按照结构和用途的不同可分为:卧式升降台铣床、立式升降台铣床、龙门铣床、仿形铣床、工具铣床、数控铣床等。其中卧式升降台铣床和立式升降台铣床的通用性最强,应用也最广泛。这两类铣床的主要区别在于两者分别为主轴轴心线相对于工作台水平和垂直安置。

5.4.2.1　卧式升降台铣床

卧式升降台铣床是指主轴轴线呈水平安置,工作台可以做纵向、横向和垂直运动,并可在水平平面内调整一定角度的铣床。X6132 型万能卧式升降台铣床是应用最广泛的卧式升降台铣床[型号中 X 表示铣床,61 表示万能升降台铣床,32 表示工作台面宽度(主参数)320 mm]。X6132 型万能升降台铣床结构如图 5.42 所示,现以其为例,介绍卧式升降台铣床各部分的名称、功用及操作方法。

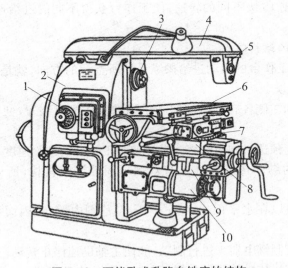

图 5.42　万能卧式升降台铣床的结构
1. 主轴变速机构　2. 床身　3. 主轴　4. 悬梁　5. 刀杆支架
6. 工作台　7. 回转盘　8. 床鞍　9. 升降台　10. 进给变速机构

1. X6132 型铣床的基本部件

(1) 底座。底座是整部机床的支承部件,具有足够的强度和刚度。底座的内腔盛装切削液,供切削时冷却润滑。

(2) 床身。床身是铣床的主体,铣床上大部分的部件都安装在床身上。床身的前壁有燕尾形的垂直导轨,升降台可沿导轨上下移动;床身的顶部有水平导轨,悬梁可在导轨上水平移动;床身的内部装有主轴、主轴变速机构、润滑油泵等。

(3) 悬梁与悬梁支架。悬梁的一端装有支架,支架上有与主轴同轴线的支承孔,用来支承铣刀轴的外端,以增强铣刀轴的刚性。悬梁向外伸出的长度可以根据刀轴的长度进行调节。

(4) 主轴。主轴是一根空心轴,前端有锥度为 7:24 的圆锥孔,铣刀刀轴一端就安装在锥孔中。主轴前端面有两键槽,通过键连接传递扭矩,主轴通过铣刀轴带动铣刀做同步旋转运动。

(5) 主轴变速机构。由主传动电动机(7.5 kW,1 450 r/min)通过带传动、齿轮传动机构带动主轴旋转。操纵床身侧面的手柄和转盘可使主轴获得 18 种不同的转速。

(6) 纵向工作台。纵向工作台用来安装工件或夹具并带动工件做纵向进给运动。工作台上面有三条 T 形槽,用来安放 T 形螺钉以固定夹具和工件。工作台前侧面有一条 T 形槽,用来固定自动挡铁,控制铣削长度。

（7）床鞍。床鞍也称横拖板，带动纵向工作台做横向移动。

（8）回转盘。回转盘装在床鞍和纵向工作台之间，用来带动纵向工作台在水平面内做45°的水平调整以满足加工的需要。

（9）升降台。升降台装在床身正面的垂直导轨上，用来支撑工作台并带动工作台上下移动。升降台中下部有丝杠与底座螺母连接，铣床进给系统中的电动机和变速机构等就安装在其内。

（10）进给变速机构。进给变速机构装在升降台内部，它将进给电动机的固定转速通过其齿轮变速机构变换成18级不同的转速，使工作台获得不同的进给速度，以满足不同的铣削需要。

2. X6132 型铣床的结构特点

（1）进行时，铣床工作台的机动进给操纵手柄所指示的方向，就是工作台进给运动的方向，使操纵不易产生错误。

（2）铣床的前面和左侧各有一组按钮和手柄的复式操纵装置，便于操纵者在不同位置上进行操纵。

（3）铣床采用速度预选机构来改变主轴转速和工作台的进给速度，操纵简便明确。

（4）铣床工作台的纵向传动丝杠上有双螺母间隙调整机构，所以机床既能逆铣又能顺铣。

（5）铣床工作台可以在水平面内 $-45°\sim+45°$ 范围内偏转，因而可进行各种螺旋槽的铣削。

（6）铣床用转速控制继电器来进行制动，能使主轴迅速停止转动。

（7）铣床工作台有快速进给运动装置，用按钮操纵，方便省时。

X6132 型铣床具有功率大、转速高、变速范围宽、结构可靠、性能良好、加工质量稳定、操纵灵活轻便、行程大、精度高、刚性好、通用性强等优点。若配置相应附件，还可以扩大机床的加工范围。例如：安装万能立铣头可以使铣刀回转任意角度，完成立式铣床的工作。X6132 型铣床能加工中小型平面、特形沟槽、齿轮、螺旋槽和小型箱体上的孔等。还适用于高速、高强度铣削，具有良好的安全装置和完善的润滑系统。

3. X6132 型铣床传动系统

由主轴旋转运动和进给运动组成的 X6132 型铣床传动系统如图 5.43 所示。主轴旋转运动从 7.5 kW、1 450 r/min 的主电动机开始，由 150 mm 和 290 mm 的 V 带轮将轴 I 的旋转运动传至轴 II。轴 II 上有一个可沿轴向移动的来变速的三联滑移齿轮变速组，通过与轴 III 上相应齿轮的啮合而带动轴 III 转动。轴 IV 上也有一个三联滑移齿轮变速组与轴 III 上相应齿轮啮合，右方还设置一个双联滑移齿轮变速组，当它与轴 V 上的相应齿轮啮合时，使主轴获得 30～1 500 r/min 的 18 种旋转速度。主轴的旋转方向随电动机正反转向的改变而改变。主轴的制动由安装在轴 II 的电磁制动器 M 来控制。

X6132 型铣床的进给运动由功率为 1.5 kW 的电动机单独驱动，与主轴旋转系统没有直接关系。电动机的运动经锥齿轮副 17/32 传至轴 VI，然后分两条路线：一条经齿轮副 20/44 传至轴 VII～IX 轴间的曲回机构，经离合器 M2 将运动传至轴 X，这就是进给传动路线；另一条由齿轮副 46/26、44/42 经离合器 M1 将运动传至轴 X，这就是快速移动传动路线。轴 X 的运动通过与电磁离合器 M3、M4 以及端面齿离合器 M5 的不同接合，便可使工作台分别获得垂直、横向和纵向三个方向的进给运动或快速移动。注意，M3 接合时，M2 脱离，所以工

使用普通机床加工零件

作台进给运动和快速移动是互锁的,不能同时传动。

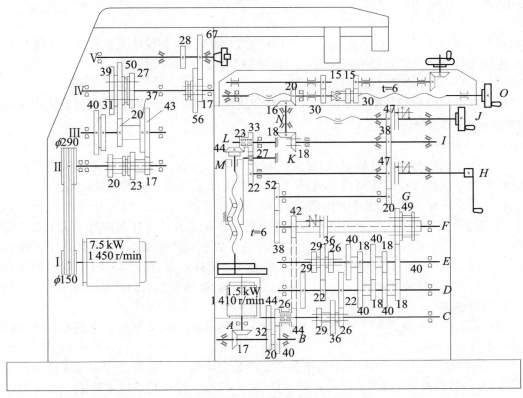

图 5.43　X6132 型铣床传动系统

5.4.2.2　立式升降台铣床

　　立式升降台铣床与卧式升降台铣床的主要区别仅在于它的主轴是垂直安置的,可用各种端铣刀(亦称面铣刀)或立铣刀加工平面、斜面、沟槽、阶梯、齿轮、凸轮以及封闭的轮廓表面等。立式升降台铣床的典型机床型号为X5032,其外形结构系统如图 5.44 所示。

　　1. X5032 型铣床的结构

　　X5032 型铣床的规格、操纵机构、传动变速情况等与 X6132 型铣床基本相同。不同之处主要有以下两点:

　　(1) X5032 型铣床的主轴与工作台台面垂直,安装在可以偏转的铣头壳体内。

　　(2) X5032 型铣床的工作台与横向溜板连接处没有回转盘,所以工作台在水平面内不能扳转角度。

　　2. X5032 型铣床的传动系统

　　X5032 型铣床的传动系统的主轴系统的传动方式和结构与 X6132 型铣床相同。

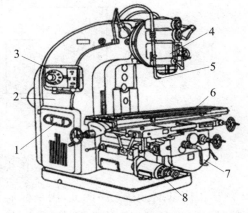

图 5.44　X5032 型铣床的外形结构系统
1. 机床电气系统　2. 床身系统　3. 变速操作系统
4. 主轴及传动系统　5. 冷却系统　6. 工作台系统
7. 升降台系统　8. 进给变速系统

5.4.3 工件的定位

进行机械加工时,为了保证工件的尺寸和位置精度要求,必须使工件在机床夹具中占有某一正确位置。工件的定位和机床夹具是机械加工工艺的重要研究内容。

5.4.3.1 工件的定位基准与定位

工件在装夹时必须依据一定的基准,否则便无法实现正确定位与夹紧,为此先讨论基准的概念。

1. 基准的概念

在零件的设计与制造过程中,确定生产对象上的某些点、线、面的位置时所依据的那些点、线、面就是基准。按照作用的不同,基准可分为设计基准和工艺基准两大类。

(1) 设计基准。就是设计工作图上所采用的基准,它是标注设计尺寸的起点。如图5.45(a)所示的零件,平面2、3的设计基准是平面1,平面5、6的设计基准是平面4,孔7的设计基准是平面1和平面4,而孔8的设计基准是孔7的中心和平面4。在零件图上不仅标注的尺寸有设计基准,而且标注的位置精度同样也具有设计基准,如图5.45(b)所示的钻套零件,轴心线 $O\text{-}O$ 是各外圆和内孔的设计基准,也是两项跳动误差的设计基准,端面 A 是端面 B、C 的设计基准。

(2) 工艺基准。就是加工或装配过程中所采用的基准。它又分为定位基准、工序基准、测量基准和装配基准。

① 定位基准。在加工中,用于定位的基准称为定位基准。它是工件上与夹具定位元件直接接触的点、线或面。图5.46(a)所示零件,加工平面3和6时是通过平面1和4放在夹具上定位的,所以平面1和4是加工平面3和6的定位基准;图5.46(b)所示的钻套,用内孔装在心轴上磨削 $\phi40h6$ 外圆表面时,内孔表面是定位基面,孔的中心线就是定位基准。

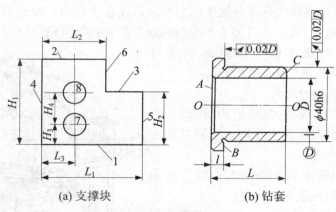

(a) 支撑块　　　　　　　(b) 钻套

图 5.45　基准分析

② 工序基准。在工序图上,用来标定某一工序被加工面尺寸和位置所采用的基准称为工序基准。它是某一工序所要达到加工尺寸(即工序尺寸)的起点。如图5.45(a)所示零件,加工平面3时按尺寸 H_2 进行加工,则平面1即为工序基准,加工尺寸 H_2 称为工序尺寸。工序基准应当尽量与设计基准相重合,当考虑定位或试切测量方便时也可以与定位基准或测量基准相重合。

③ 测量基准。测量零件时所采用的基准称为测量基准。如图 5.45(b)所示,钻套以内孔套在心轴上测量外圆的径向圆跳动,则内孔表面是测量基面,孔的中心线就是外圆的测量基准;用卡尺测量尺寸 l 和 L,表面 A 是表面 B、C 的测量基准。

④ 装配基准。装配时用以确定零件在机器中位置的基准称为装配基准。如图5.45(b)所示的钻套,$\phi40h6$ 外圆及端面 B 即为装配基准。

2. 定位基准的选择

定位基准分为精基准和粗基准。

(1)粗基准的选择。在起始工序中,只能选用未经加工过的毛坯表面作为定位基准,这种基准称为粗基准。对于粗基准的选择,主要考虑如何保证加工表面与不加工表面之间的位置和尺寸要求,加工表面的加工余量是否均匀和足够以及减少装夹次数等。选择粗基准时应坚持如下原则:

① 如果零件上有一个不需要加工的表面,在该表面能够被利用的情况下,应尽量将该表面作为粗基准。

② 如果零件上有几个不需要加工的表面,应选择其中与加工表面有较高位置精度的不加工表面作为第一次装夹的粗基准。

③ 如果零件上所有表面都需要机械加工,则应选择加工余量最小的毛坯表面作为粗基准。

④ 同一尺寸方向上,粗基准只能使用一次。

⑤ 粗基准要选择平整、面积大的表面。

如图 5.46 所示,内孔和端面需要加工,外圆表面不需要加工。铸造时内孔 B 与外圆 A 之间有偏心。为保证加工后零件的壁厚均匀,即内、外圆同心度好,应以不加工表面 A 作为粗基准来加工内孔 B(采用三爪卡盘夹持外圆);若以内孔 B 作为粗基准(用四爪卡盘夹持外圆,然后按内孔找正定位),则加工后内孔与外圆不同轴,壁厚必然不均匀。

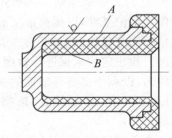

图 5.46 粗基准选择示例

如图 5.47 所示的机床床身,要求导轨面应有较好的耐磨性,以保持其导向精度。由于铸造时的浇注位置(床身导轨面朝下)决定了导轨面的金属组织均匀致密程度,所以应选择导轨面作为粗基准,先加工床腿底面,如图 5.47(a)所示。然后再以床腿底面为基准加工导轨面,如图 5.47(b)所示,这样就能保证导轨面的加工余量小而均匀。

如图 5.48 所示,以表面 B 为粗基准加工表面 A 之后,若仍以表面 B 为粗基准来加工表面 C,由于作为粗基准的毛坯表面一般精度比较低,两次装夹会出现较大误差,故不能保证工件轴心线在前后两次装夹中位置的一致性,则必然导致加工后的表面 A 与 C 之间产生较大的同轴度误差。

(2)精基准的选择。用加工过的表面作为定位基准,便称为精基准。选择精基准时应坚持以下五项原则:

① 基准重合原则。以设计基准为定位基准可避免基准不重合误差,用调整法加工零件时,如果基准不重合,将出现基准不重合误差。所谓的调整法是指预先调整好刀具与机床的相对位置并在一批零件的加工过程中保持这种相对位置不变的加工方法。与之相对应的是试切法加工,即试切→测量→调整→再试切,循环反复直至达到零件尺寸要求。试切法适用

于单件小批生产下的逐个零件的加工。

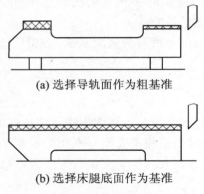

(a) 选择导轨面作为粗基准

(b) 选择床腿底面作为基准

图5.47 机床床身加工的粗基准选择

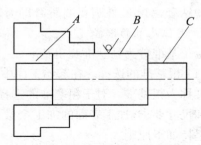

图5.48 粗基准重复使用示例

② 基准统一原则。选用统一的定位基准来加工工件上的各个加工表面，以避免基准转换而带来误差。该原则有利于保证各表面的位置精度，可简化工艺规程和夹具的设计与制造，缩短生产准备周期。典型的基准统一原则主要体现在轴类零件、盘类零件和箱体类零件。轴的精基准为轴两端的中心孔；齿轮是典型的盘类零件，常以中心孔及一个端面为精基准；而箱体类零件常以一个平面及平面上两个定位用的工艺孔为精基准。

③ 自为基准原则。当某些精加工表面要求加工余量小而均匀时，可选择该加工表面本身作为定位基准，以提高加工面本身的精度和表面质量。图5.47所示的机床床身零件在最后精磨床身导轨面时，经常在磨头上装上百分表，床身置于可调支承上，以导轨面本身为基准进行找正定位来保证导轨面与磨床工作台平行，然后进行磨削加工，这样可使磨削余量小而均匀，以利于提高导轨面的加工质量与磨削生产率。自为基准原则在生产中有着较多的运用，如拉孔、浮动铰孔、珩磨孔以及攻螺纹等，这些都是以加工面本身作为定位基准的实例。

④ 互为基准原则。若工件上存在两个相互位置精度有要求的表面时，那么在加工中让这两个表面互相作为定位基准，反复加工另一个面，该原则称为互为基准原则。互为基准原则不仅符合基准重合原则，而且在反复加工过程中可使两加工表面获得高的位置精度，且使加工余量小而均匀。所以一些同轴度或平行度等相互位置精度要求较高的精密零件在加工中经常采用这一原则。

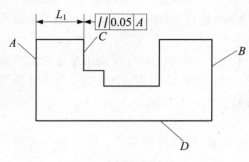

图5.49 基准重合示例

⑤ 保证工件定位准确。夹紧安全可靠，操作方便、省力的原则。如图5.49所示，表面A、B及底面D已经加工过，要加工表面C。为了遵循基准重合原则，应选择加工面C的设计基准面A作为定位基准。这样按调整法加工时，只要C面对A面的平行度误差不超过0.05 mm，位置尺寸L_1的加工误差不超过其设计公差就能保证加工精度。但是，当表面C的设计基准不是A面而是B面时，若仍以A面作为定位基准，就违背了基准重合原则，则必然要产生基准不重合误差。

5.4.3.2 工件定位原理

1. 六点定位原理

任何一个自由刚体,在空间均有六个自由度,即沿空间坐标轴 x、y、z 三个方向的移动和绕此三坐标轴的转动。工件定位的实质就是限制工件的自由度。若在 $x-y$ 平面上设置三个不共线的抽象支承点(如图 5.50 所示的点 1、2、3),工件紧靠这三个支承点,便限制了工件的 $\overset{\frown}{x}$、$\overset{\frown}{y}$、z 三个自由度;在 xz 平面上设置两个抽象支承点 4、5(在理论上这两点尽量相距远一点,它们的连线与 xy 平面平行),工件紧靠这两个支承点便可限制 z、$\overset{\frown}{y}$ 两个自由度;在 yz 平面上设置一个支承点 6,工件靠向它便限制了 $\overset{\frown}{x}$ 这个自由度。由此可见,工件安装时要紧靠机床工作台或夹具上的这六个支承点,它的六个自由度即被全部限制,工件便获得一个完全确定的位置。

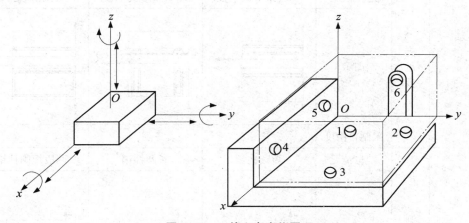

图 5.50 工件六点定位原理

工件定位时,用夹具上合理分布的六个支承点与工件的定位基准相接触来限制其六个自由度,使其位置完全确定,称为六点定位原理。

六点定位原理是工件定位的基本法则。用于实际生产时,这些支承点应是具有一定形状的几何体,这些限制工件自由度的几何体就是定位元件。

关于六点定位原理总以下两点说明。

① 六个支承点必须适当分布。若三个支承点分布在一直线上,就不会限制三个自由度;不在一条线上的三个支承点所形成的三角形面积越大,则定位就越稳定。

② 工件与定位支承点相接触就实现了定位,至于工件在加工过程中始终保持已定好的位置不变则是靠夹紧来实现的。另外,工件定位后,夹紧前在支承点的反方向仍有移动的可能性,便认为定位不确定,这种理解是错误的。在实际生产中,定位支承点总是以具体定位元件来实现的,因此直接分析各种定位元件所能限制的自由度以及它们的组合所能限制的自由度对研究定位问题更具有实际意义。表 5.3 列出了常用定位元件所能限制的自由度。

表 5.3　常用定位元件所能限制的自由度

工件的定位面		夹具的定位元件			
平面	支承钉	定位情况	一个支承钉	两个支承钉	三个支承钉
		图示	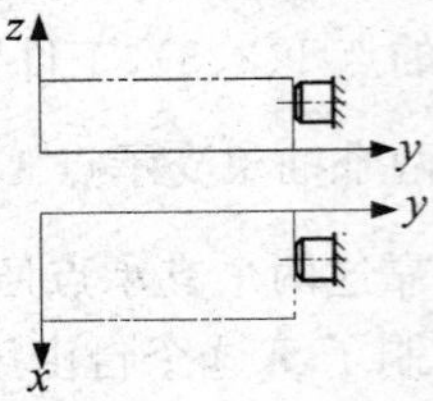	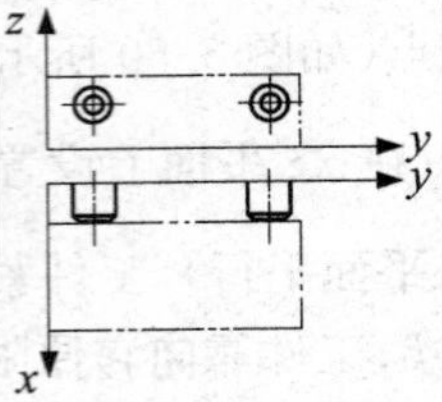	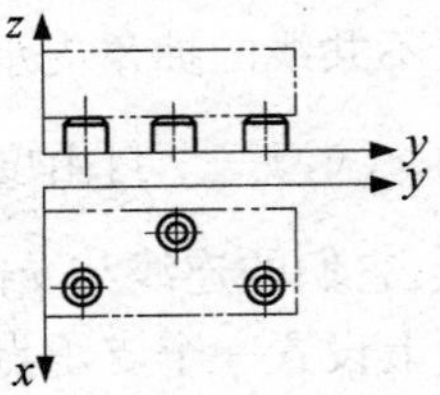
		限制自由度	$\vec{y}$	$\vec{x}$、$\vec{y}$、$\vec{z}$、$\hat{x}$、$\hat{y}$、$\hat{z}$	$\vec{z}$、$\hat{x}$、$\hat{y}$
	支承板	定位情况	一块条形支承板	两块条形支承板	一块矩形支承板
		图示	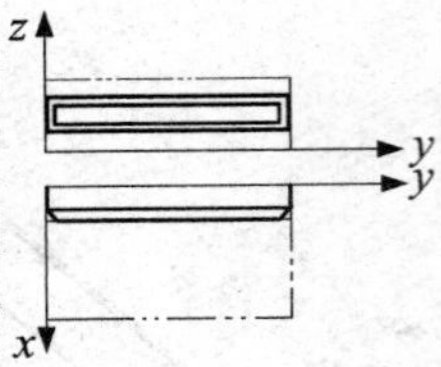	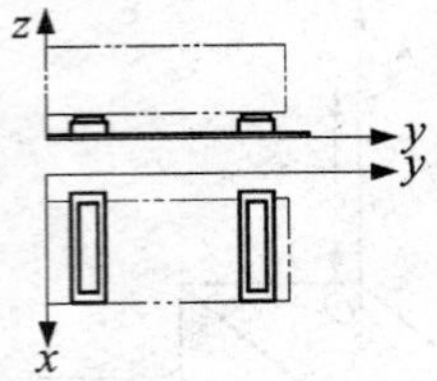	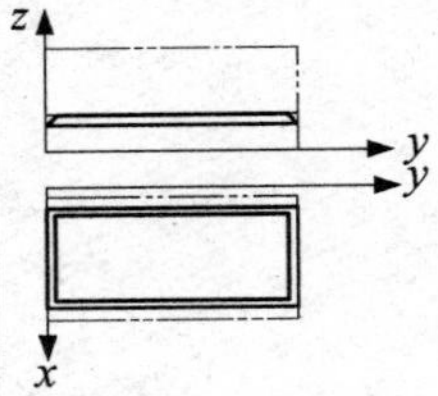
		限制自由度	$\vec{x}$、$\hat{z}$	$\vec{z}$、$\hat{x}$、$\hat{y}$	$\vec{z}$、$\hat{x}$、$\hat{y}$
孔	圆柱销	定位情况	短圆柱销	长圆柱销	两段短圆柱销
		图示	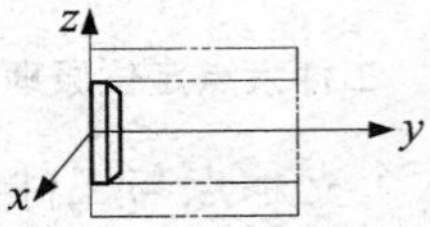	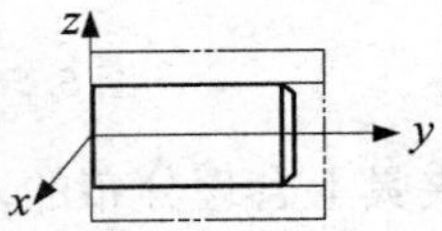	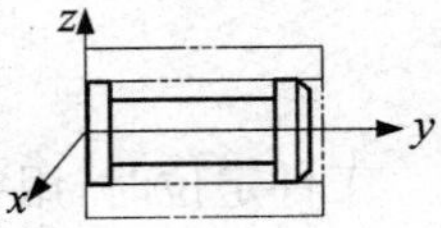
		限制自由度	$\vec{x}$、$\vec{z}$	$\vec{x}$、$\vec{z}$、$\hat{x}$、$\hat{z}$	$\vec{x}$、$\vec{z}$、$\hat{x}$、$\hat{z}$
	圆锥销	定位情况	固定锥销	浮动锥销	固定锥销与浮动锥销组合
		图示	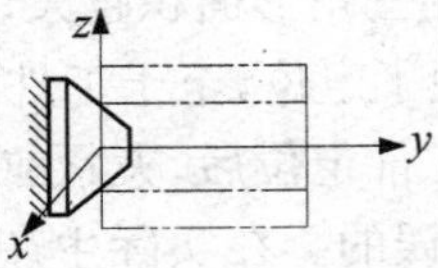	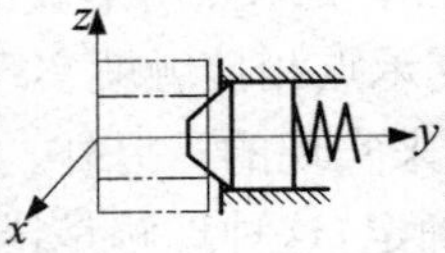	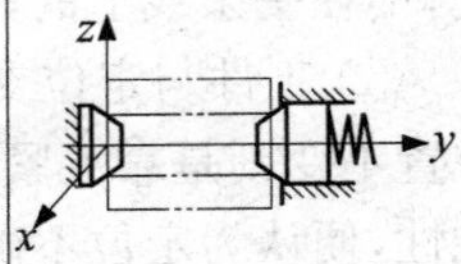
		限制自由度	$\vec{x}$、$\vec{y}$、$\vec{z}$	$\vec{x}$、$\vec{z}$	$\vec{x}$、$\vec{y}$、$\vec{z}$、$\hat{x}$、$\hat{z}$

工件的定位面		夹具的定位元件			
孔	心轴	定位情况	长圆柱心轴	短圆柱心轴	小锥度心轴
		图示	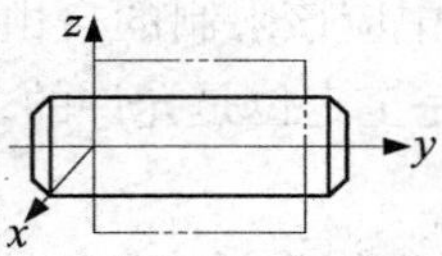	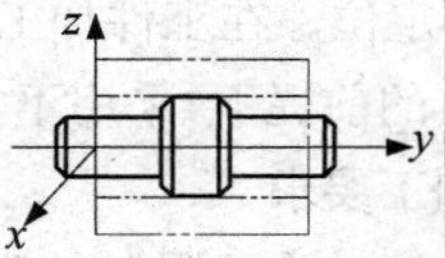	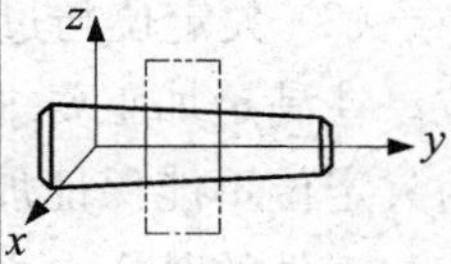
		限制自由度	$\vec{x}$、$\vec{z}$、$\hat{x}$、$\hat{z}$	$\vec{x}$、$\vec{z}$	$\vec{x}$、$\vec{z}$
外圆柱面	V形块	定位情况	一块短V形块	两块短V形块	一块长V形块
		图示	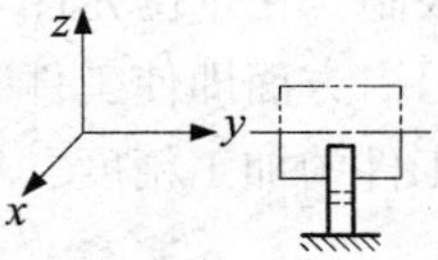	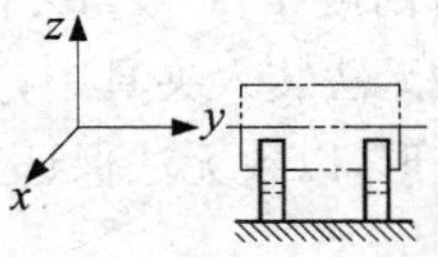	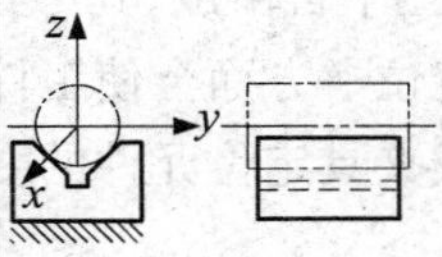
		限制自由度	$\vec{x}$、$\vec{z}$	$\vec{x}$、$\vec{z}$、$\hat{x}$、$\hat{z}$	$\vec{y}$、$\vec{z}$、$\hat{y}$、$\hat{z}$
	定位套	定位情况	一个短定位套	两个短定位套	一个长定位套
		图示	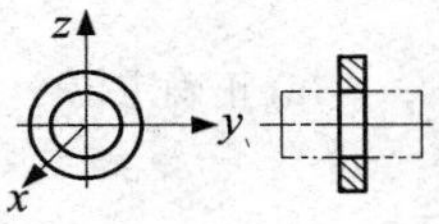	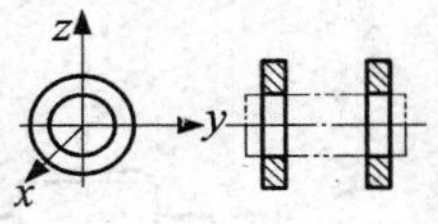	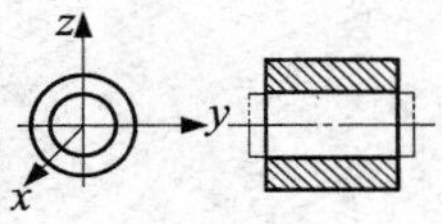
		限制自由度	$\vec{y}$、$\vec{z}$	$\vec{y}$、$\vec{z}$、$\hat{y}$、$\hat{z}$	$\vec{y}$、$\vec{z}$、$\hat{y}$、$\hat{z}$
圆锥面	锥顶尖及锥度心轴	定位情况	固定顶尖	浮动顶尖	锥度心轴
		图示	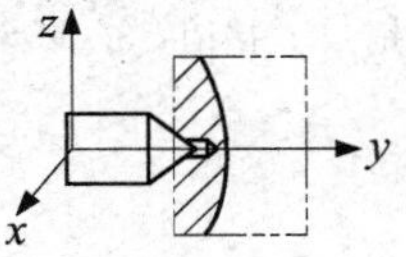	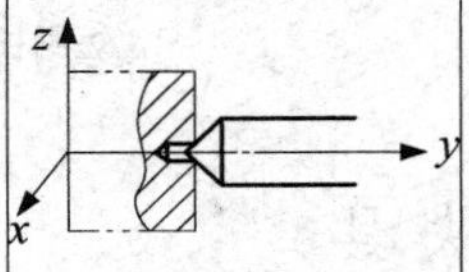	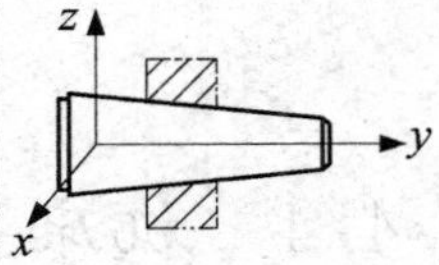
		限制自由度	$\vec{x}$、$\vec{y}$、$\vec{z}$	$\vec{x}$、$\vec{z}$	$\vec{x}$、$\vec{y}$、$\vec{z}$、$\hat{x}$、$\hat{z}$

2. 工件自由度的限制

工件定位时,影响加工精度要求的自由度必须限制,不影响加工精度要求的自由度可限制也可不限制,具体视加工情况而定。因此按照工件加工要求确定工件必须限制的自由度数是工件定位中首要解决的问题。

(1) 完全定位与不完全定位。加工时工件的六个自由度被完全限制的定位称为完全定位。但生产中并不是所有工序都需要采用完全定位的方式,究竟应该限制几个自由度和哪几个自由度,应由工件的加工要求来决定。

工件的六个自由度没有被完全限制的现象便称为不完全定位。例如:在一个长轴上铣一个两头不通的键槽,加工要求除了键槽本身的宽度、深度和长度外,还需保证槽距轴端的尺寸及槽对外圆轴线的对称度,此时除绕工件轴线转动的自由度不需限制外,其余五个自由度均需限制;再如:在平面磨床上磨削平板形零件的平面也是一个不完全定位的例子。

(2) 欠定位与过定位。在工件加工中应该限制的自由度而没有被限制的现象称为欠定位。在满足加工要求的前提下,采用不完全定位是允许的。但是欠定位是绝对不允许的,因为欠定位不能保证加工要求。

工件的某个自由度被重复限制的现象称为过定位。图 5.51 所示为加工连杆小头孔时的定位方式。图 5.51(a)所示为正确定位,图中短圆柱销 1 限制了 $\vec{x}$、$\vec{y}$ 两个移动自由度,支承面 3 限制了 $\hat{x}$、$\hat{y}$、$\vec{z}$ 三个自由度,挡销 2 限制了 $\vec{z}$ 自由度,这是一个完全定位;图 5.51(b)所示为过定位,因为长圆柱销限制了工件 $\vec{x}$、$\vec{y}$、$\hat{x}$、$\hat{y}$ 四个自由度,而支承面限制了工件 $\vec{z}$、$\hat{x}$、$\hat{y}$ 三个自由度,其中自由度 $\hat{x}$、$\hat{y}$ 被重复限制。在定位元件与工件制造精度不高的情况下,过定位一方面会使工件无法装入夹具中,另一方面即使工件装在夹具上,夹紧时也会引起工件或夹具定位元件的变形,以致无法保证工件的加工精度。

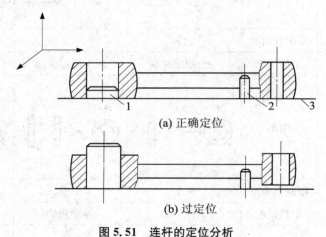

图 5.51 连杆的定位分析
1. 短圆柱销 2. 挡销 3. 支承面

5.4.4 机床夹具

机床夹具是一种工艺装备,其主要功能是完成工件的定位与夹紧。

5.4.4.1 机床夹具的组成

(1) 定位元件。由于夹具的首要任务是对工件进行定位和夹紧,因此无论何种夹具都必须有用以确定工件正确加工位置的定位元件。图 5.52 所示为钻盖板上 $9 \times \phi 5$ mm 孔的专用夹具,夹具上的圆柱销 4、菱形销 7 和挡销 6 都是定位元件,它们使工件和钻模板在夹具中占据了正确的加工位置。

(2) 夹紧装置。夹紧装置的作用是将工件在夹具中压紧夹牢,保证工件在加工过程中受到外力作用时,其正确的定位位置保持不变。图 5.52 所示的夹具就利用压板、螺栓、螺母将工件压紧在夹具体上,它们构成了夹紧装置。

（3）夹具体。夹具上的所有组成部分都需要通过一个基础件使其联结成为一个整体，这个基础件称为夹具体，如图 5.52 中的件 5。

4. 其他装置或元件

除了定位元件、夹紧装置和夹具体外，各种夹具还根据需要设置一些其他装置或元件，如分度装置、引导装置、对刀元件等。图 5.52 中的钻套 2 和钻模板 1 就是为了引导钻头而设置的引导装置。

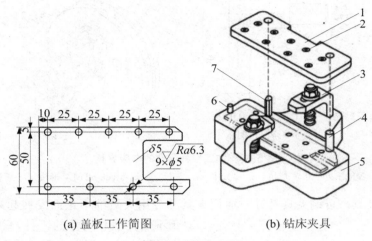

(a) 盖板工作简图　　　　　　(b) 钻床夹具

图 5.52　钻床夹具

1. 钻模板　2. 钻套　3. 压板　4. 圆柱销　5. 夹具体　6. 挡销　7. 菱形销

5.4.4.2　机床夹具的作用

（1）保证工件的加工精度。采用夹具后，工件各有关表面的相互位置精度是由夹具来保证的，比画线找正所达到的精度高很多，并且质量稳定。

（2）提高劳动生产率。采用夹具后，能使工件迅速地定位和夹紧，不仅省去了画线找正所花费的大量时间，而且简化了工件的安装工作，显著地提高了劳动生产率。

（3）改善工人劳动条件，保障生产安全。用夹具装夹工件方便、省力、安全。用气动、液动等夹紧装置可大大减轻工人的劳动强度。夹具在设计时采取了安全保证措施，用以保证操作者的人身安全。

（4）降低生产成本。在批量生产中使用夹具时，劳动生产率提高，并且允许使用技术等级较低的工人操作，可显著地降低生产成本。

（5）扩大机床工艺范围。采用夹具可使本来不能在某些机床上加工的工件变为可能，以减轻生产条件受限的压力。如图 5.53(a)中所示的异形杠杆零件，如果不采用专用夹具，$\phi10h7$ 孔在车床上将无法加工。现采用图 5.53(b)所示的专用夹具，工件以 $\phi20h7$ 外圆为定位基准面，在 V 形块 2 上定位，用可调 V 形块 6 作辅助支承，采用铰链压板 1 和两个螺钉 5 夹紧，满足尺寸 50 mm±0.01 mm 和平行度公差的要求。

5.4.4.3　机床夹具的分类

1. 按夹具的通用特性分类

（1）通用夹具。通用夹具是指结构、尺寸已规格化，具有一定通用性的夹具，如三爪卡盘、四爪卡盘、平口虎钳、万能分度头、顶尖、中心架、电磁吸盘等。这类夹具由专门生产厂家生产和供应,其特点是使用方便、通用性强,但加工精度不高、生产率较低,且难以装夹形状复杂的工件,仅适用于单件小批生产。

(2)专用夹具。专用夹具是针对某一工件某一工序的加工要求专门设计和制造的夹具。其特点是针对性很强,没有通用性。在批量较大的生产和形状复杂、精度要求高的工件加工中,常用各种专用夹具,可获得较高的生产率和加工精度。

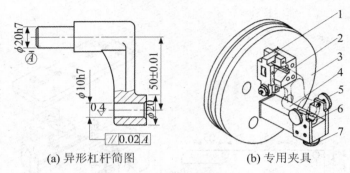

(a) 异形杠杆简图　　　　(b) 专用夹具

图 5.53　加工杠杆零件的车床夹具
1. 铰链压板　2. V 形块　3. 夹具体　4. 支架　5. 螺钉　6. 可调 V 形块　7. 螺杆

(3)可调夹具。可调夹具是针对通用夹具和专用夹具的不足而发展起来的一类夹具。对于不同类型和尺寸的工件,只需调整或更换原来夹具上的个别定位元件和夹紧元件便可使用。它一般又分为通用可调和成组夹具两种。图 5.54 所示为生产系列化产品所用的铣削轴端部台肩的夹具。台肩尺寸相同但长度规格不同的削轴可用一个可调夹具加工。

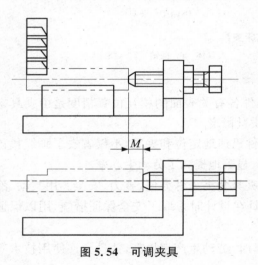

图 5.54　可调夹具

(4)组合夹具。组合夹具是一种模块化的夹具。标准的模块化元件具有较高的精度和耐磨性,可组装成各种夹具,夹具使用完后即可拆卸,留待组装新的夹具。图 5.55 所示为车削管状工件的组合夹具,组装时选用 90°圆形基础板 1 为夹具体,以长形、圆形支承 4、6、9 和直角槽方支承 2、简式方支承 5 等组合成夹具的支架。

工件在支承 9、10 和 V 形支承 8 上定位,用螺钉 3、11 夹紧,各主要元件由平键和槽通过方头螺钉紧固连接成一体。

2. 按夹具的使用机床分类

这是专用夹具设计所用的分类方法,如在车床、铣床、钻床、镗床等机床上使用的夹具就称为车床夹具、铣床夹具、钻床夹具、镗床夹具等。

3. 按夹具的动力源分类

按夹具所使用的动力源可分为手动夹具、气动夹具、液动夹具、气液夹具、电动夹具、电磁夹具等。

使用普通机床加工零件

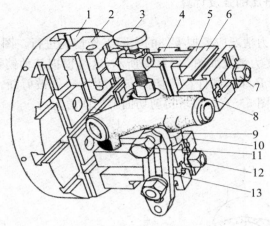

图 5.55　组合夹具

1. 90°圆形基础板　2. 直角槽方支承　3、11. 螺钉

4、6、9、10. 长、圆形支承　5. 筒式方支承　7、12. 螺母　8. V形支承　13.连接板

5.4.5　材料剪切与挤压受力分析

5.4.5.1　剪切的概念

在工程实际中,经常遇到剪切问题。剪切变形的主要受力特点是构件受到与其轴线相垂直的大小相等、方向相反、作用线相距很近的一对外力的作用,如图 5.56(a)所示。此时构件的变形主要表现为沿着与外力作用线平行的剪切面(m-n 面)发生相对错动,如图 5.56(b)所示。

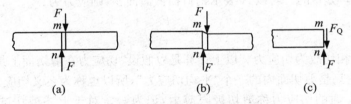

图 5.56　单剪切示意图

工程中的一些连接件,如键、销钉、螺栓及铆钉等,都是主要承受剪切作用的构件。构件剪切面上的内力可用截面法求得。将构件沿剪切面 m-n 假想地截开,保留一部分考虑其平衡。例如:由左部分的平衡可知剪切面上必有与外力平行且与横截面相切的内力 F_Q 的作用,如图 5.56(c)所示,F_Q 称为剪力。根据平衡方程 $\sum Y = 0$,可求得 $F_Q = F$。

受剪切破坏时,构件将沿剪切面[如图 5.56(a)所示的 m-n 面]被剪断。只有一个剪切面的情况称为单剪切,如图 5.56 所示。

受剪构件除了承受剪切外,往往同时伴随着挤压、弯曲和拉伸等作用。在图 5.56 中没有完全给出构件所受的外力和剪切面上的全部内力,而只是给出了主要的受力和内力。实际受力和变形比较复杂,因而对这类构件的工作应力进行理论上的精确分析是困难的。工程中对这类构件的强度一般采用在试验和经验基础上建立起来的比较简便的方法计算,称为剪切的实用计算或工程计算。

5.4.5.2 剪切和挤压的强度计算

1. 剪切强度计算

剪切试验试件的受力情况应模拟零件的实际工作情况进行。图 5.57(a)为一种剪切试验装置的简图,试件的受力情况如图 5.57(b)所示,这是模拟某种销钉连接的工作情形。当载荷 F 增大至破坏载荷 F_b 时,试件在剪切面 m-m 及 n-n 处被剪断。这种具有两个剪切面的情况称为双剪切。由图 5.57(c)可求得剪切面上的剪力为

$$F_Q = \frac{F}{2}$$

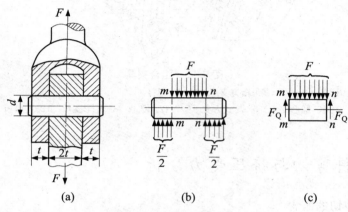

图 5.57 双剪切示意图

由于受剪构件的变形及受力比较复杂,剪切面上的应力分布规律很难用理论方法确定,所以工程上一般采用实用计算方法来计算受剪构件的应力。在这种计算方法中,假设应力在剪切面内是均匀分布的。若以 A 表示销钉横截面面积,则应力为

$$\tau = \frac{F_Q}{A} \tag{5.1}$$

式中,τ 与剪切面相切故为切应力。以上计算是以假设"切应力在剪切面上是均匀分布的"为基础的,实际上它只是剪切面内的一个"平均切应力",所以也称为名义切应力。

当 F 达到 F_b 时的切应力称剪切极限应力,记为 τ_b。对于上述剪切试验,剪切极限应力为

$$\tau_b = \frac{F_b}{2A}$$

将 τ_b 除以安全系数 n,即得到许用切应力

$$[\tau] = \frac{\tau_b}{n}$$

这样,剪切计算的强度条件可表示为

$$\tau = \frac{F_Q}{A} \leqslant [\tau] \tag{5.2}$$

2. 挤压强度计算

一般情况下,连接件在承受剪切作用的同时,在连接件与被连接件之间传递压力的接触面上还发生局部受压的现象,称为挤压,挤压力以 F_{bs} 表示。当挤压力超过一定限度时,连接件或被连接件在挤压面附近产生明显的塑性变形,称为挤压破坏。在某些情况下,构件在剪

切破坏之前可能首先发生挤压破坏,所以需要建立挤压强度条件。图 5.57(a)中销钉与被连接件的实际挤压面为半个圆柱面,其上的挤压应力也不是均匀分布的,销钉与被连接件的挤压应力的分布情况在弹性范围内,如图 5.58(a)所示。

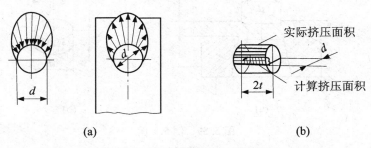

图 5.58 挤压示意图与挤压面积

与上述解决抗剪强度的计算方法类同,按构件的名义挤压应力建立挤压强度条件

$$\sigma_{bs} = \frac{F_{bs}}{A_{bs}} \leqslant [\sigma_{bs}] \tag{5.3}$$

式中:A_{bs} 为挤压面积,等于实际挤压面的投影面(直径平面)的面积,如图 5.58(b)所示;σ_{bs} 为挤压应力,$[\sigma_{bs}]$ 为许用挤压应力。

由图 5.58(b)可见,在销钉中部 m-n 段,挤压力 F_{bs} 等于 F,挤压面积 A_{bs} 等于 $2td$;在销钉端部两段,挤压力均为 $F/2$,挤压面积为 td。

许用应力值通常可根据材料、连接方式和载荷情况等实际工作条件在有关设计规范中查得。一般地,许用切应力 $[\tau]$ 要比同样材料的许用拉应力 $[\sigma]$ 小,而许用挤压应力则比 $[\sigma]$ 大。

对于塑性材料:

$$[\tau] = (0.6 \sim 0.8)[\sigma]$$
$$[\sigma_{bs}] = (1.5 \sim 2.5)[\sigma]$$

对于脆性材料:

$$[\tau] = (0.8 \sim 1.0)[\sigma]$$
$$[\sigma_{bs}] = (0.9 \sim 1.5)[\sigma]$$

本章所讨论的剪切与挤压的实用计算与其他章节的一般分析方法不同。由于剪切和挤压问题的复杂性,很难得出与实际情况相符的理论分析结果,所以工程中主要采用以实验为基础建立起来的实用计算方法。

例 5.1 图 5.59 中,已知钢板厚度 $t = 10$ mm,其剪切极限应力 $\tau_b = 300$ MPa。若用冲床将钢板冲出直径 $d = 25$ mm 的孔,问需要多大的冲剪力 F?

解 剪切面就是钢板内被冲头冲出的圆柱体的侧面,如图 5.59(b)所示。其面积为

$$A = \pi dt = \pi \times 25 \times 10 = 785 (\text{mm}^2)$$

冲孔所需的冲力应为

$$F \geqslant A\tau_b = 785 \times 10^{-6} \times 300 \times 10^6 \text{N} = 236 \text{ kN}$$

例 5.2 图 5.60(a)表示齿轮用平键与轴连接(图中只画出了轴与键,没有画齿轮)。已知轴的直径 $d = 70$ mm,键的尺寸为 $b \times h \times l = 20$ mm $\times$ 12 mm $\times$ 100 mm,传递的扭转力偶矩 $T_e = 2$ kN·m,键的许用应力 $[\tau] = 60$ MPa,$[\sigma_{bs}] = 100$ MPa。试校核键的强度。

解 (1)首先校核键的剪切强度。将键沿 n-n 截面假想地分成两部分,并把 n-n 截面以

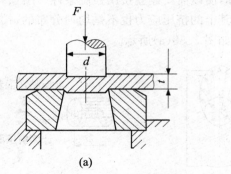

(a)　　　　　　　　(b)

图 5.59　例 5.1 图

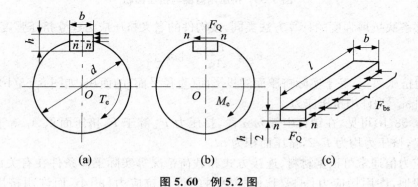

(a)　　　　　　(b)　　　　　　(c)

图 5.60　例 5.2 图

下部分和轴作为一个整体来考虑[图 5.60(b)]。因为假设在 n-n 截面上的切应力均匀分布，故 n-n 截面上剪力 F_Q 为

$$F_Q = A\tau = bl\tau$$

对轴心取矩，由平衡条件 $\sum M_O = 0$，得

$$F_Q \frac{d}{2} = bl\tau \frac{d}{2} = T_e$$

故

$$\tau = \frac{2T_e}{bld} = \frac{2 \times 2 \times 10^3}{20 \times 100 \times 90 \times 10^{-9}} \, \text{Pa} = 22.2 \, \text{MPa} < [\tau]$$

可见该键满足剪切强度条件。

（2）其次校核键的挤压强度。考虑键在 n-n 截面以上部分的平衡[图 5.60(c)]，在 n-n 截面上的剪力为 $F_Q = bl\tau$，右侧面上的挤压力为

$$F_{bs} = A_{bs}\sigma_{bs} = \frac{h}{2}l\sigma_{bs}$$

由水平方向的平衡条件得

$$F_Q = F_{bs} \quad \text{或} \quad bl\tau = \frac{h}{2}l\sigma_{bs}$$

由此求得

$$\sigma_{bs} = \frac{2b\tau}{h} = \frac{2 \times 20 \times 22.2}{12} = 74(\text{MPa}) < [\sigma_{bs}]$$

故平键也符合挤压强度要求。

例 5.3 电瓶车挂钩用插销连接,如图 5.61(a)所示。已知 $t=8$ mm,插销材料的许用切应力$[\tau]=30$ MPa,许用挤压应力$[\sigma_{bs}]=100$ MPa,牵引力 $F=15$ kN。试选定插销的直径 d。

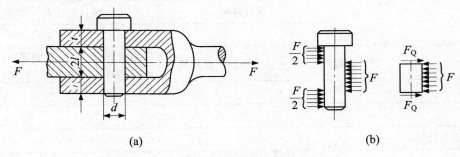

(a)   (b)

图 5.62   例 5.3 图

解 插销的受力情况如图 5.62(b),可以求得

$$F_Q = \frac{F}{2} = \frac{15}{2} = 7.5(\text{kN})$$

先按抗剪强度条件进行设计:

$$A \geqslant \frac{F_Q}{[\tau]} = \frac{7\,500}{30 \times 10^6} = 2.5 \times 10^{-4}(\text{m}^2)$$

即

$$\frac{\pi d^2}{4} \geqslant 2.5 \times 10^{-4} \text{ m}^2$$

$$d \geqslant 0.0178 \text{ m} = 17.8 \text{ mm}$$

再用挤压强度条件进行校核:

$$\sigma_{bs} = \frac{F_{bs}}{A_{bs}} = \frac{F}{2td} = \frac{15 \times 10^3}{2 \times 8 \times 17.8 \times 10^{-6}} \text{ Pa} = 52.7 \text{ MPa} < [\sigma_{bs}]$$

所以挤压强度条件也是足够的。查机械设计手册,最后采用 $d=20$ mm 的标准圆柱销钉。

5.5 学 习 评 价

学生项目学习评价表

项目评价表	教学情境		总 分	
	项目名称		项目执行人	
	评分内容	总分值	自我评分 (30%)	教师评分 (70%)
咨询:		10		

项目评价表	教学情境		总　分	
	项目名称		项目执行人	

评分内容	总分值	自我评分 （30%）	教师评分 （70%）
决策与计划：	10		
实施：	45		
检测：	20		
评估：	15		
本项目收获：			
有待改进之处：			
改进方法：			
总分	100		

教师评语：

被评估者签名	日期	教师签名	日期

5.6　考　工　要　点

本项目内容占中级车工考工内容的比例约为 15%。

使用普通机床加工零件

1. 考工应知知识点

车床的结构;车刀的几何角度;轴类零件的装夹方法;外圆加工产生废品的原因;积屑瘤的形成及对加工过程的影响;切屑的种类;影响切削力的因素;影响切削热的因素;刀具的磨损形式及影响刀具耐用度的因素。

2. 考工应会技能点

车床的操作;轴类零件的装夹方法;刀具的装夹;外圆的加工方法;端面的加工方法;车削加工安全文明生产等。

项目 6　沟槽的铣削加工

在机械加工中,阶梯、直角沟槽的铣削技术是生产各种零件的重要基础技术。由于这些部件主要应用在配合、定位、支撑与传动等场合,故在尺寸精度、形状和位置精度、表面粗糙度等方面都有着较高的要求。通过本项目的学习,学生可以掌握阶梯、沟槽的铣削工艺与加工、检测方法,并能够对零件的加工质量进行分析。

学习目标

1. 熟练掌握阶梯、直角沟槽的铣削工艺和加工步骤;
2. 正确选择、安装三面刃铣刀;
3. 掌握铣削阶梯时对刀调整的方法;
4. 掌握直角沟槽的检测方法及质量分析;
5. 掌握铣削加工的分度方法;
6. 掌握零件的加工质量分析方法;
7. 掌握加工误差分析方法;
8. 掌握材料弯曲受力的相关知识。

6.1　项　目　描　述

给定尺寸为 $\phi60\ mm \times 30\ mm$ 的铝棒毛坯件,按图 6.1 所示的图纸要求加工出合格零件。

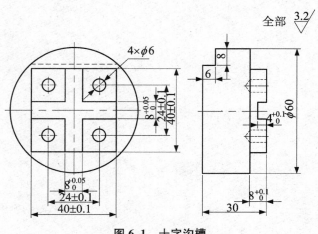

图 6.1　十字沟槽

6.1.1　零件结构和技术要求分析

由于阶梯和沟槽一般要与其他的零件相互配合,所以对它们的尺寸公差特别是配合面的尺寸公差要求都会相对较高。如图 6.1 所示,阶梯的宽度尺寸 40 mm 以及孔距尺寸 20 mm 的公差都是 0.2 mm,而槽深 4 mm 的公差是 0.1 mm,槽宽 8 mm 的公差是 0.05 mm,精度进一步提高。对零件之间配合的两接触面的表面粗糙度要求也较高,其表面粗糙度值一般应不大于 $Ra3.2\ \mu\mathrm{m}$。

6.1.2　加工工艺

十字沟槽零件的加工工艺如表 6.1 所示。

表 6.1　十字沟槽零件的加工工艺

序号	工序名称	工序内容	测量与加工使用工具	备注
1	铣削装夹面	使用平口虎钳夹持棒料两端面,铣削装夹面(尺寸:深度 8 mm,宽度 6 mm)	平口钳、ϕ16 mm 立铣刀	
2	铣削上表面	利用装夹面在虎钳上装夹工件,调整铣刀位置,铣削工件上表面至达到表面粗糙度要求	平口钳、端面铣刀	
3	铣削阶台面	通过左右两侧对刀,工作台左右移动铣削工件左右两侧,保证左右方向尺寸 40 mm ±0.1 mm;前后方向上,采用相同的方法,保证前后方向尺寸 40 mm ±0.1 mm	平口钳、ϕ16 mm 立铣刀、游标卡尺	
4	铣削十字槽	通过阶梯左侧对刀,调整刀具高度,铣削纵向沟槽至槽宽 $8^{+0.05}_{0}$ mm、槽深 $4^{+0.1}_{0}$ mm;通过阶梯前侧对刀,调整刀具高度,铣削横向沟槽至槽宽 $8^{+0.05}_{0}$ mm、槽深 $4^{+0.1}_{0}$ mm	平口钳、键槽铣刀、深度游标卡尺、塞规	
5	画线	画线确定孔位后用中心钻引钻	滑针、中心钻	
6	钻孔	钻头钻孔,孔深 8 mm	ϕ6 mm 麻花钻	

6.1.3　工具、量具及设备的使用

6.1.3.1　深度游标卡尺

深度游标卡尺属于游标卡尺类的一种,是一种用游标读数的深度量尺,主要用于测量凹槽或孔的深度,梯形工件的梯层高度、长度等。深度游标卡尺的常见量程有 0～100 mm、0～150 mm、0～300 mm、0～500 mm 等,常见精度有 0.02 mm 和 0.01 mm(由游标上分度格数决定)。

深度游标卡尺的结构如图 6.2 所示,它的结构特点是尺框 3 的两个量爪连成一个带游标测量的基座 1,基座的端面和尺身 4 的端面就是它的两个测量面。测量内孔深度时应把基座的端面紧靠在被测孔的端面上,使尺身与被测孔的中心线平行,伸入尺身,则尺身端面至基座端面之间的距离就是被测零件的深度尺寸。它的读数方法和游标卡尺完全一样。

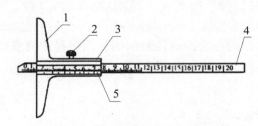

图 6.2　深度游标卡尺的结构
1. 测量基座　2. 紧固螺钉　3. 尺框　4. 尺身　5. 游标

　　测量时,先把测量基座轻轻压在工件的基准面上,两个端面必须接触工件的基准面,如图 6.3(a)所示。测量轴类等阶梯时,测量基座的端面一定要压紧在基准面,如图 6.3(b)和(c)所示,再移动尺身,直到尺身的端面接触到工件的量面(阶梯面),然后用紧固螺钉固定尺框,提起卡尺,读出深度尺寸。多阶梯小直径的内孔深度测量,要注意尺身的端面是否在要测量的阶梯上,如图 6.3(d)所示。当基准面是曲线时,如图 6.3(e)所示,测量基座的端面必须放在曲线的最高点上,这样测量出的深度尺寸才是工件的实际尺寸;否则会出现测量误差。

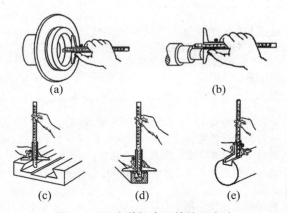

图 6.3　深度游标卡尺的使用方法

6.1.3.2　极限量规

　　极限量规是按被测工件的极限尺寸设计制造的,是具有固定尺寸的专用量具。因此不能测得工件实际尺寸的大小,而只能确定被测工件尺寸是否在规定的极限尺寸范围内,以此来判定工件尺寸是否合格。极限量规结构简单,使用快捷,适于在成批和大量生产中使用。

　　极限量规分为孔用极限量规(又称为塞规)和轴用极限量规(又称为卡规)。塞规用来检测工件内径和槽宽等内尺寸,卡规用来检测工件外径、长度、宽度和高度等外尺寸。

　　1. 塞规

　　常用塞规如图 6.4 所示。在每个塞规上都制作两个测量面,即通端和止端。塞规的通端是按照被测工件尺寸的最小极限尺寸制造的,而止端是按照被测工件尺寸的最大极限尺寸制造的,所以工件的合格尺寸介于通端和止端之间。在测量中,若通端在被测量处能通过而止端不能通过,则被测量零件为合格;若通端不能通过,说明被测量处还有加工余量;用止端测量如果能顺利通过,则说明加工过量,被加工工件已成为废品。

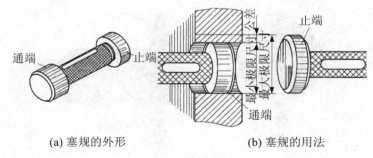

(a) 塞规的外形　　　　　　　　(b) 塞规的用法

图 6.4　塞规

2. 卡规

常用卡规如图 6.5 所示,卡规同样有通端和止端两个测量面。卡规的通端是按照被测量工件尺寸的最大极限制造的,止端是按照工件尺寸的最小极限制造的。因此工件的合格尺寸介于通端与止端之间。当通端在被测量处能通过而止端不能通过时,则被测量工件合格;若在测量中都不能通过,说明工件还有一定的加工余量;若都能通过,说明工件尺寸过小,此时工件成为废品。

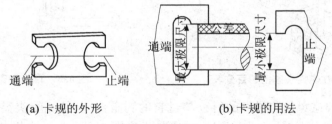

(a) 卡规的外形　　　　　　　　(b) 卡规的用法

图 6.5　卡规

使用极限量规时,应凭量规本身的质量让其滑入。在水平位置测量时,要顺着工件的轴线把量规轻轻地送入,切不可用力推置或加力旋转。

6.1.3.3　百分表

百分表是一种精度较高的比较量具,它只能测出相对数值,不能测出绝对数值,主要用于测量形状和位置误差,也可用于在机床上安装工件时的精密找正。普通百分表的精度为 0.01 mm。百分表的结构原理如图 6.6 所示。当测量杆 1 向上或向下移动 1 mm 时,通过齿轮传动系统和弹簧带动大指针 5 转一圈,小指针 7 转一格。刻度盘的圆周有 100 个等分格,每格的读数值为 0.01 mm。小指针每格读数为 1 mm。测量时指针读数的变动量即为尺寸变化量。刻度盘可以转动,以便测量时大指针对准零刻线。

百分表的读数方法为:先读小指针转过的刻度线(即毫米整数),再读出大指针转过的刻度线读数(即小数部分读数)并将其乘以 0.01,然后两者相加,即得到所测量的数值。

目前,国产百分表的测量范围(即测量杆的最大移动量)有 0～3 mm,0～5 mm,0～10 mm 三种。

使用百分表和找正零件时,必须注意以下几点:

（1）使用百分表时，必须将其固定在磁性表座上（图6.7）并安放平稳，避免使测量结果不准确或摔坏百分表。用夹持百分表的套筒来固定百分表时，夹紧力不要过大，以免因套筒变形而使测量杆活动不灵活。

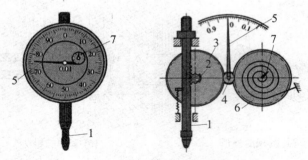

图6.6　百分表及传动原理

1. 测量杆　2、3、4、6. 齿轮　5. 大指针　6. 小指针

（2）用百分表测量零件时，测量杆必须垂直于被测量表面，如图6.8所示；否则即使测量杆的轴线与被测量尺寸的方向一致，也将使测量杆活动不灵活或使测量结果不准确。

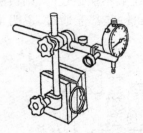

图6.7　安装在磁性表座上的百分表

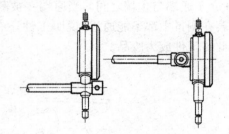

图6.8　百分表安装方法

（3）测量时，要避免使测量杆的行程超过它的测量范围、使测量头突然撞在零件上、使百分表和千分表受到剧烈的振动和撞击、将零件强迫推入测量头下这几点；否则会损坏百分表的机构而使其失去精度。

（4）用百分表校正或测量零件时，应当使测量杆有一定的初始测力，如图6.9所示，即在测量头与零件表面接触时，测量杆应有$0.5\sim1$ mm的压缩量，使指针转过半圈左右，然后转动表圈，使表盘的零位刻线对准指针。轻轻地拉动手提测量杆的圆头，拉起和放松几次，检测指针所指的零位有无改变。当指针的零位稳定后，再开始测量或校正零件的工作。

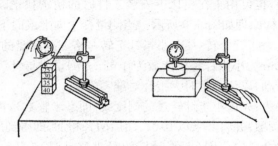

图6.9　百分表尺寸校正

6.2 技 能 训 练

6.2.1 阶梯的铣削

零件上的阶梯通常可在卧式铣床上采用一把三面刃铣刀或组合三面刃铣刀铣削,或在立式铣床上采用面铣刀和不同刃数的立铣刀铣削。

6.2.1.1 三面刃铣刀铣削阶梯

图 6.10 所示为三面刃铣刀铣削阶梯,这种方法适宜加工阶梯面较小的零件,采用这种方法时应注意以下两方面:

(1) 校正铣床工作台零位。在用盘形铣刀加工阶梯时,若工作台零位不准,铣出的阶梯两侧将呈凹弧形曲面,且上窄下宽,使尺寸和形状不准,如图 6.11 所示。

(2) 校正机用虎钳。机用虎钳的固定钳口一定要校正到与进给方向平行或垂直;否则加工出的阶梯将与工件侧面不垂直,如图 6.12 所示。

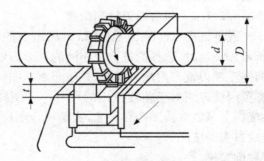

图 6.10　三面刃铣刀铣削阶梯

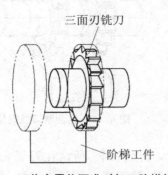

图 6.11　工作台零位不准对加工阶梯的影响

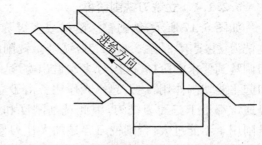

图 6.12　固定钳口方向对加工阶梯的影响

如图 6.13(a)所示,工件安装校正后,摇动各进给手柄,使铣刀擦着阶梯侧面的贴纸。然后降落垂直工作台,如图 6.13(b)所示。如图 6.13(c)所示,把横向工作台移动一个阶梯宽度的距离,并将其紧固。上升工作台,使铣刀周刃擦着工件上表面贴纸。摇动纵向工作台手柄,使铣刀退出工件。上升一个阶梯深度,摇动纵向工作台手柄,根据图纸要求,进行所需阶梯的铣削,如图 6.13(d)所示。铣出阶梯后,使工件与刀具完全分离。

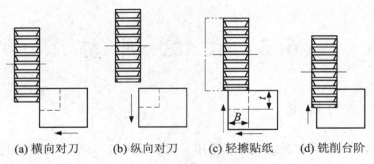

(a) 横向对刀　　　(b) 纵向对刀　　　(c) 轻擦贴纸　　　(d) 铣削台阶

图 6.13　阶梯的铣削方法

此外,也可在一侧的阶梯铣好后,将机用虎钳松开,再将工件调转 180°,重新夹紧后铣另一侧阶梯,这样能获得很高的对称度。但阶梯凸台的宽度 C 的尺寸受工件宽度尺寸精度的影响较大,如图 6.14 所示。

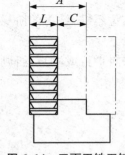

图 6.14　三面刃铣刀铣削双面阶梯

用三面刃铣刀铣削阶梯,三面刃铣刀的周刃起主要切削作用,而侧刃起修光作用。由于三面刃铣刀的直径较大,刀齿强度较高,便于排屑和冷却,能选择较大的切削用量,效率高,精度好,所以通常采用三面刃铣刀铣削阶梯。

6.2.1.2　组合铣刀铣削阶梯

成批铣削双面阶梯零件时,可用组合的三面刃铣刀,如图 6.15 所示。铣削时,选择两把直径相同的三面刃铣刀,用薄垫圈适当调整两把三面刃铣刀内侧刃间距,并使间距比图样要求的尺寸略大些,以避免因铣刀侧刃摆差使铣出的尺寸小于图样要求。静态调好之后,还应进行动态试铣,即在废料上试铣并检测凸台尺寸,直至符合图样尺寸要求。加工中还需经常抽检该尺寸,避免造成过多的废品。

6.2.1.3　用面铣刀铣削阶梯

对于宽度较宽而深度较浅的阶梯,常用面铣刀在立式铣床上加工,如图 6.16 所示。

6.2.1.4　立铣刀铣削阶梯

如图 6.17 所示,铣削较深阶梯或多级阶梯时,可用立铣刀(主要有 2 齿、3 齿、4 齿)铣削。铣削时,将立铣刀调整到要求的阶梯深度,分多次铣出宽度。立铣刀周刃起主要切削作用,端刃起修光作用。由于立铣刀的外

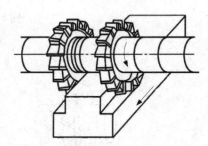

图 6.15　组合铣刀铣削阶梯

径通常都小于三面刃铣刀,因此铣削刚度和强度较差,铣削用量不能过大,否则铣刀容易加大让刀导致的变形,甚至折断。所谓让刀现象,就是在用立铣刀铣削过程中,当受到一个较大的切削抗力作用时,铣刀向一侧阶梯偏让,使铣出的阶梯深度尺寸不一致。铣刀直径越小而铣削深度越大时让刀越显著。

当阶梯的加工尺寸及余量较大时,可采用分段铣削,即先分层粗铣掉大部分余量,预留精加工余量,后精铣至最终尺寸。粗铣时,阶梯底面和侧面的精铣余量选择范围通常在 0.5～1.0 mm 之间;精铣时,应首先精铣底面至尺寸要求,后精铣侧面至尺寸要求,这样可以减小铣削力,从而减小夹具、工件、刀具的变形和振动,提高尺寸精度和表面粗糙度。

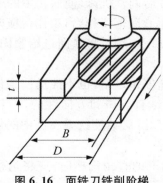

图 6.16 面铣刀铣削阶梯

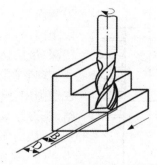

图 6.17 立铣刀铣削阶梯

6.2.2 直角沟槽的铣削

如图 6.18 所示,直角沟槽有敞开式、半封闭式和封闭式三种。敞开式直角沟槽通常用三面刃铣刀加工;封闭式直角沟槽一般采用立铣刀或键槽铣刀加工;半封闭直角沟槽则需根据封闭端的形式,采用不同的铣刀进行加工。

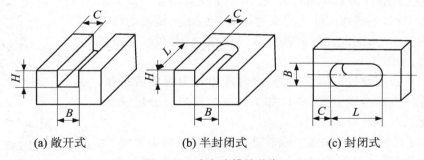

| (a) 敞开式 | (b) 半封闭式 | (c) 封闭式 |

图 6.18 直角沟槽的种类

6.2.2.1 敞开式直角沟槽的铣削

敞开式直角沟槽的铣削方法与铣削阶梯基本相同。三面刃铣刀特别适宜加工较窄和较深的敞开式直角沟槽。对于槽宽尺寸精度要求较高的沟槽,通常选择小于槽宽的铣刀,采用扩大法,分两次或两次以上铣削至尺寸要求。由于直角沟槽对尺寸精度和位置精度要求一般都比较高,因此在铣削过程中应注意以下几点:

(1) 铣刀的选择。三面刃铣刀的宽度 L 应等于或小于直角通槽的槽宽,且满足

$$D > d + 2t \tag{6.1}$$

式中:D 为铣刀直径(mm);d 为刀轴垫圈直径(mm);t 为阶梯的深度(mm)。

(2) 工件的装夹和找正。直角沟槽在工件上的位置大多都要求与工件两侧面平行,故中小型工件一般用机用平口虎钳装夹,大型工件则用压板直接装夹在工作台上。

(3) 常用的对刀方法有画线对刀和侧面对刀两种:

① 画线对刀。在工件的加工部位画出直角通槽的尺寸,装夹找正工件后,调整机床,使三面刃铣刀侧面刀刃对准工件上所画的宽度线,将横向进给紧固后分数次进给铣出直角沟槽。

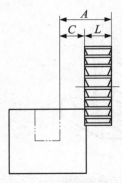

图 6.19　侧面对刀

② 侧面对刀。装夹找正工件后调整机床，使回转中的三面刃铣刀侧面刀刃轻擦工件侧面贴纸，垂直降落工作台，工作台横向移动一段距离 A，$A=L+C$，如图 6.19 所示；然后将横向进给紧固，调整刀槽深；最后铣出直角沟槽。

（4）在铣削过程中，不能中途停止进给，也不能退回工件。因为在铣削中，整个工艺系统的受力是有规律和方向性的，一旦停止进给，铣刀原来受到的铣削力发生变化，必然使铣刀在槽中的位置发生变化，从而使沟槽的尺寸发生变化。

（5）铣削与基准面呈倾斜角度的直角沟槽时，应将沟槽校正到与进给方向平行的位置再加工。

（6）宽度大于 25 mm 的直角通槽大都采用立铣刀或键槽刀铣削。

6.2.2.2　半封闭式、封闭式直角沟槽的铣削

半封闭式、封闭式直角沟槽一般都采用立铣刀或键槽铣刀来加工，如图 6.20 所示。加工时应注意以下几点：

（1）校正后的沟槽方向应与进给方向一致。

（2）立铣刀适宜加工两端封闭、底部穿通及对槽宽精度要求较低的直角沟槽，如各种压板上的穿通槽等。由于立铣刀的端面切削刃不通过中心，因此加工封闭式直角沟槽时，要在起刀位置预钻落刀孔，如图 6.21 所示。

立铣刀的强度及铣削刚度较差，容易产生让刀现象或折断，使槽壁在深度方向出现斜度，所以加工较深的槽时应分层铣削，进给量要比三面刃铣刀小一些。

（3）对于尺寸较小对槽宽要求较高及深度较浅的半封闭式、封闭式直角沟槽，可采用键槽铣刀加工。铣刀的强度、刚度都较差时，应考虑分层铣削。分层铣削时应在槽的一端吃刀，以减小接刀痕迹。

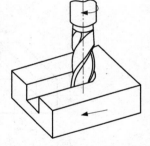

图 6.20　用立铣刀铣半通槽

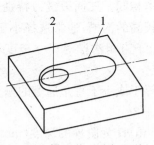
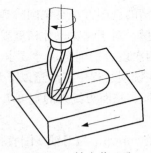

(a) 画出槽及落刀孔加工线　　　　　(b) 钻出落刀孔

图 6.21　用立铣刀铣削穿通封闭槽
1. 封闭槽加工线　2. 预钻落刀孔

（4）当采用自动进给功能进行铣削时，不能一直铣到头，必须预先停止，改用手动进给方式走刀，以免铣过有效尺寸，造成报废。

使用普通机床加工零件

6.2.3 沟槽的检测方法

6.2.3.1 尺寸精度的检测

直角沟槽的长度、宽度和深度使用游标卡尺、深度游标卡尺、千分尺测量,尺寸精度较高的槽宽可用极限量规(塞规)检测。

6.2.3.2 对称度的检测

直角沟槽的对称度可用游标卡尺、千分尺或杠杆百分表检测。用杠杆百分表检测对称度时,工件分别以侧面 A、B 为基准面,放在检测平板上,然后使表触头触到槽的侧面,移动工件检测,两次测量读数的最大差值即为对称度误差,如图 6.22 所示。

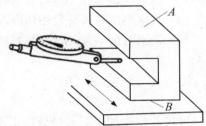

图 6.22 用杠杆指示表检测直角沟槽的对称度

6.2.3.3 表面粗糙度的检测

表面粗糙度的检测应注意选择相对应的对比样板,也可用粗糙度仪进行检测。如果知道具体的数值,则用粗糙度检测仪;如果只是大概地评判,就可以用粗糙度样板来对比。也可以用探针检测,也就是在金属表面取一定的距离(10 mm),用探针沿直线测其表面的凹凸深度,最后取平均值。

6.3 问 题 探 究

6.3.1 沟槽铣削的质量分析

直角沟槽铣削的质量主要指沟槽的尺寸、形状及位置精度。

6.3.1.1 影响尺寸精度的因素

用立铣刀和键槽铣刀采用"定尺寸刀具法"铣削沟槽时,铣刀的直径尺寸及其磨损、铣刀的圆柱度和铣刀的径向圆跳动等会产生以下影响:

(1) 三面刃铣刀的端面圆跳动太大,使槽宽尺寸铣大;径向圆跳动太大,使槽深铣深。

(2) 使用立铣刀或键槽铣刀铣沟槽时,产生让刀现象,或来回多次切削工件,将槽宽铣大。

(3) 测量不准或摇错刻度盘数值。

6.3.1.2 影响位置精度的因素

(1) 工作台零位不准使工作台纵向进给运动方向与铣床主轴轴线不垂直,用三面刃铣刀铣削时,将沟槽两侧面铣成弧形凹面,且上宽下窄(两侧面不平行)。

(2) 机用虎钳固定钳口未找正,使工件侧面(基准面)与进给运动方向不一致,铣出的沟槽歪斜(槽侧面与工件侧面不平行)。

(3) 选用的平行垫铁不平行,工件底面与工作台面不平行,铣出的沟槽底面与工件底面不平行,槽深不一致。

（4）对刀时，工作台横向位置调整不准；扩铣时将槽铣偏；测量时，尺寸测量不准确，按测量值调整铣削使槽铣偏；铣削时，由于铣刀两侧受力不均（如两侧切削刃锋利程度不等）或单侧受力，铣床主轴轴承的轴向间隙较大；铣刀刚性不够，使得铣刀向一侧偏让等。

6.3.1.3 影响形状精度的因素

用立铣刀和键槽铣刀铣削沟槽时，影响形状精度的主要因素是铣刀的圆柱度。

6.3.1.4 影响表面粗糙度的因素

（1）铣刀磨损变钝。

（2）铣刀摆差大。

（3）铣削用量选择不当，尤其是进给量过大。

（4）铣削钢件时没有使用切削液或切削液使用不当。

（5）铣削时振动大，未使用的进给机构没有紧固，工作台产生窜动现象。

6.3.2 分度方法

分度是根据加工需要将被加工工件分成若干等份，或者将主轴扳成与基面在一定范围内成某一角度的一种方法，如加工齿轮、离合器、凸轮、花键轴、四角形和六角形等零件时，都需要分度。

分度头是机械加工中广泛使用的分度工具，其种类较多，有直接分度头、简单分度头和万能分度头等。按是否具有差动挂轮装置，分度头可分为万能型（FW 型）和半万能型（FB型）两种。其中万能分度头使用最为广泛。

6.3.2.1 万能分度头概述

作为铣床上的重要附件和夹具，分度头在铣削加工中得到了广泛的应用。

1. 万能分度头的作用

万能分度头一般安装在铣床的工作台上，被加工工件支承在分度头主轴顶尖与尾座之间或夹持在卡盘上。万能分度头可以完成下列工作：

（1）使工件周期地绕自身轴线回转一定角度，完成等分或不等分的圆周分度工作，如加工方头、六角头、齿轮、花键以及刀具的等分或不等分刀齿等。

（2）通过配换齿轮，由分度头使工件连续转动，并与工作台的纵向进给运动相配合，用来完成螺旋齿轮、螺旋槽和阿基米德螺旋线凸轮的加工。

（3）用分度头上的卡盘夹持工件，使工件轴线相对铣床工作台倾斜一定角度，以加工与工件轴线相交成一定角度的平面、沟槽等。

2. 万能分度头的型号

铣床上使用的主要是万能分度头。万能分度头的型号由大写汉语拼音字母和阿拉伯数字组成。常用的有 FW63、FW80、FW100、FW125、FW200 和 FW250 等，FW250 分度头是铣床上最常用的一种：代号中 F 代表分度头，W 代表万能型，250 代表分度头夹持工件的最大直径，单位为 mm。

3. 万能分度头的结构

FW250 型分度头的外形如图 6.23 所示，其结构如图 6.24 所示，具体包括以下组成部分：

（1）底座。底座是分度头的本体，大部分零件都装在底座上。底座下面的凹槽内装有定位键,用于保证底座与铣床工作台安装的定位精度。

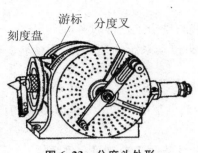

图 6.23　分度头外形

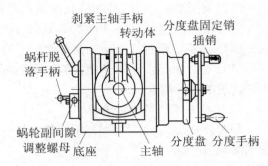

图 6.24　分度头结构

(2) 主轴。分度头主轴可绕轴线旋转,它是一根空心轴,前后两端均有莫氏 4 号的锥孔。前锥孔用来安装顶尖,其外部有一段定位锥体,用来安装三爪自定心卡盘的连接盘;后锥孔用来安装挂轮轴,以便安装交换齿轮。

(3) 分度盘。分度盘是主要分度部件,安装在分度手柄的轴上。其上均匀分布有数个同心圆,各个同心圆上分布着不同数目的小孔,作为各种分度计算和实施分度的依据。不同型号的分度头都配有一或两块分度盘,FW250 型万能分度头有两块分度盘,分度盘上孔圈的孔数如表 6.2 所示。

表 6.2　分度盘孔圈的孔数

分度头形式	分度盘孔圈的孔数
带一块分度盘	正面:24,25,28,30,34,37,38,39,41,42,43 反面:46,47,49,51,53,54,57,58,59,62,66
带两块分度盘	第一块正面:24,25,28,30,34,37 反面:38,39,41,42,43
	第二块正面:46,47,49,51,53,54 反面:57,58,59,62,66

(4) 插销。插销在分度手柄的长槽中沿分度盘半径方向调整位置,以便插入不同孔数的分度盘内,与分度叉配合进行准确分度。

(5) 分度盘固定销。当需要分度盘转动或固定时,可以通过松开或插上分度盘固定销来实现。

(6) 转动体。转动体安放在底座中,它可以绕主轴轴线回转,以实现其在水平线 6°以下和 95°以上的范围内调整角度。

(7) 刹紧主轴手柄。刹紧主轴手柄的作用是分度后固定主轴位置,减少蜗杆和蜗轮承受的切削力,减小振动,以保证分度头的分度精度。

(8) 蜗杆脱落手柄。蜗杆脱落手柄用来控制蜗杆和蜗轮间的啮合和脱开。

(9) 蜗轮副间隙调整螺母。蜗轮副间隙调整螺母的作用是调整蜗杆、蜗轮副的轴向间隙,以保证分度的准确性。

(10) 分度叉。分度叉的作用是方便分度和防止分度出错。它由两个叉脚构成,根据分度手柄所转过的孔距数来调整开合角度的大小并加以固定。

（11）刻度盘。直接分度时，刻度盘用来确定主轴转过的角度。安装在主轴前端，与主轴一同转动，圆周上有 0°～360°的等分刻度线。

（12）游标。游标所指示的是分度头上的卡盘轴线与铣床工作台的夹角。

（13）分度手柄。用来分度，摇动手柄，根据分度头传动系统的传动比，手柄转一整圈，主轴转过的相应圈数。

4. 万能分度头的传动系统

万能分度头虽有多种型号，但结构大体一样，其传动也基本相同。万能分度头的传动系统如图 6.25 所示。

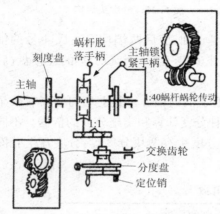

图 6.25　万能分度头传动系统

5. 万能分度头的正确使用和维护

万能分度头是铣床上较精密的附件，在使用中必须注意维护。使用时应注意以下几个方面：

（1）经常擦洗干净，按照要求，定期加油润滑。

（2）万能分度头内的蜗轮和蜗杆间应该有一定的间隙，这个间隙保持在 0.02～0.04 mm 范围内。

（3）在万能分度头装夹工件时，要先锁紧分度头主轴，但在分度前，要把刹紧主轴手柄松开。

（4）调整分度头主轴的角度时，应先检测基座上部靠近主轴前端的两个内六角螺钉是否坚固，不然会使主轴的零位变动。

（5）分度时，摇柄上的插销应对准孔眼，慢慢地插入孔中，不能让插销自动弹入孔中，否则久而久之，孔眼周围会产生磨损，而加大分度误差。

（6）分度时，当摇柄转过预定孔的位置时，必须把摇柄向回多摇些，消除蜗轮和蜗杆间的配合间隙后，再使插销准确地落入预定孔中。

（7）分度头的转动体需要扳转角度时，要松开紧固螺钉，任何情况下严禁敲击。

6.3.2.2　万能分度头的分度方法

万能分度头的分度方法是通过转动分度手柄驱动圆柱齿轮副和蜗轮副转动来实现主轴的转动分度动作。具体方法有直接分度法、简单分度法和差动分度法三种。

1. 直接分度法

分度时，先将蜗杆脱开蜗轮，用手直接转动分度头主轴进行分度。分度头主轴的转角由装在分度头主轴上的刻度盘和固定在壳体上的游标读出。分度完毕后，应用锁紧装置将分度主轴紧固，以免加工时转动。该方法往往适用于对分度精度要求不高、分度数目较少（如等分数为 2、3、4、6）的场合。

2. 简单分度法

（1）分度原理。在万能分度头内部，蜗杆是单线，蜗轮为 40 齿。分度中，当摇柄转动，蜗杆和蜗轮就旋转。当摇柄（蜗杆）转 40 周，蜗轮（工件）转一周，即传动比为 40∶1（40 称为分度头的定数）。各种常用的分度头都采用这个定数，则摇柄转数与工件等分数的关系式为

$$n = \frac{40}{z}$$
（6.2）

式中:n 为分度摇柄转数(r);40 为分度头的定数;z 为工件等分数(齿数或边数)。

由于工件有各种不同的等分数,因此分度中摇柄转过的周数不一定都是整数。所以在分度中,要按照计算出的周数,先使摇柄转过整周数,再在孔圈上转过一定的孔数(可以根据分度盘上的孔圈数,将分子、分母同时扩大或缩小)。

例 6.1 在 FW250 型万能分度头上铣削多齿槽,工件齿的等分数 $z=23$,求每铣一齿分度中摇柄相应转过的圈数。

解 利用式(6.2)按分数法计算,把 $z=23$ 代入,得

$$n = \frac{40}{z} = \frac{40}{23} \text{r}$$

但分度盘上并没有一周为 23 的孔(表 6.2),这时,需将分子、分母同时扩大相同倍数,即

$$n = \frac{40}{23} = 1\frac{17}{23} = 1\frac{34}{46}(\text{r})$$

所以每铣一齿,分度摇柄在 46 孔圈的分度盘上转过一整周后再转过 34 个孔。

例 6.2 在 FW250 型万能分度头上铣削等分数等于 70 齿的工件,求每铣一齿分度中摇柄转过的相应转数。

解 利用式(6.2)按分数法计算,得

$$n = \frac{40}{z} = \frac{40}{70} \text{r}$$

但分度盘上并没有一周为 70 的孔,这时,需将分子、分母同时化解,然后同时扩大相同倍数,即

$$n = \frac{40}{70} = \frac{4}{7} = \frac{4 \times 7}{7 \times 7} = \frac{28}{49}(\text{r})$$

或

$$n = \frac{40}{70} = \frac{4}{7} = \frac{4 \times 4}{7 \times 4} = \frac{16}{28}(\text{r})$$

或

$$n = \frac{40}{70} = \frac{4}{7} = \frac{4 \times 6}{7 \times 6} = \frac{24}{42}(\text{r})$$

由此可见每铣一齿分度时,摇柄可以在分度盘 49 孔孔圈上转过 28 个孔,或在 28 孔孔圈上转过 16 个孔,或在 21 孔孔圈上转过 12 个孔,或在 42 孔孔圈上转过 24 个孔。

(2) 分度时的操作。分度前,应先将分度盘用锁紧螺钉固定,通过分度手柄的转动使蜗杆带动蜗轮旋转,从而带动主轴和工件转过一定的度(转)数。分度时一定要调整好插销所对应的分度盘孔圈。

分度叉两叉脚间的夹角可调,调整方法是使两个叉脚间的孔数比需摇的孔距多一个。如图 6.26 所示,两叉脚间有 7 个孔,但只包含 6 个孔距。在例 6.1 中,$n = \frac{40}{23} = 1\frac{17}{23}$ $= 1\frac{34}{46}(\text{r})$,如选择孔数为 46 的孔圈,分度叉两叉脚间应有

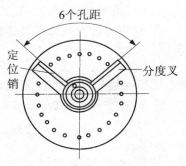

图 6.26 简单分度

35 个分度孔。分度时,先拔出插销,转动分度手柄,经传动系统的一定传动比,可使主轴回

转到所需位置,然后再将插销插入所对应孔盘上的孔圈中。分度手柄转动的转数由插销所对应的孔圈的孔数来计算得到,插销可在分度手柄的长槽中沿分度盘径向调整位置,以使得插销能插入不同孔数的孔圈中。

3. 差动分度法

当工件的等分数 z 和 40 不能相约或工件的等分数和 40 相约后分度盘上没有所需的孔圈数时,可采用差动分度法。差动分度法就是在分度中,分度手柄和分度盘同时顺时针或逆时针转动,通过它们之间的转数差来实现分度。

为了使分度手柄和分度盘同时转动,需要在分度头主轴后锥孔处和侧轴上都安装交换齿轮 z_1、z_2、z_3、z_4,如图 6.27 所示。差动分度传动系统如图 6.28 所示。

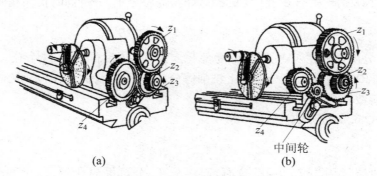

(a)　　　　　　　　　　(b)

图 6.27　差动分度交换齿轮

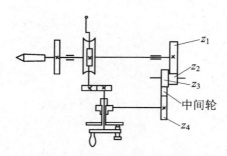

图 6.28　差动分度传动系统

例 6.3　在 FW250 型万能分度头上分度,加工齿轮 $z=67$ 的链轮,试进行调整计算。

解　因 $z=67$ 不能与 40 化简,且选不到孔圈数,故确定用差动分度法进行分度。

(1) 选取 $z_0=70(z_0>z)$。

① 计算分度盘孔圈数及插销应转过的孔数:

$$n=\frac{40}{z_0}=\frac{40}{70}=\frac{4}{7}=\frac{16}{28}(\text{r})$$

即选用第一块分度盘的 28 孔孔圈为依据进行分度,每次分度手柄应转过 16 个孔距。

② 计算交换齿轮数:

$$\frac{z_1}{z_2}\times\frac{z_3}{z_4}=\frac{40(z_0-z)}{z_0}=\frac{40(70-67)}{70}=\frac{12}{7}=\frac{2\times6}{1\times7}=\frac{80}{40}\times\frac{48}{56}$$

即 $z_1=80$、$z_2=40$、$z_3=48$、$z_4=56$。因为 $z_0>z$,所以交换齿轮应加一个中间轮。

(2) 选取 $z_0=60(z_0<z)$。

① 计算分度盘孔圈数及插销应转过的孔数:

$$n = \frac{40}{z_0} = \frac{40}{60} = \frac{2}{3} = \frac{16}{24}(\text{r})$$

即选用第一块分度盘的 24 孔孔圈为依据进行分度,每次分度手柄应转过 16 个孔距。

② 计算交换齿轮数:

$$\frac{z_1}{z_2} \times \frac{z_3}{z_4} = \frac{40(z_0 - z)}{z_0} = \frac{40(60 - 67)}{60} = -\frac{14}{3} = -\frac{7 \times 2}{3 \times 1} = -\frac{56}{24} \times \frac{80}{40}$$

即 $z_1 = 56$、$z_2 = 24$、$z_3 = 80$、$z_4 = 40$。因为 $z_0 < z$,所以交换齿轮不加中间轮。

6.3.2.3 回转工作台分度法

为了扩大工艺范围,提高生产率,铣床除了有 X、Y、Z 这三个坐标轴的直线进给运动外,往往还带有绕 X、Y、Z 这三个坐标轴的圆周进给运动。例如:铣床上的回转工作台除了用来进行各种圆弧加工或与直线进给联动进行曲面加工外,还可以实现精确的自动分度,即当工件的一个平面上各工序都加工完,工件就回转一定角度后,再进行另一个平面上各工序的加工。这种使工作台回转一定角度的运动称为分度运动,它是一种不进行切削的辅助运动,这种运动给箱体类零件的加工带来很大的方便。对于自动换刀的多工序数控机床来说,回转工作台已成为一个不可缺少的部件。

1. 回转工作台的结构

回转工作台又称为转台,它的主要用于在转台台面上装夹工件、进行圆周分度和作圆周进给铣削曲线外形轮廓。回转工作台的规格以转台的外径表示,有 160 mm、200 mm、250 mm、315 mm、400 mm、500 mm、630 mm、800 mm、1 000 mm。常见的规格有 250 mm、315 mm、400 mm 和 500 mm 这四种。按驱动方法回转工作台可分为手动和机动进给两种,其外形结构如图 6.29 和图 6.30 所示。机动回转工作台既可机动进给,又可手动进给;而手动回转工作台只能手动进给。

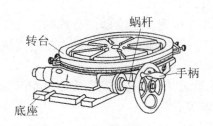

图 6.29 手动回转工作台

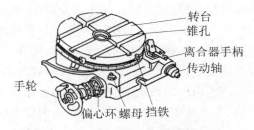

图 6.30 手动和机动两用回转工作台

2. 圆周工作分度原理

不论是哪种回转工作台,若在分度手柄上装有一块孔盘和一对分度叉,转动带有定位销的分度手柄,则分度手柄轴转动,从而带动蜗轮(工作台)和工件旋转,实现分度。

回转工作台常用的传动比有 1∶60、1∶90 和 1∶120 这三种。也可以说,转台的定数有 60、90 和 120 这三种,其定数与回转工作台手柄转数间的关系与用万能分度头进行简单分度的原理相同。据此可导出回转工作台简单分度法的计算分式为

$$n = \frac{60}{z} \qquad\qquad\qquad (6.3)$$

$$n = \frac{90}{z} \qquad\qquad\qquad (6.4)$$

$$n = \frac{120}{z} \qquad\qquad (6.5)$$

式中：n 为分度时回转工作台手柄回转周数（转，符号为 r）；z 为工件的圆周等分数；60、90、120 回转工作台的定数。

例 6.4 已知工件的圆周等分数 $z = 13$，求在定数为 60 的回转工作台上的简单分度计算。

解 将 $z = 13$ 代入式(6.3)中，得

$$n = \frac{60}{z} = \frac{60}{13} = 4\frac{8}{13} = 4\frac{24}{39}(\text{r})$$

分度时，分度手柄在孔数为 39 孔孔圈上转 4 周再加 24 个孔距。

6.4 知 识 拓 展

6.4.1 零件的机械加工质量分析

零件的机械加工质量是保证产品质量的基础。零件的机械加工质量指标包括加工精度和加工表面质量两个方面。

6.4.1.1 加工精度

加工精度指零件加工后实际几何参数（尺寸、形状和位置）与理想几何参数相符的程度。符合程度愈高，加工精度愈高。实际值与理想值之差称为加工误差。常用加工误差的大小来评价加工精度的高低，加工误差越小，加工精度越高。

零件的加工误差是由工件与刀具在切削过程中相互位置发生变动而造成的。工件和刀具安装在夹具和机床上，工件、刀具、夹具、机床构成了一个完整的工艺系统。工艺系统的种种误差是造成零件加工误差的根源，故称之为原始误差。

工艺系统的原始误差主要有加工原理误差、工艺系统几何误差、工艺系统力变形引起的误差、工艺系统热变形引起的误差、内应力引起的误差等。

1. 加工原理误差及其对加工精度的影响

加工原理误差是由采用的近似成形运动或近似刀具轮廓所产生的。在生产上，理论上的成形运动有时很难实现，或者加工效率很低，或者理论上的刀具轮廓不易制造，或者造成机床结构过于复杂。因此实际中，对于某些形状复杂的表面，常常采用近似的加工方法，不但可以提高加工效率，而且使加工过程更为经济，同时也能满足加工精度要求。例如：车削或磨削模数螺纹时，由于其螺距为 πm，而 π 因子是无理数，在选配齿轮得到螺距值时，只能按照近似数值计算，引起了螺旋成形运动本身不准确，造成了螺距误差。再如：用滚刀滚切渐开线齿轮时，为了滚刀的制造方便，常用阿基米德基本蜗杆或者用法向直廓基本蜗杆来代替阿基米德基本蜗杆，存在刀具齿形误差，这种误差自然也反映在被加工齿轮的齿形上。由加工原理所引起的加工误差在加工中不必考虑。

2. 工艺系统几何误差及其对加工精度的影响

工艺系统的几何误差主要是指机床、刀具和夹具在制造时本身所产生的误差，以及使用

中产生的磨损和调整误差等。这类原始误差在加工过程开始之前已客观存在,并在加工过程中不同程度地反映为工件的加工误差。

(1)机床的几何误差

机床本身的制造误差、安装误差和磨损等误差,会通过成形运动反映到工件的加工表面上。其中影响较大的是主轴的回转误差、导轨的导向误差和传动链的误差。

① 机床主轴的回转误差是指主轴实际回转轴线相对理论轴线的偏移,通常有三种基本形式:轴向窜动(端面圆跳动)、径向跳动(径向圆跳动)、角度摆动,如图 6.31 所示。

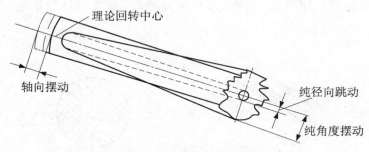

图 6.31　主轴回转误差

轴向窜动是指瞬时回转轴线沿平均回转轴线方向的轴向运动,如图 6.32(a)所示,它主要影响工件的端面形状精度和轴向尺寸精度。

径向跳动是指瞬时回转轴线平行于平均回转轴线的径向运动量,如图 6.32(b)所示。在切削回转零件时,它主要影响加工工件的圆度和圆柱度。

角度摆动是指瞬时回转轴线与平均回转轴线成一倾斜角度做公转,如图 6.32(c)所示。它对工件的形状精度影响很大,如车外圆时会产生锥度。

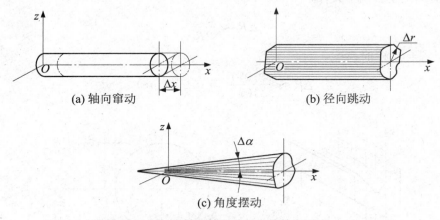

图 6.32　主轴回转运动误差的基本形式

影响主轴回转精度的因素主要有轴承误差、轴承配合间隙、与轴承配合的零件的误差,以及主轴误差等。不同类型的机床,其影响因素也各不相同。

为了提高主轴回转精度,需要提高主轴部件(特别是轴承)的制造精度,如近年来,精密机床上应用较广的是精密滚动轴承、静压滑动轴承,其回转精度和刚度都很高,工艺性也很好。在主轴部件的制造中,要注意提高主轴轴颈、箱体支承孔等表面的加工精度和装配精度,对主轴部件进行良好的维护保养以及定期维修。

② 机床导轨的导向误差。机床导轨是机床工作台或刀架等主要部件的位置基准,也是实现直线运动的基准,其制造误差、与工作台或刀架的配合误差是影响机床直线运动精度的主要因素。机床导轨的各类误差将直接反映到工件的形状误差中。

机床导轨的导向误差主要表现为导轨在水平面内的直线度(弯曲)、导轨在垂直面内的直线度(弯曲)和双导轨在垂直方向的平行度(扭曲)。导轨在水平面内有直线度误差 Δx,将使刀尖相对于工件回转轴线在加工面的法线方向(加工误差敏感方向)上产生位移,位移量等于导轨的直线度误差。此时刀尖在水平面内的运动轨迹不是一条直线,由此造成工件的轴向形状误差。如图 6.33 所示,车削外圆时,造成工件鼓形度、腰形度或锥度误差。

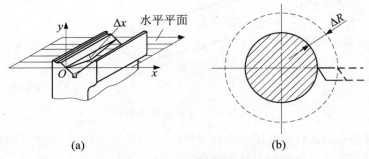

(a)   (b)

图 6.33   车床导轨在水平面内的直线度误差

导轨在垂直面内有直线度误差 Δy,将使刀尖相对于工件回转轴线在加工面的切线方向(加工误差非敏感方向)变化。此时刀尖的运动轨迹也不是一条直线,由此造成工件的轴向形状误差。但由于这项误差很小,一般可忽略不计。如图 6.34 所示,在车削或磨削外圆时,该项误差对圆柱度影响不大,即

$$\Delta R \approx \frac{\Delta^2 y}{2R}$$

当 $R=50$,$\Delta y=0.01$ 时,有

$$\Delta R \approx \frac{(0.01)^2}{100} = 0.001(\mu m)$$

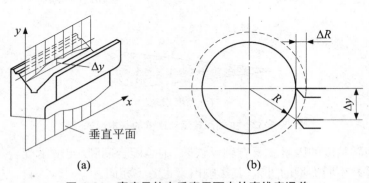

(a)   (b)

图 6.34   磨床导轨在垂直平面内的直线度误差

当前后导轨之间在垂直面内存在平行度误差时,工作台在运动过程中将产生横向倾斜(摆动),刀尖运动轨迹为一条空间曲线,对工件加工表面形状误差的影响很大。如图 6.35所示,车削或磨削外圆时,将产生圆柱度误差。

导轨的误差除来源于制造和安装本身的精度外,在使用中,由于导轨的各段使用程度和受力不均,使用一段时间后产生的不均匀磨损使导轨运动的直线度受影响,从而产生加工的形状误差。合理的导轨形状和导轨组合也是提高导轨直线运动精度和精度保持性的途径。常见的导轨形状有矩形、三角形、燕尾形等,如图 6.36 所示。导轨可以采用多种组合形式,如卧式车床为三角形和矩形的组合。从导轨的制造精度、承载能力和精度保持性分析,90°的双三角形导轨磨损主要发生在

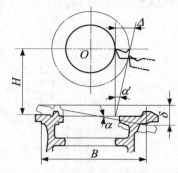

图 6.35　车床导轨面间平行度误差

垂直方向,对于垂直方向为非误差敏感方向的机床(如卧式车床),可以长期保持原有精度,如图 6.37 所示。

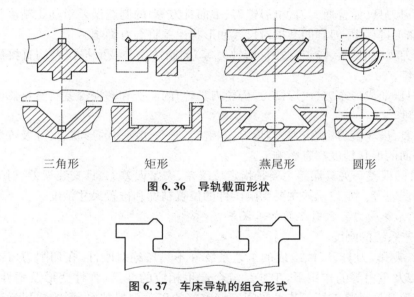

三角形　　　　　矩形　　　　　燕尾形　　　　圆形

图 6.36　导轨截面形状

图 6.37　车床导轨的组合形式

　　③ 传动链误差。对于某些加工方法,为保证工件的精度,要求工件和刀具间必须有准确的传动关系。例如:车削螺纹时,要求工件每旋转一周,刀具沿轴线方向准确地移动一个导程。此时,机床的相关传动链(内联系传动链)首末两端件(即主轴和刀架)之间必须保持严格的传动比关系:主轴每转一转,刀架移动工件的一个导程。机床的该传动链所提供的速比误差、传动链中的各个传动元件(齿轮、丝杠等)的制造误差必将引起工件螺纹导程的误差。图 6.38 为车螺纹的传动示意图。

　　为了减少机床传动误差对加工精度的影响,可以采用以下措施:减少传动链中的环节,缩短传动链即可缩小累积误差;尽可能按照降速比递增的原则分配传动比;提高传动副特别是末端传动副的制造和装配精度;消除传动间隙;采用误差校正机构等。

　　(2) 工艺系统的其他误差

　　① 系统调整误差。在零件加工的每一道工序中,为了获得被加工表面的形状、尺寸和位置精度,必须对机床、夹具和刀具进行调整。采用任何调整方法及使用任何调整工具都难免带来一些原始误差,这就是调整误差。例如:用试切法加工产生的测量误差、进给机构的

微量位移误差、定程机构的误差、样板或样件的误差即调整尺寸本身的误差等。

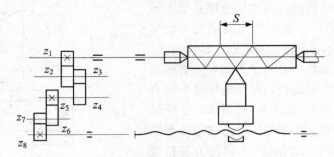

图 6.38　车削螺纹的传动示意图

② 刀具误差。刀具误差主要指刀具的制造、磨损和安装误差等,刀具误差对加工精度的影响因刀具种类不同而有变化。

一般单刃刀具(如普通车刀、单刃镗刀、平面铣刀等)的制造误差对加工精度没有直接的影响,但在加工过程中,刀具的磨损对尺寸和形状误差将会有影响。

定尺寸刀具(如钻头、铰刀、拉刀、槽铣刀等)的制造误差及磨损误差均直接影响工件的加工尺寸精度。

成形刀具(如成形车刀、成形铣刀、齿轮刀具等)的制造和磨损误差将直接影响被加工工件的形状精度。

展成刀具(齿轮滚刀、插齿刀、剃齿刀、花键滚刀等)切削刃的形状、尺寸及安装调整的误差对加工表面的形状精度都有影响。

③ 夹具的误差。夹具误差主要是指定位误差、夹紧误差、夹具安装误差、对刀误差以及夹具的磨损误差等。定位误差主要影响工件的位置精度和位置尺寸精度。

3. 工艺系统受力变形引起的加工误差

(1) 工艺系统的刚度

由机床、夹具、刀具、工件组成的工艺系统并不具备绝对刚性,在切削力、传动力、惯性力、夹紧力以及重力等的作用下,工艺系统会产生相应的变形(弹性变形及塑性变形)和振动。这种变形和振动将破坏工艺系统间已调整好的正确位置关系,影响成形运动和切削的稳定性,从而产生加工误差和表面粗糙度误差。例如:车削细长轴时,工件在切削力作用下的弯曲变形会使加工后形成腰鼓形的圆柱度误差,如图 6.39 所示。

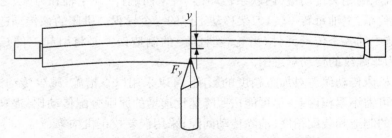

图 6.39　工艺系统受力变形引起的加工误差

工艺系统的刚度 k_{dl} 是指零件加工表面法向分力 F_y 与刀具在该切削力作用下相对工件

在该方向的位移 y_{xt} 的比值,即 $k_{xt} = \dfrac{F_y}{y_{xt}}$。

工艺系统与工艺系统各组成部分的刚度和各部分的接触刚度有很大关系,系统总刚度的倒数与各部分刚度呈倒数和的关系。

$$\frac{1}{k_{xt}} = \frac{1}{k_{jc}} + \frac{1}{k_{jj}} + \frac{1}{k_{dj}} + \frac{1}{k_{gj}} \tag{6.6}$$

式中:$k_{jc} = \dfrac{F_y}{y_{jc}}$ 是机床的刚度,y_{jc} 是机床在 F_y 作用下的位移量;$k_{jj} = \dfrac{F_y}{y_{jj}}$ 是夹具的刚度,y_{jj} 是夹具在 F_y 作用下的位移量;$k_{dj} = \dfrac{F_y}{y_{dj}}$ 是刀具的刚度,y_{dj} 是刀具在 F_y 作用下的位移量;$k_{gj} = \dfrac{F_y}{y_{gj}}$ 是工件本身的刚度,y_{gj} 是工件在 F_y 作用下的位移量。

(2) 工艺系统受力变形对加工精度的影响

① 切削力大小的变化对加工精度的影响——误差复映现象。在切削加工中,有两个原因引起切削力的变化,从而造成工件的加工误差:其一是被加工材料硬度不均匀;其二是被加工表面的几何形状误差使得背吃刀量 a_p 不断变化。如图 6.40 所示,由于工件毛坯的圆度误差使车削时刀具的切削深度在 a_{p1} 与 a_{p2} 之间变化,所以切削分力 F_y 也随切削深度 a_p 的变化由最大变到最小,工艺系统将产生相应的变形,即由 y_1 变到 y_2(刀尖相对于工件产生 y_1 到 y_2 的位移),这样就形成了被加工表面的圆度误差。这种现象称为误差复映。

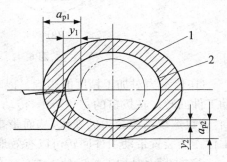

图 6.40　毛坯形状误差的复映
1. 毛坯表面　2. 工件表面

要减少工件的复映误差,可增加工艺系统的刚度或减少径向切削力系数,如增大主偏角、减少进给量、多次走刀等,同时提高毛坯的质量也是减少误差复映的重要途径。

② 切削力作用点的变化对加工精度的影响。切削过程中,即使切削力大小不变,切削作用点的不断变化也会使工艺系统刚度不断变化,引起工件的形状误差。如图 6.41 所示,两顶尖之间支承工件,车削细长轴时,由于工件刚度很小,变形最大。此时,机床、刀具、夹具的受力变形可以忽略不计,工艺系统的变形完全取决于工件的变形。而工件的刚度是随着切削力作用点的变化而变化的:当切削力的作用点靠近两端支承点时,系统(工件)刚度相对较大,变形小,切去的金属层较厚;当切削力作用点处于工件中间位置时,系统(工件)刚度较小,变形大,产生的让刀量较大,切

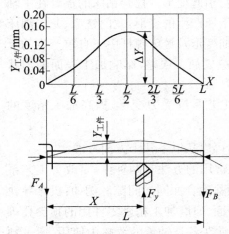

图 6.41　车削细长轴时工件的受力变形情况变化引起的工艺系统变形

去的金属层较薄。在工件中点变形量最大处,让刀现象最严重。工件中部切削量小于两端使工件呈腰鼓形。

③ 惯性力对加工精度的影响。切削加工中,高速旋转的零部件(包括夹具、工件和刀具等)的不平衡将产生离心力 Q。离心力 Q 在每一转中不断地改变着方向,因此它在 y 方向分力大小的变化会使工艺系统的受力变形也随之变化,从而使系统产生加工误差。车削一个不平衡的工件,当离心力 Q 与切削力 F_y 方向相反时,工件被推向刀具,使背吃刀量增加,如图 6.42(a)所示;当离心力 Q 与切削力 F_y 方向相同时,工件被推离刀具,使背吃刀量减小,如图 6.42(b)所示。从工件整个长度看,圆心不在一条直线,产生了圆度误差。

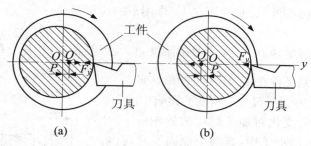

图 6.42 惯性力所引起的加工误差

④ 传动力对加工精度的影响。以车床和磨床为例,在加工轴类零件时常用单爪拨盘带动工件回转。在拨盘的每一转中,传动力的方向不断变化,有时与切削分力 F_y 同向,有时反向,这也造成系统合力的变化,从而带来加工误差。加工精密零件时,改用双爪拨盘或其他柔性连接装置带动工件回转可以有效地提高加工精度。

⑤ 夹紧力对加工精度的影响。工件在装夹时,夹紧力作用点或大小不当会引起工件的变形,从而产生形状误差,尤其是在加工刚性较差的工件时。图 6.43 是加工连杆大端孔的装夹示意图,由于夹紧力作用点不当,造成加工位置误差:两轴线不平行并与端面不垂直。

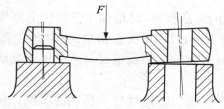

图 6.43 夹紧力作用不当引起的加工误差

⑥ 重力对加工精度的影响 。在工艺系统中,零部件的自重也会引起变形。摇臂钻床的摇臂在主轴箱自重的影响下所产生的变形,龙门铣床、龙门刨床刀架横梁的弯曲变形及镗床镗杆由于自重产生的下垂变形等都会造成加工误差,影响加工表面的形状和位置精度。

(3) 减小工艺系统受力变形,提高加工精度的措施

一般来说,减小工艺系统受力变形,提高加工精度,可以从以下几个方面考虑:

① 提高工艺系统的刚度和连接表面的接触刚度。常用的方法有两种:一是改善工艺系统主要零件接触表面的配合质量;二是通过预加载荷消除配合面间的间隙。例如:机床导轨副的刮研、配研顶尖锥体与主轴和尾座套筒锥孔的配合面、研磨加工精密零件用的顶尖孔等都是在实际生产中行之有效的工艺措施。预加载荷法常在各类轴承的调整中使用,通过预加载荷使零部件之间有较大的实际接触面,能减少受力后的变形量。

② 提高工件支承刚度,减少工件受力变形。例如:加工细长轴时,采用中心架[图 6.44(a)]或跟刀架[图 6.44(b)]以增加工件的支承刚度。中心架固定在床身导轨上,有两种使用方法:一种是作为辅助支承,不起定位作用,使用时,将工件安装在前、后顶尖上,先在工件支承部位精车一段光滑表面,再将中心架固紧在导轨上,调整三个支承爪使之与工件支承

面接触即可;另一种是在加工细长轴或长套筒端面时,也可以用中心架和卡盘支承工件,此时中心架起定位和夹紧的作用。

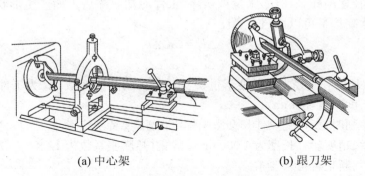

(a) 中心架　　　　　　　　　　(b) 跟刀架

图6.44　加工细长轴采用的中心架与跟刀架

跟刀架主要用于细长轴加工,固定在大拖板上,随刀架纵向运动,起辅助支承作用。

③ 合理装夹工件,减少夹紧变形。对于薄壁零件的加工,夹紧时必须特别注意选择适当的夹紧方法;否则将会引起很大的形状误差。例如:薄壁套筒在夹紧前内外圆都是正圆,用三爪自定心卡盘夹紧后,套筒由于弹性变形而变为三棱形。镗孔后,内孔呈正圆形,松开三爪自定心卡盘后,工件弹性恢复,使已镗过的孔呈为三棱形。为了减少加工误差,可采用开口过渡环或专用卡爪使夹紧力均匀分布在套筒上。

4. 工艺系统热变形引起的加工误差

机械加工中,工艺系统在各种热源的作用下会产生一定的热变形,破坏刀具和工件的相对位置和运动关系,从而产生加工误差。由于工艺系统的热源分布不均匀,系统各环节结构和材料不同,系统各部分的变形引起的加工误差也有差异。

(1) 工艺系统的热源和热平衡

引起工艺系统热变形的热源可以分为两大类:内部热源和外部热源。其分类情况如下:

$$工艺系统的热源\begin{cases}内部热源\begin{cases}摩擦热(电机、轴承、传动副、液压系统等)\\切削热(金属层变形等)\end{cases}\\外部热源\begin{cases}环境温度(气温、局部温差、热冷风等)\\热辐射(阳光、照明灯、暖气设备、人体温度等)\end{cases}\end{cases}$$

摩擦热主要由运动副的相对运动和动力源能量损耗产生,这些热量是机床热变形的主要热源。切削热由金属层变形和刀具、工件、切屑摩擦耗能引起,加工时以不同比例传给工件、刀具、切屑及周围介质,其对加工精度和表面质量的影响不容忽视。环境温度的变化和系统各部分的温度差异有时也会影响加工精度,特别是对精密加工影响很突出。

工艺系统受热源影响,温度会逐渐上升,但它也同时通过各种方式向周围散发热量。单位时间内传入和散发的热量相等时,就认为系统达到了热平衡。当系统达到热平衡后,在稳定的温度场中热变形趋于稳定,引起的加工误差是有规律的。因此精密及大型工件应在系统热平衡状态下加工。

(2) 工件热变形引起的加工误差

工件热变形主要由切削热引起,有些大型精密件也受到环境温度的影响。工件受到切削热影响,各部分温度不同,且随时间变化:随着切削时间的增加,工件温度逐渐升高,变形也逐渐增大,并且在工件切削区温度最高。

车削和磨削外圆时,工件一般是均匀受热。开始时,工件的温升接近零,随着温度逐渐升高,工件的直径逐渐膨胀,但膨胀量被切除,工件冷却收缩后表面产生形状误差(锥度)和尺寸误差。通常变形量可以按照下式计算:

$$\Delta L = \alpha L \Delta t \tag{6.7}$$

$$\Delta d = \alpha d \Delta t \tag{6.8}$$

式中:ΔL、Δd 为长度和直径方向的变形量;α 为工件的线膨胀系数;Δt 为工件温升(℃);L、d 为工件的原有长度和直径(mm)。

精密丝杠磨削时,工件受热伸长会影响螺距误差,要特别注意。

例 6.5 6 级精度丝杠长度为 1 000 mm,45 钢(热膨胀系数为 12×10^{-6}),每一次走刀温度将升高 3 ℃,判断是否符合要求。

解

$$\Delta L = \alpha L \Delta t = 12 \times 10^{-6} \times 1\,000 \times 3 = 0.036(\text{mm})$$

6 级精度丝杠要求全长螺距累积误差不超过 0.02 mm,其热膨胀变形量过大,不能满足精度要求。

(3) 刀具热变形引起的加工误差

刀具热变形主要由切削热引起。切削时,大部分的切削热被切屑带走,传入刀具的部分并不多。但由于热量集中在体积小、热容量小的刀头部分,使得切削部分局部温升很大。例如:高速钢刀具车削时,刃部温度可达 700~800 ℃,刀具热伸长量可达 0.03~0.05 mm,这种变形对加工精度的影响是不容忽视的。

一般来说,连续切削刚开始时刀具温升很快,从而变形增加很快,不久(10~20 min)刀具达到热平衡,变形量就很小,对加工精度影响不大;断续切削时,由于刀具有短暂的冷却时间,所以总变形量在一个范围内变动,并且比连续切削小,如图 6.45 所示。

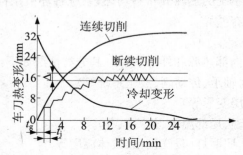

图 6.45 车刀热变形曲线

t_g-切削时间 t_j-停止切削时间

(4) 机床热变形引起的加工误差

机床工作时受到内外热源的影响。由于机床结构的复杂性和热源分布的不均匀性,机床的各部分温升和变形不相同,所产生的热变形破坏了机床的原有精度。其中主轴部件、床身、导轨、工作台等部分的变形对加工精度的影响最大,如图 6.46 所示。

对于大型平面磨床、外圆磨床、龙门铣床等长床身机床的变形,温差的影响也非常显著。一般来说,床身表面比底面温度高,造成床身弯曲,表面呈中凸状,如图 6.47 所示。

机床空运转一定时间后,各部件达到了热平衡,变化趋于稳定。精密加工应在机床热平衡状态下加工。一般地,车床和磨床需 4~6 h 空运转才能使机床达到热平衡。控制环境温度也是控制机床热变形的有效途径。

(5) 减少工艺系统热变形的主要途径

① 减少发热和隔离热源。通过合理选择切削用量和刀具角度来减少切削热。采用静压轴承、低黏度润滑油、循环冷却润滑、油雾润滑等措施减少主轴变速系统、摩擦离合器、丝

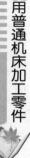

杠副、导轨副等运动副的摩擦热。分离热源,电动机、油箱、变速箱等尽可能移出,以减少对主机的影响。也可以用隔热材料将发热部分和机床大件分隔开。

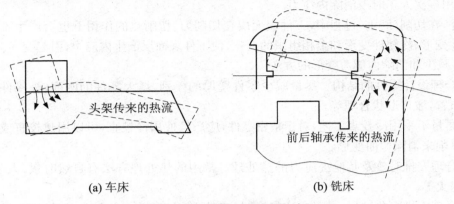

(a) 车床   (b) 铣床

图 6.46　机床因热流引起的变形

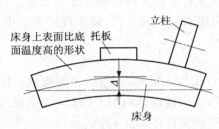

图 6.47　床身纵向温度热效应的影响

② 冷却与散热。完全消除发热源的影响是不可能的,但是可以采取冷却与散热的办法带走大部分热量。使用大流量冷却液或喷雾冷却的方法可以带走大量热量,降低工件温差,提高加工的稳定性。大型数控机床、加工中心机床都普遍使用冷冻机对润滑油和切削液进行强制冷却,以提高冷却效果。

③ 控制温度变化。控制环境温度的变化和室内各部分的温差,如一般将精密磨床、坐标镗床、齿轮磨床等精密机床安装在恒温车间,以保持其温度的恒定。可在加工前预先开动精密机床,使它达到热平衡后再进行加工。加工中要尽量避免较长时间的中途停车。

5. 工艺系统内应力引起的加工误差

机械零件在铸、锻、焊、粉末冶金等毛坯制造或淬火等热加工过程中,各部分厚度不均匀造成的冷却速度和收缩程度不一致以及金相组织转变中体积的变化等都能使毛坯内部产生相当大的内应力。内应力使其内部组织处于一种不稳定的状态,内部组织有恢复到一个没有应力的稳定状态的强烈倾向。

(1) 内应力对加工精度的影响

在短期内看不出具有内应力的毛坯有什么变形,因为此时内应力尚处于相对平衡的状态。但在切去某些表面层以后,平衡被破坏,内应力重新分布,零件明显地出现变形甚至出现裂纹。

丝杠一类的细长轴刚性差,轧制的棒料经车削后,产生的内应力要重新分布,因此在加工和使用过程中容易产生弯曲变形。为了纠正这种变形,常采用冷校直工艺,即在轴类弯曲的反方向施加外力,使工件的内应力在除去外力时能重新分布,消除弯曲。冷校直工艺减少了弯曲变形,但随着加工的继续,内应力还会产生,造成新的变形,因此精密丝杠加工不允许校直,要用多次人工时效消除内应力。

此外,在切削(磨削)过程中,工件表面层在切削力、切削热的作用下也会产生不同程度的热塑性变形、冷塑性变形和金相组织的变化,使工件表面层产生内应力,引起变形。

(2) 减少和消除内应力变形的方法

① 合理设计零件的结构。尽量减少零件壁厚的差别,增大零件的刚度;焊接件应使焊缝均匀布置,坡口形状合理等。

② 尽量不采用冷校直工艺,对于精密零件,应严禁使用冷校直,可以用热校直或加大余量多次车削来消除弯曲变形。

③ 合理安排时效及其他去应力的热处理。常用的热处理方法有自然时效、人工时效、去应力退火等。

④ 合理安排工艺过程。例如:让粗、精加工分开,在不同工序中进行,粗加工后有一定时间让内应力重新分布,以减少对精加工的影响。加工大型工件时,由于粗、精加工往往在一个工序中完成,此时应在粗加工后松开工件,使工件能够自由变形,用较小的夹紧力夹紧工件后再进行精加工。

6.4.1.2 表面质量

零件的机械加工质量不仅指加工精度,还包括表面质量。任何机械加工所获得的零件表面层中均存在表面粗糙度、表面波度、表面加工纹理等微观几何形状误差以及伤痕等缺陷,零件表面层在加工过程中还会产生加工硬化、金相组织变化及残余应力等现象。因此产品的工作性能尤其是它的可靠性、寿命等,在很大程度上取决于其主要零件的表面质量。

1. 表面质量对零件使用性能的影响

(1) 对耐磨性的影响

当两个零件的表面接触时,其表面凸峰顶部先接触,因此实际接触面积远小于理论上的接触面积。表面愈粗糙,实际接触面积就越小,凸峰处单位面积压力就会越大,表面磨损就越容易。一般来说,表面粗糙度值越小,其耐磨性越好。但并不是表面粗糙度值越小越耐磨,因为当零件表面粗糙度值过小时,紧密接触的两个光滑表面间储油能力很差,致使润滑条件恶化,两表面的金属分子间产生较大亲和力,因黏合现象而使表面产生"咬焊",导致磨损加剧。

(2) 对零件疲劳强度的影响

零件在交变载荷的作用下,其表面粗糙、具裂纹等缺陷处容易形成应力集中而产生疲劳裂纹,造成零件的疲劳破坏。试验表明,减小零件表面粗糙度值可以使零件的疲劳强度。

加工硬化对零件的疲劳强度影响也很大。表面层的适度硬化能阻碍表面层疲劳裂纹的出现,从而使零件疲劳强度提高。但零件表面层硬化程度过大反而易使零件产生裂纹,故零件的硬化程度与硬化深度也应控制在一定的范围之内。

表面层的残余应力对零件疲劳强度也有很大影响。当残余应力为压应力时,能延缓疲劳裂纹的扩展,提高零件的疲劳强度;当残余应力为拉应力时,容易使零件表面产生裂纹,从而降低其疲劳强度。

（3）对零件耐腐蚀性能的影响

零件的耐腐蚀性在很大程度上取决于零件的表面粗糙度。零件表面越粗糙，越容易积聚腐蚀性物质，凹谷越深，渗透与腐蚀作用越强烈。因此减小零件表面粗糙度值可以提高零件的耐腐蚀性能。

零件表面残余压应力对零件耐腐蚀性的影响也很大。残余压应力使零件表面变得紧密，腐蚀性物质不易进入，可增强零件的耐腐蚀性；而表面残余拉应力则会降低零件的耐腐蚀性。

（4）对配合性质及零件其他性能的影响

提高加工表面质量，对保证零件的使用性能、提高零件的使用寿命是很重要的。

2. 表面粗糙度形成的原因

机械加工中，表面粗糙度形成的主要原因可归纳为三点：一是刀具几何形状和切削运动引起的切削残留面积，它是影响表面粗糙度的主要因素；二是加工过程中产生的塑性变形、积屑瘤、鳞刺、振动、摩擦、切削刃不平整、切屑划伤等物理因素；三是加工中切削用量、工件材质、刀具参数及切削条件等工艺因素。

3. 影响表面粗糙度的因素及改进措施

切削加工中，影响表面粗糙度的因素包括切削用量、刀具几何参数、被加工材料、切削液、刀具材料及工艺系统的振动等。

降低表面粗糙度值的工艺措施有如下几个：

① 选择合理的切削用量。减少进给量 f、选择合适的切削速度 v_c 以及合适的切削深度 a_p。

② 选择适当的刀具几何参数。增大刃倾角 λ_s、减少刀具的主偏角 K_r 和副偏角 K_r' 及增大刀尖圆弧半径 r_ε。

③ 改善工件材料的性能。对工件进行正火或回火处理后再加工。

④ 选择合适的切削液。例如：在铰孔时用煤油（对铸铁工件）或用豆油、硫化油（对钢件）作切削液，均可获得较小的表面粗糙度值。

⑤ 选择合适的刀具材料。在相同的切削条件下，用硬质合金刀具加工所获得的表面粗糙度值要比用高速钢刀具的小。

⑥ 防止或减小工艺系统振动。机械加工过程中，在工件和刀具之间常常产生振动，使工艺系统的正常切削过程受到干扰和破坏，从而使零件加工表面出现振纹，降低了零件的加工精度和表面质量。为了减少振动对机械加工表面质量的影响，可采取减小或消除振源的激振力、隔振的方法，提高工艺系统的刚度及增大阻尼等措施。

6.4.2 定位误差

一批工件逐个在夹具上定位时，由于工件及定位元件存在公差，所以各个工件所占据的位置不完全一致（即定位不准确），从而加工后加工尺寸不一致，形成加工误差。这种只与工件定位有关的加工误差称为定位误差。定位误差以其最大误差范围来计算，其值为设计基准在加工精度参数方向上的最大变动量，用 ΔD 表示。

定位误差产生的原因有两个，即定位基准与设计基准的不重合和定位基准相对限位基准的位置变动，形成的误差分别为基准不重合误差和基准位移误差。

6.4.2.1　基准不重合误差

当定位基准与工序基准不重合时,便会产生基准不重合误差,其大小等于定位基准与工序基准之间尺寸的公差,用 ΔB 表示。工序基准与定位基准之间的尺寸就称为定位尺寸。

图 6.48 所示为铣槽的工序简图。前一道工序已将各平面加工好,本工序中铣槽要保证尺寸 B,其工序基准是 D 面。为便于夹具设计与制造,定位基准选择 F 面,于是定位基准与工序基准不重合,定位尺寸为 $L\pm\Delta L$。在加工一批工件时,刀具与定位基准(或定位基面)的位置是事先调整好的,也就是说槽的位置相对于定位基准是一定的。但工序基准相对于定位基准存在误差 $\pm\Delta L$,使得工序基准 D 在一定范围内变动,从而造成这批工件的加工误差。工序基准 D 相对于定位基准 F 的最大变动量就是基准不重合误差,即 $\Delta B=2\Delta L$。

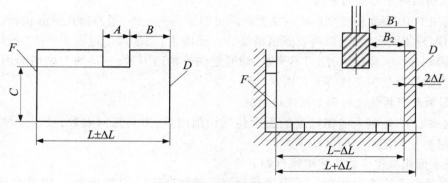

图 6.48　铣槽的工序简图

6.4.2.2　基准位移误差

定位基准相对于限位基准的最大变动量称为基准位移误差,用 ΔY 表示。

图 6.49(a)所示为在圆柱面上铣键槽,加工尺寸为 A 和 B。图 6.49(b)所示为加工示意图,工件以内孔在圆柱心轴上定位,O 是芯轴轴心,O_1、O_2 是工件内孔的轴心。若芯轴按 $d_{-T_d}^{\ 0}$ 制造,工件内孔的尺寸为 $D_{\ 0}^{+T_d}$,则这时虽然尺寸 A 的工序基准与定位基准重合,但由于芯轴和工件内孔均存在制造误差,因而实际的工序基准(孔的轴心)与限位基准(芯轴的轴心)不重合,即存在一个变化范围,这个变化范围便是基准位移误差。

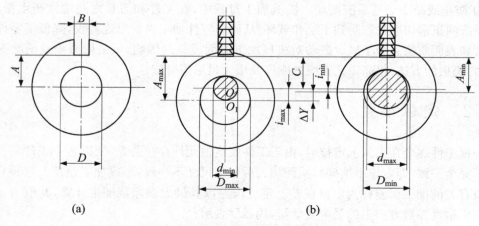

图 6.49　芯轴水平放置时基准位移误差

由图 6.49(b)可计算出基准位移误差:

$$\Delta Y = O_1 O_2 = O O_1 - O O_2 = \frac{D_{max} - d_{min}}{2} - \frac{D_{min} - d_{max}}{2}$$

$$= \frac{D_{max} - D_{min}}{2} + \frac{d_{max} - d_{min}}{2} = \frac{T_D}{2} + \frac{T_d}{2} \tag{6.9}$$

由上式可知,基准位移误差是由定位副的制造误差造成的。

综上所述,可得到如下结论:

(1) 定位误差只产生于用调整法加工工件的条件下,采用试切法加工不存在定位误差。

(2) 定位误差由基准不重合误差和基准位移误差组成,但并非在任何情况下两种误差均存在。当定位基准与工序基准重合时,则 $\Delta B = 0$;当定位基准相对限位基准无位移时,则 $\Delta Y = 0$。

在计算定位误差 ΔD 时,应先算出 ΔB 和 ΔY,再按一定规律合成,即当工序基准不在定位基面上时,$\Delta D = \Delta B + \Delta Y$;当工序基准在定位基面上时,$\Delta D = \Delta B \pm \Delta Y$。式中的"+"与"-"号确定方法:基准位移与基准不重合误差引起的加工尺寸变化方向相同时,取"+"号;反之,取"-"号。

6.4.3 材料弯曲受力分析

在工程实际和日常生活中,常常会遇到许多发生弯曲变形的杆件。例如:桥式起重机的大梁、火车轮轴以及车床上的割刀等,图 6.51(a)～(c)所示均为典型的弯曲杆件。这类杆件的受力特点是:在轴线平面内受到外力偶或垂直于轴线方向的力;变形特点是:杆的轴线弯曲成曲线。这种形式的变形称为弯曲变形。以弯曲变形为主的杆件通常称为梁。在工程中,常见梁的横截面一般至少有一个对称轴,因而各横截面的对称轴组成了梁的一个纵向对称面,如图 6.52 所示。当作用在梁上的所有外力都在纵向对称平面内时,梁的轴线变形后也将是位于这个对称平面内的曲线,这种弯曲称为平面弯曲。平面弯曲是弯曲问题中最基本、最常见的情况。

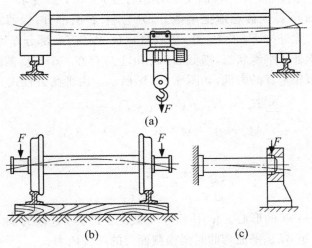

图 6.51 发生弯曲变形的杆件

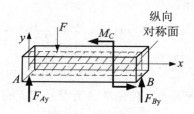

图 6.52　平面弯曲

6.4.3.1　梁的计算简图及其分类

在工程中,梁的支撑条件和作用在梁上的载荷情况一般都比较复杂,为了便于分析和计算,同时又保证计算结果足够精确,需要对梁进行简化,从而得到梁的计算简图。

由于所研究的主要是等截面的直梁,且外力为作用在梁纵向对称面内的平面力系,所以在梁的计算简图中以梁的轴线为代表。根据约束情况的不同,静定梁可分为以下三种常见形式:

(1) 悬臂梁。梁的一端固定,另一端自由,如图 6.53(a)所示。

(2) 简支梁。梁的一端为固定铰支座,另一端为可动铰支座,如图 6.53(b)所示。

(3) 外伸梁。简支梁的一端或两端伸出支座之外,如图 6.53(c)所示。

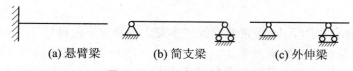

(a)悬臂梁　　　(b)简支梁　　　(c)外伸梁

图 6.53　梁的三种常见形式

6.4.3.2　梁的内力、剪力与弯矩计算

求内力的根本方法是截面法。为了讨论梁的强度和刚度,首先应弄清楚梁横截面上有什么样的内力以及如何计算内力。现以图 6.54(a)所示的简支梁为例,对梁的内力计算具体说明如下:

设如图 6.54(a)所示简支梁两端的支反力分别为 F_A 和 F_B,现求任一横截面 m-m 上的内力。按截面法沿 m-m 截面假想地把梁截开,分为左、右两部分,保留左部分考虑其平衡。作用于左部分上的力除外力 F_A 及 F_1 外,在截面 m-m 上还有右部分作用于其上的内力。

为了使左部分梁处于平衡状态,横截面 m-m 上应存在一个与横截面相平行的力 F_Q 及一个作用面与横截面相垂直的力偶,如图 6.54(b)所示。由平衡方程式

$$\sum F_y = 0, \quad F_A - F_1 - F_Q = 0$$

$$\sum M_O = 0, \quad M + F_1(x-a) - F_A x = 0$$

得

$$F_Q = F_A - F_1$$

$$M = F_A x - F_1(x-a)$$

式中,矩心 O 为截面 m-m 的形心。作用于 m-m 截面上的力 F_Q 及力偶 M 分别称为剪力与弯矩。剪力 F_Q 和弯矩 M 是平面弯曲时梁横截面上的两种内力。

当保留右部分时,如图 6.54(c)所示,同样可以求得剪力 F_Q 与弯矩 M。剪力 F_Q 与弯矩 M 是截面左、右两部分之间的相互作用力。因此作用于不同保留部分上的剪力 F_Q 与弯矩

使用普通机床加工零件

M 的大小相等,但方向(转向)相反。

进行内力计算时,为了使保留的不同部分的剪力和弯矩不仅数值相等,而且方向也相同,可以把剪力和弯矩的符号规则与梁的变形联系起来,如图 6.55 所示。从梁中取出一微段,对剪力、弯矩的符号规定如下:

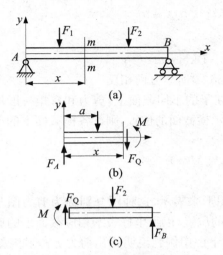

图 6.54　用截面法求简支梁的内力

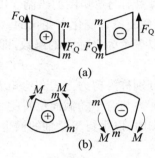

图 6.55　例 6.6 图(Ⅰ)

(1) 剪力符号。当剪力 F_Q 使微段梁绕微段内任一点沿顺时针方向转动时规定为正;反之为负,如图 6.55(a)所示。

(2) 弯矩符号。当弯矩 M 使微段梁凹向上方时,将其规定为正,反之为负,如图 6.55(b)所示。

例 6.6　图 6.56(a)所示为受集中力及均布载荷作用的外伸梁,试求 Ⅰ-Ⅰ、Ⅱ-Ⅱ 截面上的剪力和弯矩。

解　(1) 求支反力。

设支座 A、B 处的支反力分别为 F_A、F_B。由平衡方程式

$$\sum M_B = 0, \quad F_A \times 4 - F \times 2 + q \times 2 \times 1 = 0$$

$$\sum M_A = 0, \quad F \times 2 - F_B \times 4 + q \times 2 \times 1 = 0$$

得

$$F_A = 1.5 \text{ kN}, \quad F_B = 7.5 \text{ kN}$$

(2) 计算 Ⅰ-Ⅰ 截面的剪力与弯矩。

沿截面 Ⅰ-Ⅰ 将梁假想地截开并选左段为研究对象,如图 6.56(b)所示。由平衡方程式

$$\sum F_y = 0, \quad F_A - F_{Q1} = 0$$

$$\sum M_{C1} = 0, \quad F_A \times 1 - M_1 = 0$$

分别求得截面 Ⅰ-Ⅰ 的剪力和弯矩为

$$F_{Q1} = 1.5 \text{ kN}, \quad M_1 = 1.5 \text{ kN} \cdot \text{m}$$

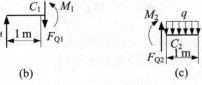

图 6.56　例 6.6 图(Ⅱ)

式中，F_{Q1}、M_1 的符号都为正，表示 F_{Q1}、M_1 的真实方向与图 6.56(b)所示方向相同。

（3）计算 Ⅱ-Ⅱ 截面的剪力和弯矩。沿截面 Ⅱ-Ⅱ 将梁假想地截开并选受力较少的右段为研究对象，如图 6.56(c)所示。由平衡方程式

$$\sum F_y = 0, \quad F_{Q2} - q \times 1 = 0$$

$$\sum M_{C2} = 0, \quad M_2 + q \times 1 \times 0.5 = 0$$

求得截面 Ⅱ-Ⅱ 的剪力和弯矩分别为

$$F_{Q2} = 2 \text{ kN}, \quad M_2 = -1 \text{ kN·m}$$

式中，M_2 的符号为负，表示 M_2 的真实方向与图 6.56(c)所示方向相反。

（4）剪力图与弯矩图的绘制。以上分析表明，在梁的不同截面上，剪力和弯矩一般均不相同，是随截面位置变化而变化的。设用坐标 x 表示横截面的位置，则梁各横截面上的剪力和弯矩可以表示为坐标 x 的函数，即

$$F_Q = F_Q(x), \quad M = M(x)$$

两关系式分别称为剪力方程和弯矩方程。

梁的剪力与弯矩随截面位置的变化关系常用图形来表示，这种图分别称为剪力图与弯矩图。绘图时，以平行于梁轴的横坐标 x 表示截面的位置，以纵坐标表示相应截面上的剪力或弯矩。下面用例题说明列出剪力方程和弯矩方程以及绘制剪力图和弯矩图的方法。

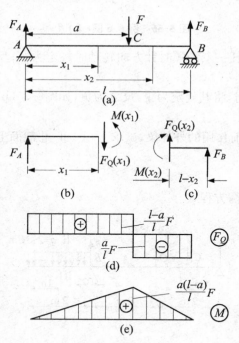

图 6.57 例 6.7 图

例 6.7 图 6.57(a)所示为一受集中力 F 作用的简支梁。设 F、l 及 a 均为已知，试列出剪力方程式与弯矩方程，并绘制剪力图与弯矩图。

解 （1）求支反力。由平衡方程式 $\sum M_B = 0$ 及 $\sum M_A = 0$，得

$$F_A = \frac{l-a}{l}F, \quad F_B = \frac{a}{l}F$$

利用平衡方程式 $\sum F_y = 0$ 对所得结果进行检测，得

$$F_A + F_B - F = \frac{l-a}{l}F + \frac{a}{l}F - F = 0$$

可见，F_A 及 F_B 的解答是正确的。

（2）列剪力与弯矩方程式。集中力 F 左右两段梁上的剪力与弯矩不能用同一方程式表示。将梁分成 AC 及 CB 两段，分别列出剪力方程与弯矩方程。

① AC 段。利用截面法，沿距 A 点 x_1 的任意截面将梁切开并以左段为研究对象，如图 6.57(b)。由左段的平衡条件得剪力方程和弯矩方程分别为

$$F_Q(x_1) = F_A = \frac{l-a}{l}F \quad (0 < x_1 < a) \tag{6.10}$$

$$M(x_1) = F_A x_1 = \frac{l-a}{l}F x_1 \quad (0 \leqslant x_1 \leqslant a) \tag{6.11}$$

② CB 段。沿距 A 点 x_2 的任意截面将梁切开并以右段为研究对象，如图 6.57(c)所示。由右段的平衡条件得到 CB 段的剪力方程和弯矩方程分别为

$$F_Q(x_2) = -F_B = -\frac{a}{l}F \quad (a < x_2 < l) \tag{6.12}$$

$$M(x_2) = F_B(l-x_2) = \frac{a}{l}F(l-x_2) \quad (a \leqslant x_2 \leqslant l) \tag{6.13}$$

（3）绘制 F_Q、M 图。由式(6.11)可知，在 AC 段内梁任意横截面上的剪力都为常量，为 $\frac{l-a}{l}F$，且符号为正，所以在 AC 段($0<x<a$)内，剪力图是位于 x 轴上方且平行于 x 轴的直线，如图 6.57(d)。同理，可以根据式 6.12 作 CB 段的剪力图，从剪力图可看出，当 $a>\frac{1}{2}$ 时，最大剪力发生在 CB 段的各横截面上，其值为 $|F_Q|_{max} = \frac{Fa}{l}$。

由式(6.11)可知，在 AC 段内弯矩是 x 的一次函数，所以弯矩图是一条斜直线。只要确定线上的两点就可以确定这条直线。AC 段内的弯矩如图 6.57(e)所示。同理，可以根据式(6.13)作 CB 段内的弯矩图。从弯矩图看出，最大弯矩发生在集中力 F 作用的 C 截面上，其值为 $|M|_{max} = \frac{Fa}{l}(l-a)$。

从例 6.9 可以看出，有集中力作用的梁的 F_Q 图和 M 图有以下特点：

（1）在集中力作用点，F_Q 图有突变。突变的大小和方向与集中力 F 相一致。

（2）在集中力作用点，M 图有转折。所谓"转折"，即 M 图在此点两侧的斜率发生突变。

例 6.8 简支梁 AB 如图 6.58(a)所示。在梁 C 处作用有集中力偶 M_e，试绘梁的剪力图和弯矩图，图中 M_e、a、b、l 均已知。

解 （1）求支反力。

由平衡方程式 $\sum M_B = 0$ 及 $\sum M_A = 0$，得

$$F_A = \frac{M_e}{l}, \quad F_B = \frac{M_e}{l}$$

利用平衡方程式 $\sum F_y = 0$ 对支反力计算结果进行检测，得

$$F_A - F_B = \frac{M_e}{l} - \frac{M_e}{l} = 0$$

可见，F_A 及 F_B 的解答是正确的。

（2）列出 F_Q、M 方程式。沿集中力偶作用的 C 截面将梁分成 AC 和 CB 两段，分别列出 F_Q、M 方程式 AC 段：

$$F_Q(x) = F_A = \frac{M_e}{l} \quad (0 < x \leqslant a) \tag{6.14}$$

$$M(x) = F_A x = \frac{M_e}{l}x \quad (0 \leqslant x < a) \tag{6.15}$$

CB 段：

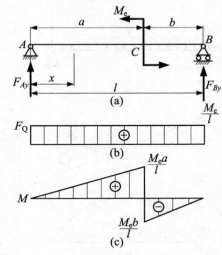

图 6.58 例 6.8 图

$$F_Q(x) = F_A = \frac{M_e}{l} \quad (a \leqslant x < l) \tag{6.16}$$

$$M(x) = F_A x - M_e = -\frac{M_e}{l}(l-x) \quad (a < x \leqslant l) \tag{6.17}$$

(3) 绘 F_Q、M 图。由式(6.14)和(6.16)、(6.15)和(6.16)分别绘出 F_Q、M 图,如图 6.58(b)和(c)所示。由 F_Q 图可见最大 F_Q 值为 $|F_Q|_{max} = \frac{M_e}{l}$。

当 $a > b$ 时,从 M 图可见,在 C 截面左侧,弯矩的绝对值最大,其值为

$$|M|_{max} = \frac{M_e}{l}b$$

从例 6.10 可以看出,在集中力偶作用处,F_Q 图、M 图存在如下特点:

(1) 在集中力偶作用点,F_Q 图无改变。

(2) 在集中力偶作用点,M 图有突变。其突变量等于集中力偶 M_e 的数值。

例 6.9 试绘图 6.59 所示简支梁的 F_Q、M 图。图中 q、l 均为已知。

解 (1) 求支反力。由平衡方程式 $\sum M_B = 0$ 及 $\sum M_A = 0$,得

$$F_A = F_B = \frac{1}{2}ql$$

利用平衡方程式 $\sum F_y = 0$ 对支反力计算结果进行检测,得

$$F_A + F_B - ql = \frac{1}{2}ql + \frac{1}{2}ql - ql = 0$$

可见,F_A 及 F_B 的解答是正确的。

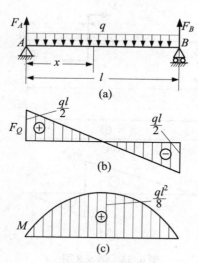

图 6.59 例 6.9 图

(2) 列 F_Q、M 方程式。用上述方法直接写出

$$F_Q(x) = \frac{ql}{2} - qx \quad (0 < x < l) \tag{6.18}$$

$$M(x) = \frac{ql}{2}x - \frac{q}{2}x^2 \quad (0 \leqslant x \leqslant l) \tag{6.19}$$

(3) 绘制 F_Q、M 图。由式(6.18)可见,剪力图为一斜直线,绘得 F_Q 图如图 6.59(b)所示。由式(6.19)可见,弯矩图为一抛物线,将式(6.19)对 x 求导数,并令

$$\frac{dM(x)}{dx} = \frac{ql}{2} - qx = 0 \tag{6.20}$$

求得弯矩及极值的截面位置为 $x = \frac{l}{2}$,代入式(6.19),得弯矩的极大值 $M_{max} = \frac{ql^2}{8}$。据此绘得弯矩图,如图 6.59(c)所示。

从例 6.11 可以看出,在分布载荷作用的梁段上,F_Q、M 图有如下特点:

(1) 载荷集度值不变,F_Q 图为斜直线。

(2) 载荷集度值不变,M 图为抛物线。

6.5 学习评价

学生项目学习评价表

项目评价表	教学情境		总 分	
	项目名称		项目执行人	
评分内容		总分值	自我评分 （30%）	教师评分 （70%）
咨询：		10		
决策与计划：		10		
实施：		45		
检测：		20		
评估：		15		
本项目收获：				
有待改进之处：				
改进方法：				
总分		100		
教师评语：				
被评估者签名	日期	教师签名		日期

6.6 考 工 要 点

本项目内容占中级铣工考工内容的比例约为 30%。

1. 考工应知知识点

百分表的使用方法；阶梯的铣削方法；直角沟槽的铣削方法；沟槽的检测方法；沟槽铣削的质量分析；万能分度头及分度方法；定位误差的分析与计算；机械加工质量分析。

2. 考工应会技能点

三面刃铣刀的选择与安装；百分表的使用；分度头的使用；阶梯的铣削与检测；沟槽的铣削与检测。

附录 A 综合训练试题

A.1 中等复杂轴类零件的加工

运用本课程所学的普通机床加工技能加工出该零件。

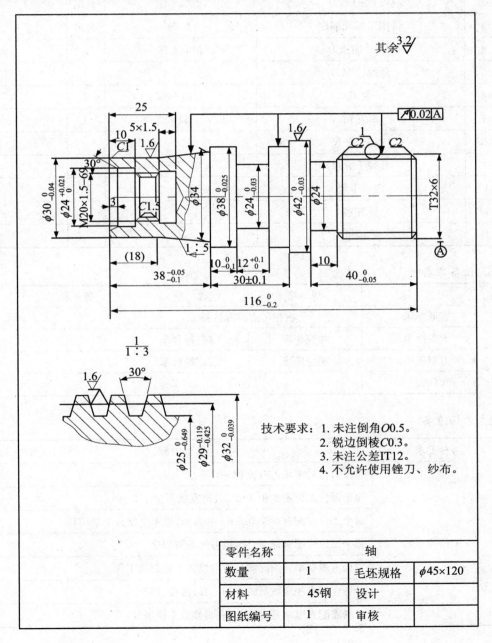

技术要求：1. 未注倒角C0.5。
2. 锐边倒棱C0.3。
3. 未注公差IT12。
4. 不允许使用锉刀、纱布。

零件名称		轴	
数量	1	毛坯规格	$\phi 45 \times 120$
材料	45钢	设计	
图纸编号	1	审核	

A.1.1 准备要求

1. 材料准备

名　称	规　格	数　量	要　求
45 钢	$\phi45\times120$	1 根/每位考生	材料调质

2. 刀具准备

序号	名　称	型　号	数量	要　求
1	93°外圆车刀（右偏）	相应车床	自定	刀尖角 35°
2	45°端面车刀	相应车床	自定	
3	常用工具和铜皮	自选	自定	
4	内、外切槽刀	相应车床	各 1	
5	外螺纹车刀	30°	1	
6	镗刀	相应车床	1	
7	麻花钻	$\phi18$	1	
8	内径千分尺	0.01/0~25		
9	外径千分尺	0.01/25~50	1	
10	游标卡尺	0.02/0~200	1	
11	计算器			
12	草稿纸			

3. 设备准备

名　称	规　格	数　量	要　求
普通车床	根据考点情况选择		
卡盘扳手	相应车床	1 副/每台车	
刀架扳手	相应车床	1 副/每台车	
软爪			

4. 考场准备

考核要求	准备内容
	每位考生的考场占有面积一般不少于 8 m²
	每个操作工位不少于 4 m²，过道宽度不少于 2 m
	每个工位应配有一个 0.5 m² 的台面，供考生摆放工量刃具
工位要求	每个工位应配有课桌、椅，供考生编写程序
	考场电源功率必须能满足所有设备正常启动工作
	考场应配有相应数量的清扫工具、油壶、棉丝
	考场需配有电刻笔，机床应有明显的工位编号

考核要求	准备内容
人员要求	监考人员数量与考生人数之比为 1∶10
	每个考场至少配机修工、电器维修工、医护人员各 1 名
	监考人员、考试服务人员必须于考前 30 min 到考场

5. 考场安全

项目	准备内容
场地安全	场地及通道必须符合国家对教学实训场所的规定
	场地及通道内必须配备符合国家法令的消防设施
	所有的电气设施必须符合国家标准
	必须保证考核使用设备的安全装置完好
人员安全	监考人员发现考生有违反安全生产规定的行为要立即制止,对于不服从指挥者,监考人员有权中止其考试并对其做好记录
	考生及监考人员必须穿戴好安全防护服装
	考场必须在开始考试前对考生进行必要的安全教育
	考场应准备一定的急救用品

A.1.2 考核内容

1. 操作技能考核总成绩表

序号	项目名称	配分	得分	备注
1	现场操作规范	10		
2	工序制定	20		
3	工件质量	70		
合 计		100		

2. 现场操作规范评分表

序号	项目	考核内容	配分	考场表现	得分
1	现场操作规范	工具的正确使用	2		
2		量具的正确使用	2		
3		刀具的合理使用	2		
4		设备正确操作和维护保养	4		
合计			10		

3. 工序制定评分表

序号	项目	考核内容	配分	实际情况	得分
1	工序制定	工序制定合理	10		
2	选择刀具	合理、得当、正确	10		
合计			20		

4. 工件质量评分表

检测项目		技术要求	配分	评分标准	检测结果	得分
件一	1	$\phi 30_{-0.04}^{0}$	3	每超、差 0.01 扣 1 分		
	2	$\phi 24_{0}^{-0.021}$	3	每超、差 0.01 扣 1 分		
	3	$\phi 38_{-0.025}^{0}$	3	每超、差 0.01 扣 1 分		
	4	$\phi 24_{-0.03}^{0}$	3	每超、差 0.01 扣 1 分		
	5	$\phi 42_{-0.03}^{0}$	3	每超、差 0.01 扣 1 分		
	6	$\phi 12_{0}^{+0.1}$	2	超、差无分		
	7	$\phi 10_{-0.1}^{0}$	2	超、差无分		
	8	$\phi 40_{-0.05}^{0}$	2	超、差无分		
	9	$\phi 116_{-0.2}^{0}$	1	超、差无分		
	10	$\phi 25_{-0.649}^{0}$（小径）	2	每超、差 0.01 扣 1 分		
	11	$\phi 29_{-0.425}^{-0.119}$（中径）	6	每超、差 0.01 扣 1 分		
	12	$\phi 32_{-0.039}^{0}$（大径）	2	超、差无分		
	13	T32×6 牙型角	1	不符无分		
	14	M20×1.5 - 6g（大径）	1	超、差无分		
	15	M20×1.5 - 6g（中径）	3	超、差无分		
	16	M20×1.5 - 6g 牙型角	2	不符无分		
	17	$\phi 24$	0.5	超、差无分		
	18	1：5	2	超、差无分		
	19	⟋ 0.02 A	2	超、差无分		
	20	倒角（3 处）	3	不符无分		

检测项目		技术要求		配分	评分标准	检测结果	得分
件一	21		锐边倒棱(5处)	3.5	不符无分		
	22	表面粗糙度	$Ra1.6\ \mu m$(4处)	6	降级无分		
	23		其余 $Ra3.2\ \mu m$	1	降级无分		
	24		螺纹侧面(2处)	6	降级无分		
其他	25		⟋ 0.03 C	2	超、差无分		
	26		安全文明生产	5	违反扣总分5分/次		

附录 B 车工国家职业标准(节选)

B.1 职业概况

B.1.1 职业名称
车工。

B.1.2 职业定义
操作车床,进行工件旋转表面切削加工的人员。

B.1.3 职业等级
本职业共设五个等级,分别为:初级(国家职业资格五级)、中级(国家职业资格四级)、高级(国家职业资格三级)、技师(国家职业资格二级)、高级技师(国家职业资格一级)。

B.1.4 职业环境
室内,常温。

B.1.5 职业能力特征
具有较强的计算能力和空间感、形体知觉及色觉,手指、手臂灵活,动作协调。

B.1.6 基本文化程度
初中毕业。

B.1.7 培训要求

B.1.7.1 培训期限
全日制职业学校教育,根据其培养目标和教学计划确定。晋级培训期限:初级不少于500标准学时;中级不少于400标准学时;高级不少于300标准学时;技师不少于300标准学时;高级技师不少于200标准学时。

B.1.7.2 培训教师
培训初、中、高级车工的教师应具有本职业技师以上职业资格证书或相关专业中级以上专业技术职务任职资格;培训技师的教师应具有本职业高级技师职业资格证书或相关专业高级专业技术职务任职资格;培训高级技师的教师应具有本职业高级技师职业资格证书2年以上或相关专业高级专业技术职务任职资格。

B.1.7.3 培训场地设备
满足教学需要的标准教室,并具有车床及必要的刀具、夹具、量具和车床辅助设备等。

B.1.8 鉴定要求

B.1.8.1 适用对象
从事或准备从事本职业的人员。

B.1.8.2 申报条件
1. 初级(具备以下条件之一者):

使用普通机床加工零件

（1）经本职业初级正规培训学时数达规定标准，并取得毕（结）业证书。

（2）在本职业连续见习工作 2 年以上。

（3）本职业学徒期满。

2. 中级（具备以下条件之一者）：

（1）取得本职业初级职业资格证书后，连续从事本职业工作 3 年以上，经本职业中级正规培训学时数达规定标准，并取得毕（结）业证书。

（2）取得本职业初级职业资格证书后，连续从事本职业工作 5 年以上。

（3）连续从事本职业工作 7 年以上。

（4）取得经劳动保障行政部门审核认定的、以中级技能为培养目标的中等以上职业学校本职业（专业）毕业证书。

3. 高级（具备以下条件之一者）：

（1）取得本职业中级职业资格证书后，连续从事本职业工作 4 年以上，经本职业高级正规培训学时数达规定标准，并取得毕（结）业证书。

（2）取得本职业中级职业资格证书后，连续从事本职业工作 7 年以上。

（3）取得高级技工学校或经劳动保障行政部门审核认定的、以高级技能为培养目标的高等职业学校本职业（专业）毕业证书。

（4）取得本职业中级职业资格证书的大专以上本专业或相关专业的毕业生，连续从事本职业工作 2 年以上。

4. 技师（具备以下条件之一者）：

（1）取得本职业高级职业资格证书后，连续从事本职业工作 5 年以上，经本职业技师正规培训学时数达规定标准，并取得毕（结）业证书。

（2）取得本职业高级职业资格证书后，连续从事本职业工作 8 年以上。

（3）取得本职业高级职业资格证书的高级技工学校本职业（专业）毕业生和大专以上本专业或相关专业毕业生，连续从事本职业工作满 2 年。

5. 高级技师（具备以下条件之一者）：

（1）取得本职业技师职业资格证书后，连续从事本职业工作 3 年以上，经本职业高级技师正规培训学时数达规定标准，并取得毕（结）业证书。

（2）取得本职业技师职业资格证书后，连续从事本职业工作 5 年以上。

B.1.8.3 鉴定方式

分为理论知识考试和技能操作考核：理论知识考试采用闭卷笔试方式；技能操作考核采用现场实际操作方式。理论知识考试和技能操作考核均实行百分制，成绩皆达 60 分以上者为合格。技师、高级技师鉴定还需进行综合评审。

B.1.8.4 考评人员与考生配比

理论知识考试考评人员与考生配比为 1∶15，每个标准教室不少于 2 名考评人员；技能操作考核考评员与考生配比为 1∶5，且不少于 3 名考评员。

B.1.8.5 鉴定时间

理论知识考试时间不少于 120 min；技能操作考核时间为：初级不少于 240 min，中级不少于 300 min，高级不少于 360 min，技师不少于 420 min，高级技师不少于 240 min；论文答辩时间不少于 45 min。

B.1.8.6　鉴定场所设备

理论知识考试在标准教室里进行；技能操作考核在配备必要的车床、工具、夹具、刀具、量具、量仪以及机床附件的场所进行。

B.2　基本要求

B.2.1　职业道德

B.2.1.1　职业道德基本知识

B.2.1.2　职业守则

(1) 遵守法律、法规和有关规定。

(2) 爱岗敬业、具有高度的责任心。

(3) 严格执行工作程序、工作规范、工艺文件和安全操作规程。

(4) 工作认真负责，团结合作。

(5) 爱护设备及工具、夹具、刀具、量具。

(6) 着装整洁，符合规定；保持工作环境清洁有序，文明生产。

B.2.2　基础知识

B.2.2.1　基础理论知识

(1) 识图知识。

(2) 公差与配合。

(3) 常用金属材料及热处理知识。

(4) 常用非金属材料知识。

B.2.2.2　机械加工基础知识

(1) 机械传动知识。

(2) 机械加工常用设备知识（分类、用途）。

(3) 金属切削常用刀具知识。

(4) 典型零件（主轴、箱体、齿轮等）的加工工艺。

(5) 设备润滑及切削液的使用知识。

(6) 工具、夹具、量具使用与维护知识。

B.2.2.3　钳工基础知识

(1) 画线知识。

(2) 钳工操作知识（錾、锉、锯、钻、绞孔、攻螺纹、套螺纹）。

B.2.2.4　电工知识

(1) 通用设备常用电器的种类及用途。

(2) 电力拖动及控制原理基础知识。

(3) 安全用电知识。

B.2.2.5　安全文明生产与环境保护知识

(1) 现场文明生产要求。

(2) 安全操作与劳动保护知识。

（3）环境保护知识。

B.2.2.6　质量管理知识

（1）企业的质量方针。

（2）岗位的质量要求。

（3）岗位的质量保证措施与责任。

B.2.2.7　相关法律、法规知识

（1）劳动法相关知识。

（2）合同法相关知识。

B.3　工作要求

本标准对初级、中级、高级、技师、高级技师的技能要求依次递进，高级别包括低级别的要求。

B.3.1　初级

职业功能	工作内容	技能要求	相关知识
一、工艺准备	（一）读图与绘图	能读懂轴、套和圆锥、螺纹及圆弧等简单零件图	简单零件的表达方法，各种符号的含义
	（二）制订加工工艺	1. 能读懂轴、套和圆锥、螺纹及圆弧等简单零件的机械加工工艺过程 2. 能制订简单零件的车削加工顺序（工步） 3. 能合理选择切削用量 4. 能合理选择切削液	1. 简单零件的车削加工顺序 2. 车削用量的选择方法 3. 切削液的选择方法
	（三）工件定位与夹紧	能使用车床通用夹具和组合夹具将工件正确定位与夹紧	1. 工件正确定位与夹紧的方法 2. 车床通用夹具的种类、结构与使用方法
	（四）刀具准备	1. 能合理选用车床常用刀具 2. 能刃磨普通车刀及标准麻花钻头	1. 车削常用刀具的种类与用途 2. 车刀几何参数的定义、常用几何角度的表示方法及其与切削性能的关系 3. 车刀与标准麻花钻头的刃磨方法
	（五）设备维护与保养	能简单维护保养普通车床	普通车床的润滑及常规保养方法

职业功能	工作内容	技能要求	相关知识
二、工件加工	（一）轴类零件的加工	1. 能车削 3 个以上阶梯的普通阶梯轴，并达到以下要求： （1）同轴度公差：0.05 mm （2）表面粗糙度：$Ra3.2\ \mu m$ （3）公差等级：IT8 2. 能进行滚花加工及抛光加工	1. 阶梯轴的车削方法 2. 滚花加工及抛光加工的方法
	（二）套类零件的加工	能车削套类零件，并达到以下要求： （1）公差等级：外径 IT7，内径 IT8 （2）表面粗糙度：$Ra3.2\ \mu m$	套类零件钻、扩、镗、绞的方法
	（三）螺纹的加工	能车削普通螺纹、英制螺纹及管螺纹	1. 普通螺纹的种类、用途及计算方法 2. 螺纹车削方法 3. 攻、套螺纹前螺纹底径及杆径的计算方法
	（四）锥面及成形面的加工	能车削具有内、外圆锥面工件的锥面及球类工件、曲线手柄等简单成形面，并进行相应的计算和调整	1. 圆锥的种类、定义及计算方法 2. 圆锥的车削方法 3. 成形面的车削方法
三、精度检测及误差分析	（一）内、外径，长度，深度，高度的检测	1. 能使用游标卡尺、千分尺、内径百分表测量直径及长度 2. 能用塞规及卡规测量内径及外径	1. 使用游标卡尺、千分尺、内径百分表测量工件的方法 2. 塞规和卡规的结构及使用方法
	（二）锥度及成形面的检测	1. 能用角度样板、万能角度尺测量锥度 2. 能用涂色法检测锥度 3. 能用曲线样板或普通量具检测成形面	1. 使用角度样板、万能角度尺测量锥度的方法 2. 锥度量规的种类、用途及涂色法检测锥度的方法 3. 成形面的检测方法
	（三）螺纹检测	1. 能用螺纹千分尺测量三角螺纹的中径 2. 能用三针测量螺纹中径 3. 能用螺纹环规及塞规对螺纹进行综合检测	1. 螺纹千分尺的结构、原理及使用、保养方法 2. 三针测量螺纹中径的方法及千分尺读数的计算方法 3. 螺纹环规及塞规的结构及使用方法

B.3.2 中级

职业功能	工作内容	技能要求	相关知识
一、工艺准备	(一)读图与绘图	1. 能读懂主轴、蜗杆、丝杠、偏心轴、两拐曲轴、齿轮等中等复杂程度的零件工作图 2. 能绘制轴、套、螺钉、圆锥体等简单零件的工作图 3. 能读懂车床主轴、刀架、尾座等简单机构的装配图	1. 复杂零件的表达方法 2. 简单零件工作图的画法 3. 简单机构装配图的画法
	(二)制订加工工艺	1. 能读懂蜗杆、双线螺纹、偏心件、两拐曲轴、薄壁工件、细长轴、深孔件及大型回转体工件等较复杂零件的加工工艺规程 2. 能制订使用四爪单动卡盘装夹的较复杂零件、双线螺纹、偏心件、两拐曲轴、细长轴、薄壁件、深孔件及大型回转体零件等的加工顺序	使用四爪单动卡盘加工较复杂零件、双线螺纹、偏心件、两拐曲轴、细长轴、薄壁件、深孔件及大型回转体零件等的加工顺序
	(三)工件定位与夹紧	1. 能正确装夹薄壁、细长、偏心类工件 2. 能合理使用四爪单动卡盘、花盘及弯板装夹外形较复杂的简单箱体工件	1. 定位夹紧的原理及方法 2. 车削时防止工件变形的方法 3. 复杂外形工件的装夹方法
	(四)刀具准备	1. 能根据工件材料、加工精度和工作效率的要求,正确选择刀具的型号、材料及几何参数 2. 能刃磨梯形螺纹车刀、圆弧车刀等较复杂的车削刀具	1. 车削刀具的种类、材料及几何参数的选择原则 2. 普通螺纹车刀、成形车刀的种类及刃磨知识
	(五)设备维护保养	1. 能根据加工需要对机床进行调整 2. 能在加工前对普通车床进行常规检测 3. 能及时发现普通车床的一般故障	1. 普通车床的结构、传动原理及加工前的调整 2. 普通车床常见的故障现象
二、工件加工	(一)轴类零件的加工	能车削细长轴并达到以下要求: (1) 长径比:$L/D \geqslant 25 \sim 60$ (2) 表面粗糙度:$Ra3.2\ \mu m$ (3) 公差等级:IT9 (4) 直线度公差等级:IT9～IT12	细长轴的加工方法

职业功能	工作内容	技能要求	相关知识
二、工件加工	（二）偏心件、曲轴的加工	能车削两个偏心的偏心件、两拐曲轴、非整圆孔工件，并达到以下要求： （1）偏心距公差等级：IT9 （2）轴颈公差等级：IT6 （3）孔径公差等级：IT7 （4）孔距公差等级：IT8 （5）轴心线平行度：0.02 mm/100 mm （6）轴颈圆柱度：0.013 mm （7）表面粗糙度：$Ra1.6\,\mu m$	1. 偏心件的车削方法 2. 两拐曲轴的车削方法 3. 非整圆孔工件的车削方法
	（三）螺纹、蜗杆的加工	1. 能车削梯形螺纹、矩形螺纹、锯齿形螺纹等 2. 能车削双头蜗杆	1. 梯形螺纹、矩形螺纹及锯齿形螺纹的用途及加工方法 2. 蜗杆的种类、用途及加工方法
	（四）大型回转表面的加工	能使用立车或大型卧式车床车削大型回转表面的内、外圆锥面，球面及其他曲面工件	在立车或大型卧式车床上加工内、外圆锥面，球面及其他曲面的方法
三、精度检测及误差分析	（一）高精度轴为向尺寸、理论交点尺寸及偏心件的测量	1. 能用量块和百分表测量公差等级IT9的轴向尺寸 2. 能间接测量一般理论交点尺寸 3. 能测量偏心距及两平行非整圆孔的孔距	1. 量块的用途及使用方法 2. 理论交点尺寸的测量与计算方法 3. 偏心距的检测方法 4. 两平行非整圆孔孔距的检测方法
	（二）内、外圆锥检测	1. 能用正弦规检测锥度 2. 能用量棒、钢球间接测量内、外锥体	1. 正弦规的使用方法及测量计算方法 2. 利用量棒、钢球间接测量内、外锥体的方法与计算方法
	（三）多线螺纹与蜗杆的检测	1. 能进行多线螺纹的检测 2. 能进行蜗杆的检测	1. 多线螺纹的检测方法 2. 蜗杆的检测方法

B.3.3 高级

职业功能	工作内容	技能要求	相关知识
一、工艺准备	（一）读图与绘图	1. 能读懂多线蜗杆、减速器壳体、三拐以上曲轴等复杂畸形零件的工作图 2. 能绘制偏心轴、蜗杆、丝杠、两拐曲轴的零件工作图 3. 能绘制简单零件的轴测图 4. 能读懂车床主轴箱、进给箱的装配图	1. 复杂畸形零件图的画法 2. 简单零件轴测图的画法 3. 读车床主轴箱、进给箱装配图的方法

职业功能	工作内容	技能要求	相关知识
一、工艺准备	（二）制订加工工艺	1. 能制订简单零件的加工工艺规程 2. 能制订三拐以上曲轴、有立体交叉孔的箱体等畸形、精密零件的车削加工顺序 3. 能制订在立车或落地车床上加工大型、复杂零件的车削加工顺序	1. 简单零件加工工艺规程的制订方法 2. 畸形、精密零件的车削加工顺序的制订方法 3. 大型、复杂零件的车削加工顺序的制订方法
	（三）工件定位与夹紧	1. 能合理选择车床通用夹具、组合夹具和调整专用夹具 2. 能分析计算车床夹具的定位误差 3. 能确定立体交错两孔及多孔工件的装夹与调整方法	1. 组合夹具和调整专用夹具的种类、结构、用途和特点以及调整方法 2. 夹具定位误差的分析与计算方法 3. 立体交错两孔及多孔工件在车床上的装夹与调整方法
	（四）刀具准备	1. 能正确选用及刃磨群钻、机夹车刀等常用先进车削刀具 2. 能正确选用深孔加工刀具，并能安装和调整 3. 能在保证工件质量及生产效率的前提下延长车刀寿命	1. 常用先进车刀的用途、特点及刃磨方法 2. 深孔加工刀具的种类及选择、安装、调整方法 3. 延长车刀寿命的方法
	（五）设备维护与保养	能判断车床的一般机械故障	车床常见机械故障及排除方法
二、工件加工	（一）套、深孔、偏心件、曲轴的加工	1. 能加工深孔并达到以下要求： (1) 长径比：$L/D \geqslant 10$ (2) 公差等级：IT8 (3) 表面粗糙度：$Ra3.2\ \mu m$ (4) 圆柱度公差等级：不小于 IT9 2. 能车削轴线在同一轴向平面内的三偏心外圆和三偏心孔，并达到以下要求： (1) 偏心距公差等级：IT9 (2) 轴径公差等级：IT6 (3) 孔径公差等级：IT8 (4) 对称度：0.15 mm (5) 表面粗糙度：$Ra1.6\ \mu m$	1. 深孔加工的特点及深孔工件的车削方法、测量方法 2. 偏心件加工的特点及三偏心工件的车削方法、测量方法
	（二）螺纹、蜗杆的加工	能车削三线以上蜗杆，并达到以下要求： (1) 精度：9 级 (2) 节圆跳动：0.015 mm (3) 齿面粗糙度：$Ra1.6\ \mu m$	多线蜗杆的加工方法

| 二、工件加工 | （三）箱体孔的加工 | 1. 能车削立体交错的两孔或三孔
2. 能车削与轴线垂直且偏心的孔
3. 能车削同内球面垂直且相交的孔
4. 能车削两半箱体的同心孔以上3项均达到以下要求：
（1）孔距公差等级：IT9
（2）偏心距公差等级：IT9
（3）孔径公差等级：IT9
（4）孔中心线相互垂直：0.05 mm/100 mm
（5）位置度：0.1 mm
（6）表面粗糙度：$Ra1.6\,\mu m$ | 1. 车削及测量立体交错孔的方法
2. 车削与回转轴垂直且偏心的孔的方法
3. 车削与内球面垂直且相交的孔的方法
4. 车削两半箱体的同心孔的方法 |
| 三、精度检验及误差分析 | 复杂、畸形机械零件的精度检测及误差分析 | 1. 能对复杂、畸形机械零件进行精度检测
2. 能根据测量结果分析产生车削误差的原因 | 1. 复杂、畸形机械零件精度的检测方法
2. 车削误差的种类及产生原因 |

B.4 比重表

B.4.1 理论知识

项目		初级/%	中级/%	高级/%	技师/%	高级技师/%
基本要求	职业道德	5	5	5	5	5
	基础知识	25	25	20	15	15
相关知识	工艺准备	25	25	25	35	50
	工件加工	35	35	30	20	10
	精度检测及误差分析	10	10	20	15	10
	培训指导				5	5
	管理				5	5
合计		100	100	100	100	100

注：高级技师"管理"模块内容按技师标准考核。

使用普通机床加工零件

B.4.2 技能操作

	项目	初级/%	中级/%	高级/%	技师/%	高级技师/%
工作要求	工艺准备	20	20	15	10	20
	工件加工	70	70	75	70	60
	精度检测及误差分析	10	10	10	10	10
	培训指导				5	5
	管理				5	5
合计		100	100	100	100	100

附录 C 铣工国家职业标准(节选)

C.1 职业概况

C.1.1 职业名称
铣工。

C.1.2 职业定义
操作铣床,进行工件铣削加工的人员。

C.1.3 职业等级
本职业共设五个等级,分别为:初级(国家职业资格五级)、中级(国家职业资格四级)、高级(国家职业资格三级)、技师(国家职业资格二级)、高级技师(国家职业资格一级)。

C.1.4 职业环境
室内,常温。

C.1.5 职业能力特征
具有较强的计算能力、空间感、形体知觉及色觉,手指、手臂灵活,动作协调性强。

C.1.6 基本文化程度
初中毕业。

C.1.7 培训要求

C.1.7.1 培训期限

全日制职业学校教育,根据其培养目标和教学计划确定。晋级培训期限:初级不少于500标准学时;中级不少于400标准学时;高级不少于300标准学时;技师不少于300标准学时;高级技师不少于200标准学时。

C.1.7.2 培训教师

培训初、中、高级铣工的教师应具有本职业技师以上职业资格证书或本专业中级以上专业技术职务任职资格;培训技师的教师应具有本职业高级技师职业资格证书或本专业高级专业技术职务任职资格;培训高级技师的教师应具有2年以上的本职业高级技师职业资格证书或本专业高级专业技术职务任职资格。

C.1.7.3 培训场地设备

满足教学需要的标准教室和铣床及必要的刀具、夹具、量具和铣床辅助设备等。

C.1.8 鉴定要求

C.1.8.1 适用对象

从事或准备从事本职业的人员。

C.1.8.2 申报条件

1. 初级(具备以下条件之一者):

(1) 经本职业初级正规培训学时数达规定标准,并取得毕(结)业证书。

（2）在本职业连续见习工作 2 年以上。

（3）本职业学徒期满。

2. 中级（具备以下条件之一者）：

（1）取得本职业初级职业资格证书后，连续从事本职业工作 3 年以上，经本职业中级正规培训学时数达规定标准，并取得毕（结）业证书。

（2）取得本职业初级职业资格证书后，连续从事本职业工作 5 年以上。

（3）连续从事本职业工作 7 年以上。

（4）取得经劳动保障行政部门审核认定的、以中级技能为培养目标的中等以上职业学校本职业（专业）毕业证书。

3. 高级（具备以下条件之一者）：

（1）取得本职业中级职业资格证书后，连续从事本职业工作 4 年以上，经本职业高级正规培训学时数达规定标准，并取得毕（结）业证书。

（2）取得本职业中级职业资格证书后，连续从事本职业工作 7 年以上。

（3）取得高级技工学校或经劳动保障行政部门审核认定的、以高级技能为培养目标的高等职业学校本职业（专业）毕业证书。

（4）取得本职业中级职业资格证书的大专以上本专业或相关专业毕业生，连续从事本职业工作 2 年以上。

4. 技师（具备以下条件之一者）：

（1）取得本职业高级职业资格证书后，连续从事本职业工作 5 年以上，经本职业技师正规培训达学时数规定标准，并取得毕（结）业证书。

（2）取得本职业高级职业资格证书后，连续从事本职业工作 8 年以上。

（3）取得本职业高级职业资格证书的高级技工学校本职业（专业）毕业生和大专以上本专业或相关专业的毕业生，连续从事本职业工作 2 年以上。

5. 高级技师（具备以下条件之一者）：

（1）取得本职业技师职业资格证书后，连续从事本职业工作 3 年以上，经本职业高级技师正规培训达学时数规定标准，并取得毕（结）业证书。

（2）取得本职业技师职业资格证书后，连续从事本职业工作 5 年以上。

C.1.8.3 鉴定方式

分为理论知识考试和技能操作考核。理论知识考试采用闭卷笔试方式，技能操作考核采用现场实际操作方式。理论知识考试和技能操作考核均实行百分制，成绩皆达 60 分以上者为合格。技师、高级技师鉴定还需进行综合评审。

C.1.8.4 考评人员与考生配比

理论知识考试考评人员与考生配比为 1∶15，每个标准教室不少于 2 名考评人员；技能操作考核考评员与考生配比为 1∶5，且不少于 3 名考评员。

C.1.8.5 鉴定时间

理论知识考试时间不少于 120 min；技能考核时间为：初级不少于 240 min，中级不少于 300 min，高级不少于 360 min，技师不少于 420 min，高级技师不少于 240 min；论文答辩时间不少于 45 min。

C.1.8.6 鉴定场所设备

理论知识考试在标准教室进行;技能操作考核在配备必要的铣床、工具、夹具、刀具和量具、量仪及铣床附件的场所进行。

C.2 基本要求

C.2.1 职业道德

C.2.1.1 职业道德基本知识

C.2.1.2 职业守则

(1) 遵守法律、法规和有关规定。

(2) 爱岗敬业,具有高度的责任心。

(3) 严格执行工作程序、工作规范、工艺文件和安全操作规程。

(4) 工作认真负责,团结合作。

(5) 爱护设备及工具、夹具、刀具、量具。

(6) 着装整洁,符合规定;保持工作环境清洁有序,文明生产。

C.2.2 基础知识

C.2.2.1 基础理论知识

(1) 识图知识。

(2) 公差与配合。

(3) 常用金属材料及热处理知识。

(4) 常用非金属材料。

C.2.2.2 机械加工基础知识

(1) 机械传动知识。

(2) 机械加工常用设备知识(分类、用途)。

(3) 金属切削常用刀具知识。

(4) 典型零件(主轴、箱体、齿轮等)的加工工艺。

(5) 设备润滑及切削液的使用知识。

(6) 气动及液压知识。

(7) 工具、夹具、量具使用与维护知识。

C.2.2.3 钳工基础知识

(1) 画线知识。

(2) 钳工操作知识(錾、锉、锯、钻、铰孔、攻螺纹、套螺纹)。

C.2.2.4 电工知识

(1) 通用设备常用电器的种类及用途。

(2) 电力拖动及控制原理基础知识。

(3) 安全用电知识。

使用普通机床加工零件

C.2.2.5 安全文明生产与环境保护知识

(1) 现场文明生产要求。

(2) 安全操作与劳动保护知识。

(3) 环境保护知识。

C.2.2.6 质量管理知识

(1) 企业的质量方针。

(2) 岗位的质量要求。

(3) 岗位的质量保证措施与责任。

C.2.2.7 相关法律、法规知识

(1) 劳动法相关知识。

(2) 合同法相关知识。

C.3 工作要求

本标准对初级、中级、高级、技师、高级技师的技能要求依次递进,高级别包括低级别的要求。在"工作内容"栏内未标注"普通铣床"或"数控铣床"的均为两者通用。

C.3.1 初级

职业功能	工作内容	技能要求	相关知识
一、工艺准备	(一) 读图与绘图	能读懂带斜面的矩形体、带槽或键的轴、套筒、带阶梯或沟槽的多面体等简单零件图	1. 简单零件的表示方法 2. 绘制平行垫铁等简单零件的草图的方法
	(二) 制订加工工艺	1. 能读懂平面、连接面、沟槽、花键轴等简单零件的工艺规程 2. 能制订简单工件的铣削加工顺序 3. 能合理选择切削用量 4. 能合理选择铣削用的切削液	1. 平面、连接面、沟槽、花键轴等简单零件的铣削工艺 2. 铣削用量及选择方法 3. 铣削用的切削液及选择方法
	(三) 工件定位与夹紧	能正确使用铣床通用夹具和专用夹具	1. 铣床通用夹具的种类、结构和使用方法 2. 专用夹具的特点和使用方法
	(四) 刀具准备	1. 能合理选用常用铣刀 2. 能在铣床上正确地安装铣刀	1. 铣刀各部位名称和作用 2. 铣刀的安装和调整方法
	(五) 设备调整及维护保养	能进行普通铣床的日常维护保养和润滑	普通铣床的维护保养方法

职业功能	工作内容	技能要求	相关知识
二、工件加工	（一）平面和连接面的加工	能铣矩形工件和连接面并达到以下要求： 1. 尺寸公差等级：IT9 2. 垂直度和平行度：IT7 3. 表面粗糙度 $Ra3.2\ \mu m$ 4. 斜面的尺寸公差等级：IT12、IT11；角度公差：$\pm15'$	平面和连接面的铣削方法
	（二）阶梯、沟槽和键槽的加工及切断	能铣阶梯和直角沟槽、键槽、特形沟槽，并达到以下要求： 1. 表面粗糙度：$Ra3.2\ \mu m$ 2. 尺寸公差等级：IT9 3. 平行度：IT7 4. 对称度：IT9 5. 特形沟槽尺寸公差等级：IT11	1. 阶梯和直角沟槽的铣削方法 2. 键槽的铣削方法 3. 工件的切断及铣窄槽的方法 4. 特形槽的铣削方法
	（三）分度头的应用及加工角度面和刻度	能铣角度面或在圆柱、圆锥和平面上刻线，并达到以下要求： 1. 尺寸公差等级：IT9 2. 对称度：IT8； 3. 角度公差：$\pm5'$ 4. 刻线要求线条清晰、粗细相等、长短分清、间距准确	1. 分度方法 2. 铣角度面时的尺寸计算和调整方法 3. 利用分度头进行刻线的方法
	（四）花键轴的加工	能用单刀或组合铣刀粗铣花键，并达到以下要求： 1. 键宽尺寸公差等级：IT10 2. 小径公差等级：IT12 3. 平行度：IT7 4. 对称度：IT9 5. 表面粗糙度：$Ra6.3\sim3.2\ \mu m$	外花键的铣削知识
三、精度检测及误差分析	（一）平面、矩形工件、斜面、阶梯、沟槽的检测	1. 能用游标卡尺、刀口形直尺、千分尺、百分表、90°角尺、万能角度尺、塞规等常用量具检测平面、斜面、阶梯、沟槽和键槽等 2. 能用辅助测量圆棒和常用量具检测沟槽	1. 使用游标卡尺、刀口形直尺、千分尺、百分表、90°角尺、万能角度尺、游标高度尺、塞规等常用量具测量平面、斜面、阶梯、沟槽和键槽的方法 2. 用辅助测量圆棒和常用量具检测沟槽的方法
	（二）特殊形面的检测	能利用分度头和常用量具检测外花键和角度面	用分度头和常用量具检测外花键及角度面的方法

使用普通机床加工零件

C. 3. 2 中级

职业功能	工作内容	技能要求	相关知识
一、工艺准备	（一）读图与绘图	1. 能读懂等速凸轮、齿轮、离合器、带直线成形面和曲面等中等复杂程度零件的零件图 2. 能读懂分度头尾架、弹簧夹头套筒、可转位铣刀结构等简单机构的装配图 3. 能绘制带斜面或沟槽的轴和矩形零件锥套等简单零件图	1. 复杂零件的表示方法 2. 齿轮、花键轴及带斜面和沟槽的零件等简单零件图的画法
	（二）制订加工工艺	1. 能读懂复杂零件的铣削加工部分的工艺规程 2. 能制订平行孔系、离合器、圆柱齿轮和齿条、直齿锥齿轮、成形面、凸轮、圆柱面直齿刀具的铣削加工顺序 3. 龙门铣床操作人员要能制订大型零件和箱体零件上各平面的加工顺序	1. 平行孔系、离合器、齿轮和齿条成形面、凸轮、锥齿轮、圆柱面、直齿槽、刀具等较复杂零件的铣削加工部分的工艺 2. 龙门铣操作人员应懂得大型工件和箱体的加工工艺
		能编制矩形体、平行孔系、圆弧曲面等一般难度工件的铣削工艺。其主要内容有： 1. 正确选择加工零件的工艺基准 2. 决定工步顺序及工步内容和切削参数	1. 一般复杂程度工件的铣削工艺 2. 数控铣床的工艺编制
	（三）工件定位与夹紧	1. 能正确装夹薄壁、细长、带斜面的工件 2. 能合理使用回转工作台和压板等，装夹外形较复杂的工件 3. 能正确使用组合夹具	1. 定位、夹紧的原理及方法 2. 复杂形状工件和容易变形工件的装夹方法 3. 专用夹具和组合夹具的结构和使用方法
	（四）刀具准备	1. 能根据工件材料、加工精度和工作效率的要求，正确选择刀具的材料牌号和几何参数 2. 能合理选用铣削刀具	1. 铣刀几何参数的意义及其作用 2. 铣刀切削部分材料的种类、代号（牌号）、性能和用途 3. 铣刀的结构和特点

职业功能	工作内容	技能要求	相关知识
一、工艺准备	（五）设备调整及维护保养	1. 能根据加工需要对机床进行调整 2. 能在加工前对自用铣床进行常规检测 3. 能及时发现自用铣床的一般故障	1. 铣床的种类、型号编制及特征和用途 2. 铣床的结构、传动原理 3. 铣床的调整及常见故障的排除方法
二、工件加工	（一）平面和连接面的加工	能铣矩形工件和连接面，并达到以下要求： 1. 尺寸公差等级：IT7 2. 平面度：IT7 3. 垂直度和平行度：IT6、IT5 4. 表面粗糙度：$Ra1.6\ \mu m$	提高平面铣削精度的方法
	（二）阶梯沟槽和键槽的加工及切断	能铣阶梯、沟槽、键槽及特形沟槽，并达到以下要求： 1. 阶梯和直角沟槽的表面粗糙度：$Ra3.2 \sim Ra1.6\ \mu m$； 2. 尺寸公差等级：IT8	提高阶梯、沟槽和键槽等加工精度的方法
	（三）分度头应用及加工角度面和刻线	能铣削角度面或在圆柱面、圆锥面和平面上刻线，并达到以下要求： 1. 尺寸公差等级：IT8 2. 角度公差：$\pm 3'$	提高角度面铣削精度及刻线精度的方法
	（四）花键轴的加工	能用花键铣刀半精铣和精铣花键，并达到以下要求： 1. 键宽尺寸公差等级：IT9 2. 不等分累积误差不大于0.04 mm（$D = 50 \sim 80$ mm）	铣削花键轴提高精度的方法
	（五）坐标孔的加工	能换轴线平行的孔系（或2个孔不在同一直线上的3个孔等），并达到以下要求： 1. 孔径尺寸公差等级：IT8 2. 孔中心距：IT9 3. 表面粗糙度：$Ra1.6\ \mu m$	钻孔、铰孔、键孔、铣孔及加工椭圆孔的方法
	（六）圆柱齿轮及齿条的加工	能铣直齿和斜齿圆柱齿轮及直齿和斜齿条，并达到以下要求： 精度等级：FJ10	1. 螺旋槽的铣削方法 2. 直齿圆柱齿轮的铣削方法 3. 斜齿圆柱齿轮的铣削方法 4. 直齿条和斜齿条的铣削方法

职业功能	工作内容	技能要求	相关知识
二、工件加工	（七）锥齿轮的加工	能铣直齿锥齿轮，并达到以下要求： 精度等级：a12	直齿锥齿轮的铣削方法
	（八）离合器的加工	能铣矩形齿、梯形齿、尖形齿、锯形齿和螺旋形齿等齿形离合器，并达到以下要求： 1. 等分误差：不大于 $10'$ 2. 齿侧表面粗糙度 $Ra3.2 \sim Ra1.6\ \mu m$	牙嵌式离合器的铣削方法
	（九）成形面、螺旋面及凸轮的加工	能用成形铣刀、仿形装置及仿形铣床加工复杂的成形面，并达到以下要求： 1. 尺寸公差等级：IT9、IT8 2. 成形面形状误差：不大于0.05 mm 3. 螺旋面和凸轮的形状（包括导程）误差：不大于 0.10 mm	1. 直线成形面的铣削方法 2. 用仿形法加工成形面时的误差分析
	（十）圆柱面直齿槽刀具的加工	能按图样要求加工圆盘形和圆柱形多齿刀具齿槽，并达到以下要求： 1. 刀具前角加工误差：不大于 $2°$ 2. 刀齿处棱边尺寸公差：IT15 3. 其他要求按图样	圆盘或圆柱面直齿刀具齿槽的铣削方法
三、精度检测及误差误差分析	（一）平面、矩形工件、斜面、阶梯、沟槽的检测	能用常用量具及量块、正弦规、卡规、塞规等检测高精度工件的各部尺寸和角度	1. 量块、卡规、塞规、水平仪、正弦规的使用和保养方法 2. 齿轮卡尺、公法线千分尺、刀具万能角度尺，以及样板、套规等专用量具的构造原理、使用和保养方法
	（二）特殊形面的检测	1. 能进行平行孔系、离合器、齿条、成形面、螺旋面、凸轮和各部尺寸和角度 2. 能正确使用齿轮卡尺、公法线千分尺、样板、刀具、万能角度尺	

C.3.3 高级

职业功能	工作内容	技能要求	相关知识
一、工艺准备	（一）读图与绘图	1. 能读懂螺旋桨、减速箱箱体、多位置非等速圆柱凸轮等复杂、畸形零件图 2. 能绘制等速凸轮、蜗杆、花键轴、直齿锥齿轮、专用铣刀等中等复杂程度的零件图 3. 能读懂分度头、回转工作台等一般机构的装配图 4. 能绘制简单零件的轴测图	1. 绘制复杂、畸形零件图的方法 2. 一般机械装配图的表示方法 3. 绘制简单零件轴测图的方法
	（二）制订加工工艺	1. 能制订简单零件的加工工艺规程 2. 能制订精密工件的加工顺序 3. 能制订螺旋齿槽、端面和锥面齿槽、模具型面、蜗轮和蜗杆、非等速凸轮等复杂工件的加工顺序 4. 能制订大型工件和箱体的铣削加工顺序	1. 简单零件的工艺规程 2. 螺旋、端面和锥面刀具齿槽、模具型面、蜗轮、蜗杆、非等速凸轮等复杂或精密工件的加工顺序 3. 大型工件和箱体的加工顺序
	（三）工件定位与夹紧	1. 能应用定位原理对工件进行正确定位和夹紧 2. 能对难以装夹的和形状复杂的工件提出装夹方案 3. 能对具有立体交错孔的箱体等复杂工件进行装夹、调整和对刀 4. 能调整复杂的专用夹具和组合夹具	1. 夹具的定位原理以及定位误差分析和计算方法 2. 夹紧机构的种类、夹紧时的受力分析方法 3. 专用夹具和组合夹具的种类、结构和特点，复杂专用夹具的调整和一般组合夹具的组装方法
	（四）刀具准备	1. 能修磨键槽铣刀和专用铣刀等刀具（如键槽铣刀端面刃、加工模具用铣刀和镗孔用刀具等） 2. 能根据难加工材料的特点正确选择刀具的材料、结构和参数	1. 铣刀的刃磨及几何参数的合理选择方法 2. 铣削难加工材料时，铣刀材料的牌号和几何参数的选择方法
	（五）设备调整及维护保养	1. 能对常用铣床进行调整 2. 能排除铣床的一般故障 3. 能及时发现铣床的电路故障 4. 能进行铣床几何精度及工作精度的检测	1. 根据说明书调整常用铣床 2. 根据结构图排除机械故障 3. 机床的气动、液压元件及其作用 4. 铣床的电气元件及线路原理图 5. 铣床精度的检测方法

使用普通机床加工零件

职业功能	工作内容	技能要求	相关知识
二、工件加工	（一）平面和连接面的加工	1. 能加工薄型工件,宽厚比:B/H ≥10 2. 能铣大型和复杂工件 3. 能进行难加工材料的铣削 4. 能进行复合斜面的加工,并达到以下要求: (1) 尺寸公差等级:IT7 (2) 平行度:IT6、IT5 (3) 表面粗糙度:$Ra1.6\ \mu m$ (4) 复合斜面的尺寸公差等级:IT12、IT11	1. 薄型工件的加工方法 2. 大型和复杂工件的加工方法 3. 难加工材料的加工方法 4. 难加工工件的加工方法 5. 角度分度的差动分度法 6. 光学分度头的结构和使用方法
	（二）阶梯、沟槽和键槽的加工及切断	能加工精度高的特形沟槽和两条对称的键槽,并达到以下要求: 1. 尺寸公差等级:IT8 2. 对称度:IT8、IT7	1. 薄型工件的加工方法 2. 大型和复杂工件的加工方法 3. 难加工材料的加工方法 4. 难加工工件的加工方法 5. 角度分度的差动分度法 6. 光学分度头的结构和使用方法
	（三）分度头的应用及加工角度面和刻度	能运用角度分度的差动分度法和在光学分度头上进行分度	
	（四）坐标孔的加工	能镗削平行孔系,并达到以下要求: 1. 孔径尺寸公差等级:IT7 2. 孔中心距公差等级:IT8	提高镗削平行孔系精度的方法
	（五）圆柱齿轮和齿条的加工	能铣直齿齿条及斜齿齿条,并达到以下要求: 齿条的精度等级:FJ7	提高齿条铣削精度的方法
	（六）锥齿轮的加工	能铣大质数齿轮、直齿锥齿轮,并达到以下要求: 精度等级:a12	大质数齿轮、直齿锥齿轮的铣削方法
	（七）离合器的加工	能铣复杂齿形的离合器,并达到以下要求: 尖齿离合器的等分误差:不大于$3'$	提高齿形离合器铣削精度的方法
	（八）成形面、曲面和凸轮的加工	1. 能利用转台铣削螺旋面 2. 能铣盘形和圆柱形等速凸轮及非等速凸轮等工件,并达到以下要求: (1) 尺寸公差等级:IT9、IT8 (2) 成形面形状误差:不大于0.05 mm (3) 螺旋面和凸轮的形状(包括导程)误差:不大于0.10 mm	1. 非等速凸轮的铣削方法 2. 曲面的铣削方法 3. 球面的铣削方法 4. 等速圆盘和圆柱凸轮的铣削方法

职业功能	工作内容	技能要求	相关知识
二、工件加工	（九）螺旋齿槽、端面和锥面齿槽的加工	能根据图样要求,铣螺旋齿槽、端面齿槽和锥面齿槽,并达到以下要求: 1. 刀具前角加工误差:不大于2° 2. 其他要求按图样	立铣刀、三面刃铣刀、锥度铰刀、角度铣刀和等前角、等螺旋角锥度刀具齿槽的铣削方法
	（十）型腔、型面的加工	能铣复杂的型腔、型面,并达到以下要求: 1. 尺寸公差等级:IT8 2. 形位公差等级:IT7 3. 表面粗糙度:$Ra6.3 \sim Ra3.2 \mu m$	复杂型腔、型面的铣削方法
三、精度检测及误差分析	螺旋齿、模具型面及复杂大型工件的检测	1. 能进行螺旋齿槽、端面齿槽、锥面齿槽、模具型面及复杂大型工件的检测 2. 能正确使用杠杆千分尺、扭簧比较仪、水平仪、光学分度头等精密量具和仪器进行检测	1. 复杂型面及大型工件的检测方法 2. 精密量具和量仪及光学分度头的构造原理和使用、保养方法 3. 数字显示装置的构造和使用方法
四、培训指导	指导操作	能指导初、中级铣工实际操作	指导实际操作的基本方法

C.4　比重表

C.4.1　理论知识

	项目	初级/%	中级/%	高级/%	技师/%	高级技师/%
基本要求	职业道德	5	5	5	5	5
	基础知识	25	25	20	15	15
相关知识	工艺准备	25	25	25	35	45
	工件加工	35	35	30	20	10
	精度检测及误差分析	10	10	20	15	10
	培训指导	—	—	—	5	10
	管理	—	—	—	5	5
合计		100	100	100	100	100

注:高级技师"管理"模块内容按技师标准考核。

使用普通机床加工零件

C.4.2 技能操作

项目		初级/%	中级/%	高级/%	技师/%	高级技师/%
技能要求	工艺准备	20	20	15	20	30
	工件加工	70	70	75	60	40
	精度检测及误差分析	10	10	10	10	10
	培训指导	—	—	—	5	5
	管理	—	—	—	5	5
合计		100	100	100	100	100

附录 D 国家职业资格考试中级车工理论模拟试题及答案

中级车工模拟题

一、单项选择(第 1~160 题。选择一个正确的答案,将相应的字母填入题内的括号中。每题 0.5 分,满分 80 分。)

1. 单个圆柱齿轮的画法是在垂直于齿轮轴线方向的视图上不必剖开,而将( )用细点画线绘制。

    A. 齿根圆 B. 分度圆 C. 齿顶圆 D. 基圆

2. 在主截面内,主后刀面与切削平面之间的夹角是( )。

    A. 前角 B. 后角 C. 主偏角 D. 副偏角

3. 劳动生产率是指单位时间内所生产的( )数量。

    A. 合格品 B. 产品 C. 合格品+废品 D. 合格品-废品

4. 标注形位公差时箭头( )。

    A. 指向关联要素 B. 指向被测要素
    C. 指向基准要素 D. 都要与尺寸线对齐

5. 车削细长轴时,为了减少径向切削力而引起细长轴的弯曲,车刀的主偏角应选为( )。

    A. 100° B. 80°~93° C. 60°~75° D. 45°~60°

6. 下面( )方法对减少薄壁变形不起作用。

    A. 使用扇形软卡爪 B. 使用切削液
    C. 保持车刀锋利 D. 使用径向夹紧装置

7. 在普通车床上以 400 r/min 的速度车一直径为 40 mm、长 400 mm 的轴,此时采用 $f = 0.5$ mm/r,$a_p = 4$ mm,车刀主偏角 45°,车一刀需( )min。

    A. 2 B. 2.02 C. 2.04 D. 1

8. 使用硬质合金可转位刀具,必须注意( )。

    A. 选择合理的刀具角度 B. 刀片要用力夹紧
    C. 刀片夹紧不需用力很大 D. 选择较大的切削用量

9. 下列说法正确的是( )。

    A. 增环公差最大 B. 封闭环公差最大
    C. 减环尺寸最小 D. 封闭环尺寸最大

10. 文明生产应该( )。

    A. 将千分尺当卡规使用 B. 用手清除短切屑
    C. 磨刀时站在砂轮侧面 D. 将量具放在顺手的位置

11. 已知米制梯形螺纹的公称直径为 40 mm,螺距 $P = 8$ mm,牙顶间隙 $AC = 0.5$ mm,则外螺纹牙高为( )mm。

    A. 4.33 B. 3.5 C. 4.5 D. 4

12. 表达机件的断面形状结构,最好使用( )图。

    A. 局部放大   B. 半剖视   C. 剖视   D. 剖面

13. 绘制零件工作图一般分四步,第一步是( )。

    A. 选择比例和图幅   B. 看标题栏

    C. 布置图面   D. 绘制草图

14. 工件以圆柱心轴定位时,( )。

    A. 没有定位误差   B. 有基准位移误差,没有基准不重合误差

    C. 没有基准位移误差,有基准不重合误差   D. 有定位误差

15. 硬质合金的耐热温度为( )℃。

    A. 300~400   B. 500~600   C. 800~1 000   D. 1 100~1 300

16. 刀具两次重磨之间纯切削时间的总和称为( )。

    A. 刀具磨损限度   B. 刀具寿命   C. 使用时间   D. 机动时间

17. 修整砂轮一般用( )。

    A. 油石   B. 金刚石   C. 硬质合金刀   D. 高速钢

18. 实现工艺过程中( )所消耗的时间属于辅助时间。

    A. 测量和检测工件   B. 休息

    C. 准备刀具   D. 切削

19. 组合夹具元件、部件多,一次投资大,适于( )生产。

    A. 单件小批   B. 大量   C. 成批   D. 大批量

20. 手提式酸碱灭火器适于扑救( )。

    A. 油脂类石油产品   B. 木、棉、毛等物质

    C. 电路设备   D. 可燃气体

21. 用1:2的比例画30°斜角的楔块时,应将该角画成( )。

    A. 15°   B. 30°   C. 60°   D. 45°

22. 当切屑变形最大时,切屑与刀具的摩擦也最大,对刀具来说,传热不容易的区域是在( ),其切削温度也最高。

    A. 刀尖附近   B. 前刀面   C. 后刀面   D. 副后刀面

23. 使用( )可提高刀具寿命。

    A. 润滑液   B. 冷却液   C. 清洗液   D. 防锈液

24. 零件加工后的实际几何参数与理想几何参数的符合程度称为( )。

    A. 加工误差   B. 加工精度   C. 尺寸误差   D. 几何精度

25. 跟刀架可以跟随车刀移动,抵消( )切削力。

    A. 切向   B. 径向   C. 轴向   D. 反方向

26. 硬质合金可转位车刀的特点是( )。

    A. 节省装刀时间   B. 不易打刀   C. 夹紧力大   D. 刀片耐用

27. 车床纵向溜板移动方向与被加工丝杠轴线在( )方向的平行度误差对工件螺距影响最大。

    A. 水平   B. 垂直   C. 任何方向   D. 切深方向

28. 操作车床过程中,( )。

    A. 短时间离开不用切断电源   B. 离开时间短不用停车

    C. 卡盘扳手应随手取下   D. 卡盘停不稳可用手扶住

29. CA6140型车床大滑板手轮与刻度盘是( )运动的。

    A. 相反   B. 不同步   C. 同步   D. 不一定同步

30. 深孔加工主要的关键技术是深孔钻的( )问题。

A. 冷却排屑   B. 钻杆刚性和冷却排屑

C. 几何角度   D. 几何形状和冷却排屑

31. 夹紧装置的基本要求中"正"是指（   ）。

    A. 夹紧后,应保证工件在加工过程中的位置不发生变化

    B. 夹紧时,应不破坏工件的正确定位

    C. 夹紧迅速

    D. 结构简单

32. 一台 CA6140 车床,$P_E=7.5$ kW,$\eta=0.8$,用 YT5 车刀将直径为 60 mm 的中碳钢毛坯在一次进给中车成直径为 50 mm 的半成品,若选进给量为 0.25 mm/r,车床主轴转速为 500 r/min,则切削功率为（   ）kW。

    A. 6   B. 1.96   C. 3.925   D. 20.8

33. 选择粗基准时应选择（   ）的表面。

    A. 大而平整   B. 比较粗糙

    C. 加工余量小或不加工   D. 小而平整

34. 本身尺寸增大能使封闭环尺寸增大的组成环为（   ）。

    A. 增环   B. 减环   C. 封闭环   D. 组成环

35. 切削用量中对切削力影响最大的是（   ）。

    A. 切削深度   B. 进给量   C. 切削速度   D. 影响相同

36. CA6140 车床钢带式制动器的作用是（   ）。

    A. 缩短辅助时间   B. 刹车   C. 提高生产效率   D. 起保险作用

37. 变速机构可在主动轴转速（   ）时,使从动轴获地不同的转速。

    A. 由小变大   B. 改变   C. 不改变   D. 由大变小

38. 下列因素中对刀具寿命影响最大的是（   ）。

    A. 切削深度   B. 进给量   C. 切削速度   D. 车床转速

39. 弹簧夹头和弹簧心轴是车床上常用的典型夹具,它能（   ）。

    A. 定心   B. 定心不能夹紧   C. 夹紧   D. 定心又能夹紧

40. 用硬质合金螺纹车刀高速车梯形螺纹时,刀尖角应为（   ）。

    A. 30°   B. 29°   C. 29°30′   D. 30°30′

41. 下面（   ）属于操纵机构。

    A. 开车手柄   B. 大滑板   C. 开合螺母   D. 尾座

42. 在 CA6140 型车床上车削米制螺纹时,交换齿轮传动比应是（   ）。

    A. 42∶100   B. 63∶75   C. 32∶97   D. 64∶97

43. 普通麻花钻靠外缘处前角为（   ）。

    A. −54°   B. 0°   C. 30°   D. 45°

44. 选择定位基准时,（   ）只可使用一次。

    A. 测量基准   B. 精基准   C. 粗基准   D. 基准平面

45. 工序集中的优点是减少了（   ）的辅助时间。

    A. 测量工件   B. 调整刀具   C. 安装工件   D. 刃磨刀具

46. 花盘、角铁的定位基准面的形位公差要小于工件形位公差的（   ）。

    A. 2 倍   B. 1/5   C. 1/3   D. 1/2

47. 安全离合器的作用是（   ）。

    A. 互锁   B. 避免纵、横进给同时接通

    C. 过载保护   D. 防止"闷车"

48. 深孔加工用的孔加工刀具和排屑方式为（　　）。
    A. 喷吸钻外排屑　　　　B. 喷吸钻内排屑　　　　C. 高压外排屑　　　　D. 枪钻内排屑
49. （　　）是切削刃选定点相对于工件主运动的瞬时速度。
    A. 切削速度　　　　B. 进给量　　　　C. 工作速度　　　　D. 切削深度
50. 图样上符号○是（　　）公差，称为（　　）。
    A. 位置，圆度　　　　B. 尺寸，圆度　　　　C. 形状，圆度　　　　D. 形状，圆柱度
51. 规定（　　）的磨损量 VB 为刀具的磨损限度。
    A. 主切削刃　　　　B. 前刀面　　　　C. 后刀面　　　　D. 切削表面
52. 一般情况下（　　）最大。
    A. 主切削力 F_z　　　　B. 切深抗力 F_y　　　　C. 进给抗力 F_x　　　　D. 反作用力 F
53. 工件的六个自由度全部被限制，它在夹具中只有唯一的位置，属于（　　）定位。
    A. 部分　　　　B. 完全　　　　C. 欠　　　　D. 重复
54. 提高劳动生产率，必须以保证产品（　　）为前题，以提高经济效率为中心。
    A. 数量　　　　B. 质量　　　　C. 经济效益　　　　D. 美观
55. 夹紧元件施力点应尽量（　　）表面，可防止工件在加工过程中产生振动。
    A. 远离加工　　　　B. 靠近加工　　　　C. 远离非加工　　　　D. 靠近非加工
56. （　　）和直径之比大于 25 的轴称为细长轴。
    A. 长度　　　　B. 宽度　　　　C. 内径　　　　D. 厚度
57. 专用夹具适用于（　　）。
    A. 新品试制　　　　　　　　　　　　B. 单件小批生产
    C. 大批量生产　　　　　　　　　　　D. 一般生产
58. （　　）与外圆的轴线平行而不重合的工件称为偏心轴 。
    A. 中心线　　　　B. 内径　　　　C. 端面　　　　D. 外圆
59. 加工两种或两种以上工件的同一夹具称为（　　）。
    A. 组合夹具　　　　B. 专用夹具　　　　C. 通用夹具　　　　D. 车床夹具
60. 车削光杠时，应使用（　　）支承，以增加工件刚性。
    A. 中心架　　　　B. 跟刀架　　　　C. 过渡套　　　　D. 弹性顶尖
61. 在工厂机床种类不齐全的情况下使用夹具，这是因为夹具能（　　）。
    A. 保证加工质量　　　　　　　　　　B. 扩大机床的工艺范围
    C. 提高劳动生产率　　　　　　　　　D. 解决加工中的特殊困难
62. 在丝杆螺距为 12 mm 的车床上，车削模数为 4 mm 的蜗杆（　　）产生乱扣。
    A. 不一定会　　　　B. 一定会　　　　C. 会　　　　D. 不会
63. 数控车床加工不同零件时，只需更换（　　）即可。
    A. 毛坯　　　　B. 凸轮　　　　C. 车刀　　　　D. 计算机程序
64. 车削多线螺纹时，（　　）。
    A. 应将一条螺旋槽车好后，再车另一条螺旋槽
    B. 应把各条螺旋槽先粗车好后，再分别精车
    C. 根据自己的经验，怎么车都行
    D. 若精车多次循环分线，小滑板要从一个方向赶刀
65. 零件的加工精度包括（　　）。
    A. 尺寸精度、几何形状精度和相互位置精度
    B. 尺寸精度
    C. 尺寸精度、形位精度和表面粗糙度

D. 几何形状精度和相互位置精度

66. 零件加工后的实际几何参数与理想几何参数的（　　）称为加工精度。

    A. 误差大小　　　　　　B. 偏离程度　　　　　　C. 符合程度　　　　　　D. 差别

67. 互锁机构的作用是防止（　　）而损坏机床。

    A. 主轴正转、反转同时接通　　　　　　　　　　B. 纵、横进给同时接通

    C. 光杠、丝杠同时转动　　　　　　　　　　　　D. 丝杠传动、机动进给同时接通

68. 零件的（　　）包括尺寸精度、几何形状精度和相互位置精度。

    A. 加工精度　　　　　　B. 经济精度　　　　　　C. 表面精度　　　　　　D. 精度

69. 主偏角大（　　）。

    A. 散热好　　　　　　　B. 进给抗力小　　　　　C. 易断屑　　　　　　　D. 表面粗糙度小

70. 数控车床具有（　　）控制和自动加工功能，加工过程不需要人工干预，加工质量较为稳定。

    A. 机动　　　　　　　　B. 自动　　　　　　　　C. 程序　　　　　　　　D. 过程

71. CA6140 型卧式车床主轴箱Ⅲ～Ⅴ轴之间的传动比实际上有（　　）种。

    A. 4　　　　　　　　　　B. 6　　　　　　　　　　C. 3　　　　　　　　　　D. 5

72. 外圆与内孔偏心的零件称为（　　）。

    A. 偏心套　　　　　　　B. 偏心轴　　　　　　　C. 偏心　　　　　　　　D. 不同轴件

73. 车刀的进给方向是由（　　）机构控制的。

    A. 操纵　　　　　　　　B. 变速　　　　　　　　C. 进给　　　　　　　　D. 变向

74. 曲轴的装夹就是解决（　　）的加工。

    A. 主轴颈　　　　　　　B. 曲柄颈　　　　　　　C. 曲柄臂　　　　　　　D. 曲柄偏心距

75. 在尺寸链中，当其他尺寸确定后，新产生的一个环是（　　）。

    A. 封闭环　　　　　　　B. 减环　　　　　　　　C. 组成环　　　　　　　D. 增环

76. 用齿轮卡尺测量蜗杆的（　　）齿厚时，应把齿高卡尺的读数调整到齿顶高尺寸。

    A. 周向　　　　　　　　B. 径向　　　　　　　　C. 法向　　　　　　　　D. 轴向

77. 采用轴向分线法车多线螺纹时，应按（　　）分线。

    A. 导程　　　　　　　　B. 直径　　　　　　　　C. 螺距　　　　　　　　D. 线数

78. 相邻两牙在中径线上对应两点之间的（　　）称为螺距。

    A. 斜线距离　　　　　　B. 角度　　　　　　　　C. 长度　　　　　　　　D. 轴线距离

79. 四爪卡盘是（　　）夹具。

    A. 通用　　　　　　　　B. 专用　　　　　　　　C. 车床　　　　　　　　D. 机床

80. 用中心架支承工件车内孔时，如内孔出现倒锥，则是由中心架中心偏向（　　）所造成的。

    A. 操作者一方　　　　　B. 操作者对方　　　　　C. 尾座　　　　　　　　D. 主轴

81. CA6140 型车床主轴孔锥度是莫氏（　　）号。

    A. 3　　　　　　　　　　B. 4　　　　　　　　　　C. 5　　　　　　　　　　D. 6

82. M20×3/2 的螺距为（　　）。

    A. 3　　　　　　　　　　B. 2.5　　　　　　　　　C. 2　　　　　　　　　　D. 1.5

83. 用齿轮卡尺测量的是（　　）。

    A. 法向齿厚　　　　　　B. 轴向齿厚　　　　　　C. 螺距　　　　　　　　D. 周节

84. 在机床上用以装夹工件的装置称为（　　）。

    A. 车床夹具　　　　　　B. 专用夹具　　　　　　C. 机床夹具　　　　　　D. 通用夹具

85. 在三爪卡盘上车偏心工件，已知 $D=50$ mm，偏心距 $e=2$ mm，试切后，用百分表测得最大值与最小值的差值为 4.08 mm，则正确的垫片厚度为（　　）mm。

    A. 2.94　　　　　　　　B. 3.06　　　　　　　　C. 3　　　　　　　　　　D. 6.12

86. 梯形螺纹精车刀的纵向前角应取（　　）。

    A. 正值   B. 零值   C. 负值   D. 15°

87. 用高速钢车刀精车时,应选（　　）。

    A. 较大的切削速度   B. 较高的转速

    C. 较低的转速   D. 较大的进给量

88. 车削外径为 100 mm,模数为 8 mm 的两线公制蜗杆,其周节为（　　）mm。

    A. 50.24   B. 25.12   C. 16   D. 12.56

89. 在两顶尖之间测量偏心距时,百分表测得的数值为（　　）。

    A. 偏心距的一半   B. 两偏心圆直径之差

    C. 偏心距   D. 两倍偏心距

90. 轴向直廓蜗杆又称为（　　）。

    A. 延长渐开线蜗杆   B. 渐开线蜗杆

    C. ZN 蜗杆   D. 阿基米德螺蜗杆

91. 细长轴的主要特点是（　　）。

    A. 强度差   B. 刚性差   C. 弹性好   D. 稳定性差

92. 开合螺母跟燕尾形导轨配合的松紧程度可用（　　）进行调整。

    A. 锥度   B. 楔铁   C. 螺母   D. 斜面

93. 夹紧力的（　　）应与支撑点相对,并且应尽量作用在工件刚性较好的部位,以减小工件变形。

    A. 大小   B. 切点   C. 作用点   D. 方向

94. 精车时,为减小（　　）与工件的摩擦,保持刃口锋利,应选择较大的后角。

    A. 基面   B. 前刀面   C. 后刀面   D. 主截面

95. 用长 V 形块定位能消除（　　）个自由度。

    A. 2   B. 3   C. 4   D. 5

96. 跟刀架主要用来车削（　　）和长丝杠。

    A. 短丝杠   B. 细长轴   C. 油盘   D. 锥度

97. 若卡盘本身的精度较高,当装上主轴后圆跳动大,则其主要原因是主轴的（　　）过大。

    A. 转速   B. 旋转   C. 跳动   D. 间隙

98. 用硬质合金车刀加工时,为减轻加工硬化,不易取（　　）的进给量和切削深度。

    A. 过小   B. 过大   C. 中等   D. 较大

99. 普通螺纹的牙顶应为（　　）形。

    A. 元弧   B. 尖   C. 削平   D. 凹面

100. 立式车床适于加工（　　）零件。

    A. 小型规则的   B. 形状复杂的   C. 大型轴类   D. 大型盘类

101. 梯形螺纹测量中,一般用三针测量法测量螺纹的（　　）。

    A. 大径   B. 中径   C. 底径   D. 小径

102. 梯形螺纹的（　　）是公称直径。

    A. 外螺纹大径   B. 外螺纹小径   C. 内螺纹大径   D. 内螺纹小径

103. 刀具材料的硬度、耐磨性越高,韧性（　　）。

    A. 越差   B. 越好   C. 不变   D. 消失

104. 保证工件在夹具中占有正确的位置的是（　　）装置。

    A. 定位   B. 夹紧   C. 辅助   D. 车床

105. 有时工件的数量并不多,但还是需要使用专用夹具,这是因为夹具能（　　）。

    A. 保证加工质量   B. 扩大机床的工艺范围

C. 提高劳动生产率   D. 解决加工中的特殊困难

106. 采用夹具后,工件上有关表面的(　　)由夹具保证。

    A. 表面粗糙度   B. 几何要素   C. 大轮廓尺寸   D. 位置精度

107. CA6140 型车床在刀架上的最大工件回转直径是(　　)mm。

    A. 190   B. 210   C. 280   D. 200

108. CA6140 型车床主轴孔能通过的最大棒料直径是(　　)mm。

    A. 20   B. 37   C. 62   D. 48

109. 车削曲轴前应先画线,并根据画线(　　)。

    A. 切断   B. 加工   C. 找正   D. 测量

110. (　　)越好,允许的切削速度越高。

    A. 韧性   B. 强度   C. 耐磨性   D. 红硬性

111. 普通车床型号中的主要参数是用(　　)来表示的。

    A. 中心高的 1/10   B. 加工最大棒料直径

    C. 最大车削直径的 1/10   D. 床身上最大工件回转直径

112. 若主、副切削刃为直线,且入 $s=0°$,$K_r'=0°$,$K_r<90°$,则切削层横截面为(　　)。

    A. 平行四边形   B. 矩形   C. 正方形   D. 长方形

113. 梯形螺纹是应用广泛的(　　)螺纹,如车床上的长丝杠、中小滑板丝杠等。

    A. 粗牙   B. 连接   C. 密封   D. 传动

114. 车外圆时,车刀装低,(　　)。

    A. 前角变大   B. 前、后角不变   C. 后角变大   D. 后角变小

115. 被加工表面回转轴线与基准面互相(　　),外形复杂的工件可装夹在花盘上加工。

    A. 垂直   B. 平行   C. 重合   D. 一致

116. 在高温下能够保持刀具材料切削性能的是(　　)。

    A. 硬度   B. 耐热性   C. 耐磨性   D. 强度

117. 精车多线螺纹时,分线精度高,并且比较简便的方法是(　　)。

    A. 小滑板刻度分线法   B. 卡盘卡爪分线法

    C. 分度插盘分线法   D. 挂轮分线法

118. CA6140 型车床能加工的最大工件直径是(　　)mm。

    A. 140   B. 200   C. 400   D. 500

119. 用左右切削法车削螺纹(　　)。

    A. 适于螺距较大的螺纹   B. 易扎刀

    C. 螺纹牙型准确   D. 牙底平整

120. 当车好一条螺旋槽后,利用(　　)刻度将车刀沿蜗杆的轴线方向移动一个蜗杆齿距后再车下一条螺旋槽。

    A. 尾座   B. 中滑板   C. 大滑板   D. 小滑板

121. 螺纹的顶径是指(　　)。

    A. 外螺纹大径   B. 外螺纹小径   C. 内螺纹大径   D. 内螺纹中径

122. 刃磨车刀前刀面,同时磨出(　　)。

    A. 前角和刃倾角   B. 前角   C. 刃倾角   D. 前角和楔角

123. 车刀切削部分材料的硬度不能低于(　　)。

    A. HRC90   B. HRC70   C. HRC60   D. HB230

124. CA6140 型卧式车床的主轴正转有(　　)级转速。

    A. 21   B. 24   C. 12   D. 30

使用普通机床加工零件

125. 螺纹底径是指( )。
    A. 外螺纹大径　　　　B. 外螺纹小径　　　　C. 外螺纹中径　　　　D. 内螺纹小径

126. 加工曲轴时,采用低速精车方式,以免( )作用使工件产生位移。
    A. 径向力　　　　　　B. 重力　　　　　　　C. 切削力　　　　　　D. 离心力

127. 已知米制梯形螺纹的公称直径为 36 mm,螺距 $P = 6$ mm,牙顶间隙 $AC = 0.5$ mm,则牙槽底宽为
    ( )mm。
    A. 2.196　　　　　　B. 1.928　　　　　　C. 0.268　　　　　　D. 3

128. 被加工表面回转轴线与基准面互相垂直,外形复杂的工件可装夹在( )上加工。
    A. 夹具　　　　　　　B. 角铁　　　　　　　C. 花盘　　　　　　　D. 三爪

129. 用 450 r/min 的转速车削 Tr50×−12 内螺纹孔径时,切削速度为( )m/min。
    A. 70.7　　　　　　　B. 54　　　　　　　　C. 450　　　　　　　D. 50

130. 刀具材料的硬度越高,耐磨性( )。
    A. 越差　　　　　　　B. 越好　　　　　　　C. 不变　　　　　　　D. 消失

131. 磨削加工的主运动是( )。
    A. 砂轮圆周运动　　　B. 工件旋转运动　　　C. 工作台移动　　　　D. 砂轮架运动

132. 对表面粗糙度影响较小的是( )。
    A. 切削速度　　　　　B. 进给量　　　　　　C. 切削深度　　　　　D. 工件材料

133. 在车床上自制 60°前顶尖,最大圆锥直径为 30 mm,则计算圆锥长度为( )mm。
    A. 26　　　　　　　　B. 8.66　　　　　　　C. 17　　　　　　　　D. 30

134. 被加工表面回转轴线与( )互相垂直,外形复杂的工件可装夹在花盘上加工。
    A. 基准轴线　　　　　B. 基准面　　　　　　C. 底面　　　　　　　D. 平面

135. 花盘可直接装夹在车床的( )上。
    A. 卡盘　　　　　　　B. 主轴　　　　　　　C. 尾座　　　　　　　D. 专用夹具

136. 在花盘上加工工件,车床主轴转速应选( )。
    A. 较低　　　　　　　B. 中速　　　　　　　C. 较高　　　　　　　D. 高速

137. ( )时,应选用较小后角。
    A. 工件材料软　　　　B. 粗加工　　　　　　C. 高速钢车刀　　　　D. 半精加工

138. ( )砂轮适用于硬质合金车刀的刃磨。
    A. 绿色碳化硅　　　　B. 黑色碳化硅　　　　C. 碳化硼　　　　　　D. 氧化铝

139. 被加工表面回转轴线与( )互相平行,外形复杂的工件可装夹在花盘上加工。
    A. 基准轴线　　　　　B. 基准面　　　　　　C. 底面　　　　　　　D. 平面

140. 刃倾角 λ_s 为正值时,切屑流向( )。
    A. 加工表面　　　　　B. 已加工表面　　　　C. 待加工表面　　　　D. 切削平面

141. 已知米制梯形螺纹的公称直径为 36 mm,螺距 $P = 6$ mm,则中径为( )mm。
    A. 30　　　　　　　　B. 32.103　　　　　　C. 33　　　　　　　　D. 36

142. CA6140 型卧式车床的主轴反转有( )级转速。
    A. 21　　　　　　　　B. 24　　　　　　　　C. 12　　　　　　　　D. 30

143. 修磨麻花钻前刀面的目的是( )前角。
    A. 增大　　　　　　　B. 减小　　　　　　　C. 增大或减小　　　　D. 增大边缘处

144. ( )硬质合金车刀适于加工钢料或其他韧性较大的塑性材料。
    A. M 类　　　　　　　B. K 类　　　　　　　C. P 类　　　　　　　D. H 类

145. 造成已加工表面粗糙的主要原因是( )。
    A. 残留面积　　　　　B. 积屑瘤　　　　　　C. 鳞刺　　　　　　　D. 振动波纹

146. 精车梯形螺纹时,为了便于左右车削,精车刀的刀头宽度应(　　)牙槽底宽。

    A. 小于　　　　　　　B. 等于　　　　　　　C. 大于　　　　　　　D. 超过

147. 用厚度较厚的螺纹样板测具有纵向前角的车刀的刀尖角时,样板应(　　)放置。

    A. 平行工件轴线　　　　　　　　　　　　B. 平行于车刀底平面

    C. 水平　　　　　　　　　　　　　　　　D. 平行于车刀切削刃

148. 磨削时,工作者应该站在砂轮的(　　)。

    A. 侧面　　　　　　　B. 对面　　　　　　　C. 前面　　　　　　　D. 后面

149. 高速钢车刀的(　　)较差,因此不能用于高速切削。

    A. 强度　　　　　　　B. 硬度　　　　　　　C. 耐热性　　　　　　D. 工艺性

150. 刃磨时对刀刃的要求是(　　)。

    A. 刃口平直、光洁　　　　　　　　　　　B. 刃口表面粗糙度小、锋利

    C. 刃口平整、锋利　　　　　　　　　　　D. 刃口平直、表面粗糙度小

151. (　　)硬质合金适于加工短切屑的黑色金属、有色金属及非金属材料。

    A. P类　　　　　　　B. K类　　　　　　　C. M类　　　　　　　D. 以上均可

152. 高速车螺纹时,一般选用(　　)法车削。

    A. 直进　　　　　　　B. 左右切削　　　　　C. 斜进　　　　　　　D. 车直槽

153. 加工塑性金属材料应选用(　　)硬质合金。

    A. P类　　　　　　　B. K类　　　　　　　C. M类　　　　　　　D. 以上均可

154. 形状复杂、精度较高的刀具应选用的材料是(　　)。

    A. 工具钢　　　　　　B. 高速钢　　　　　　C. 硬质合金　　　　　D. 碳素钢

155. 被加工表面回转轴线与基准面互相(　　),外形复杂的工件可装夹在角铁上加工。

    A. 垂直　　　　　　　B. 平行　　　　　　　C. 重合　　　　　　　D. 一致

156. CA6140型卧式车床反转时的转速(　　)正转时的转速。

    A. 高于　　　　　　　B. 等于　　　　　　　C. 低于　　　　　　　D. 大于

157. CA6140型卧式车床主轴箱Ⅲ～Ⅴ轴之间的传动比实际上有(　　)种。

    A. 4　　　　　　　　B. 6　　　　　　　　C. 3　　　　　　　　D. 5

158. 用车阶梯槽法车削梯形螺纹(　　)。

    A. 适于螺距较大的螺纹　　　　　　　　　B. 适于精车

    C. 螺纹牙型准确　　　　　　　　　　　　D. 牙底平整

159. 车螺纹时,在每次往复行程后,除中滑板横向进给外,小滑板只向一个方向做微量进给,这种车削方法是(　　)法。

    A. 直进　　　　　　　B. 左右切削　　　　　C. 斜进　　　　　　　D. 车直槽

160. 在花盘角铁上加工工件时,如果转速太高,就会因(　　)的影响,使工件飞出而发生事故。

    A. 切削力　　　　　　B. 离心力　　　　　　C. 夹紧力　　　　　　D. 转矩

二、判断题(第161～200题。将判断结果填入括号中。正确的填"√",错误的填"×"。每题0.5分,满分20分。)

161. 平面磨削有圆周磨削和端面磨削两种。　　　　　　　　　　　　　　　　　(　　)

162. 沿两条或两条以上在轴向等距分布的螺旋线所形成的螺纹称为多线螺纹。　　(　　)

163. 当材料相同而切削条件不同时,收缩系数号大说明切削变形大。　　　　　　(　　)

164. 成形车刀应取较大的前角。　　　　　　　　　　　　　　　　　　　　　　(　　)

165. 切削脆性金属时,易发生后刀面磨损。　　　　　　　　　　　　　　　　　(　　)

166. 操作者对自用设备的使用要达到会使用、会保养、会检测、会排除故障。　　(　　)

167. 磨削是用砂轮以较高线速度对工件表面进行加工的方法。　　　　　　　　　(　　)

168. 磨削加工作为精加工，一般放在车铣之后、热处理之前。 （　　）

169. 工序余量是指某一表面在一个工步中所切除的金属层深度。 （　　）

170. 车偏心件的关键是如何控制偏心距的尺寸和公差。 （　　）

171. 当工件以平面作为定位基准时，为保证定位的稳定可靠，应采用三点定位的方法。 （　　）

172. 部分定位是没有消除全部自由度的定位方式。 （　　）

173. 磨削外圆的方法有横磨法和纵磨法。 （　　）

174. 若工件定位时所消除的自由度总数超过6个，则称重复定位。 （　　）

175. 图样上的锥度应根据给定尺寸作出，作图时，首先要在圆锥轴线上根据锥度比作出直角三角形。 （　　）

176. 企业提高劳动生产率的目的就是为了提高经济效益，因此劳动生产率与经济效益成正比。 （　　）

177. 提高职工素质是提高劳动生产率的重要保证。 （　　）

178. 《质量手册》是质量体系纲领性文件。 （　　）

179. 生产过程组织是解决产品生产过程各阶段、各环节、各工序在时间和空间上的协调衔接。 （　　）

180. 生产过程包括基本生产过程、辅助生产过程和生产服务过程三部分。 （　　）

181. 生产管理工作的内容可归纳为以下三个方面：(1) 生产准备和生产组织工作；(2) 生产计划工作；(3) 生产控制。 （　　）

182. 遵守工艺纪律，执行技术标准，坚持按图纸、按工艺、按技术标准组织生产。 （　　）

183. 镗床特别适宜加工对孔距精度和相对位置精度要求很高的孔系。 （　　）

184. 光整加工是在半精加工基础上进行的。 （　　）

185. 磨削时，因砂轮转速快、温度高，所以必须使用切削液。 （　　）

186. 用直联丝杠法加工蜗杆，车床丝杠螺距为12 mm，车削 $m_x = 3$，线数 $z = 2$ 的蜗杆，则计算交换齿轮的齿数为 $z_1/z_2 = 55/35$。 （　　）

187. 单件小批生产时，辅助时间往往消耗单件工时的一半以上。 （　　）

188. 工件的实际定位点数若不能满足加工要求，且少于应有的定位点数，则称欠定位。 （　　）

189. CA6140型卧式车床具有高速细进给、加工精度高、表面粗糙度小等优点。 （　　）

190. 重物起落速度要均匀，非特殊情况下不得紧急制动和急速下降。 （　　）

191. 当零件的大部分表面粗糙度相同时，将相同的代(符)号统一标注在图样的右上角即可，无需另外加注内容。 （　　）

192. 安置在机座外的齿轮传动装置，不论其安置地点和位置如何适当，都必须安装防护罩。 （　　）

193. 蜗杆车刀的装刀方法有水平装刀法和垂直装刀法。 （　　）

194. M24×2的螺纹升角比M24的螺纹升角大。 （　　）

195. 生产场地应有足够的照明，每台机床应有适宜的局部照明。 （　　）

196. 积屑瘤"冷焊"在前刀面上可以增大刀具的切削前角，有利于切削加工。 （　　）

197. 中滑板丝杆螺母之间的间隙经调整后，要求中滑板丝杆手柄转动灵活，正、反转时的空行程在1/2转以内。 （　　）

198. 修正软卡爪的同心度属于减小误差方法中的就地加工法。 （　　）

199. 齿轮式离合器由具有直齿圆柱齿轮形状的两个内外齿零件组成。 （　　）

200. 物体三视图的投影规律是显实性、积聚性、收缩性。 （　　）

中级车工模拟题答案

一、单项选择

1. B	2. B	3. A	4. B	5. B	6. D	7. B
8. C	9. B	10. C	11. C	12. D	13. A	14. B
15. C	16. B	17. B	18. A	19. A	20. B	21. B
22. A	23. B	24. B	25. B	26. A	27. A	28. C
29. B	30. D	31. B	32. C	33. C	34. A	35. A
36. B	37. C	38. C	39. D	40. C	41. A	42. B
43. C	44. C	45. C	46. D	47. C	48. B	49. A
50. C	51. C	52. A	53. B	54. B	55. B	56. A
57. C	58. A	59. C	60. B	61. B	62. B	63. D
64. B	65. A	66. B	67. D	68. A	69. C	70. C
71. C	72. A	73. D	74. B	75. A	76. C	77. D
78. D	79. A	80. A	81. C	82. D	83. A	84. C
85. A	86. B	87. C	88. B	89. D	90. D	91. B
92. B	93. C	94. C	95. C	96. C	97. C	98. A
99. C	100. D	101. B	102. A	103. A	104. A	105. D
106. D	107. B	108. D	109. C	110. D	111. C	112. A
113. D	114. C	115. A	116. B	117. C	118. C	119. A
120. D	121. A	122. B	123. C	124. B	125. B	126. D
127. B	128. C	129. B	130. B	131. A	132. C	133. A
134. B	135. B	136. A	137. B	138. A	139. B	140. C
141. C	142. C	143. C	144. C	145. A	146. A	147. B
148. A	149. C	150. A	151. B	152. A	153. A	154. B
155. B	156. A	157. C	158. A	159. C	160. B	

二、判断题

161. √	162. √	163. √	164. ×	165. √	166. √	167. √	168. ×
169. ×	170. √	171. √	172. √	173. √	174. √	175. ×	176. ×
177. √	178. √	179. √	180. √	181. √	182. √	183. √	184. ×
185. √	186. √	187. √	188. √	189. √	190. √	191. ×	192. √
193. √	194. ×	195. √	196. √	197. ×	198. √	199. √	200. ×

使用普通机床加工零件

附录 E　国家职业资格考试中级铣工理论模拟试题及答案

中级铣工模拟题

一、单项选择（第 1～80 题。选择一个正确的答案，将相应的字母填入题内的括号中。每题 1 分，满分 80 分。）

1. 高硬度材料的精加工及半精加工刀具适宜用（　　）制造。
　　A. 陶瓷材料　　　　　　B. 热压氮化硅　　　　　C. 立方氮化硼　　　　　D. 金刚石
2. 工件上由主切削刃直接切成的表面称为（　　）。
　　A. 前刀面　　　　　　　B. 切削表面　　　　　　C. 后刀面　　　　　　　D. 基面
3. 圆柱铣刀（　　）的主要作用是在切削时减小金属变形，使切屑容易排出。
　　A. 前角　　　　　　　　B. 后角　　　　　　　　C. 螺旋角　　　　　　　D. 楔角
4. 端铣刀的副偏角是（　　）与假定工作平面之间的夹角。
　　A. 基面　　　　　　　　B. 主切削平面　　　　　C. 副切削平面　　　　　D. 主剖面
5. 铣床的一级保养就是以机床操作者为主，维修工人配合，对设备内、外进行维护和保养。铣床一般运转（　　）h 后，应进行一次一级保养。
　　A. 200　　　　　　　　B. 300　　　　　　　　C. 400　　　　　　　　D. 500
6. 孔的（　　）主要有孔与孔或孔与外圆之间的同轴度、孔与孔轴线或孔的轴线与基准面的平行度、孔的轴线与基准面的垂直度等。
　　A. 形状精度　　　　　　B. 位置精度　　　　　　C. 尺寸精度　　　　　　D. 表面粗糙度
7. 麻花钻修磨后的横刃长度应为原来长度的（　　）。
　　A. 1/3～1/4　　　　　　B. 1/3～1/5　　　　　　C. 1/3～1/6　　　　　　D. 1/2～1/3
8. 手用铰刀的（　　）长度一般都比较长。
　　A. 颈部　　　　　　　　B. 倒锥部分　　　　　　C. 切削部分　　　　　　D. 柄部
9. 在铣床上加工齿轮，主要适用于对精度要求不高的单件小批生产。其中尤以加工（　　）较多。
　　A. 直齿圆柱齿轮　　　　　　　　　　　　　　　B. 斜齿圆柱齿轮
　　C. 直齿锥齿轮　　　　　　　　　　　　　　　　D. 斜齿锥齿轮
10. 斜齿圆柱齿轮在垂直于轴线的平面上，每齿所占分度圆直径长度即为（　　）。
　　A. 法向模数　　　　　　B. 端面模数　　　　　　C. 法向齿距　　　　　　D. 端面齿距
11. 在精度要求较低和（　　）中，特别是缺少锥齿轮专用机床的企业，通常在铣床上用锥齿轮铣刀加工锥齿轮。
　　A. 大批量生产　　　　　B. 大量生产　　　　　　C. 小批量生产　　　　　D. 单件生产
12. 铣削奇数矩形齿离合器时，为了获得准确的齿形和较高的生产率，一般都采用刚度较好的（　　）铣削。

A. 盘形铣刀   B. 端铣刀
C. 三面刃铣刀   D. 对称双角铣刀

13. 用（　　）铣削矩形齿离合器时,按离合器齿数、齿部内径及齿深选择铣刀。

A. 圆柱铣刀   B. 键槽铣刀   C. 双角铣刀   D. 三面刃铣刀

14. 按（　　）不同,基准分为设计基准和工艺基准两大类。

A. 定义   B. 要求   C. 功用   D. 适用范围

15. 应用（　　）原则,减少了设计和制造夹具的时间和费用,并且可以减少基准变换带来的基准不重合误差。

A. 基准重合   B. 基准统一   C. 互为基准   D. 便于装夹

16. 工件的（　　）是正确、合理使用夹具和设计夹具的重要内容。

A. 固定   B. 夹紧   C. 安装   D. 定位

17. 目前铣刀常用（　　）制造。

A. 高速钢   B. 低合金刃具钢
C. 碳素工具钢   D. 硬质合金

18. 合理选用刀具是指在保证加工质量的前提下,选择（　　）而制造成本低的刀具。

A. 使用寿命长   B. 切削效率高   C. 工艺性好   D. 耐磨性好

19. 在加工成形面时,应采用（　　）,最好采用高速钢涂层铣刀,以提高铣刀寿命和生产率。

A. 端铣刀   B. 立铣刀   C. 盘形铣刀   D. 成形铣刀

20. 由于（　　）铣床的纵向工作台能回转角度,故能用盘形铣刀加工螺旋槽和螺旋面。

A. 卧式升降台   B. 卧式万能升降台
C. 立式升降台   D. 龙门

21. 刃磨麻花钻时,只刃磨（　　）。

A. 前刀面   B. 横刃   C. 钻尖   D. 主后刀面

22. 齿轮铣刀按照齿形曲线接近的原则划分成段,每段定为一个号数,并以该段中（　　）的齿轮齿形作为铣刀的齿形。

A. 最少齿数   B. 最多齿数   C. 中间齿数   D. 平均齿数

23. 斜齿圆柱齿轮在垂直于轴线的平面上,相邻两齿的对应点在分度圆周上的弧长即为（　　）。

A. 法向模数   B. 端面模数   C. 法向齿距   D. 端面齿距

24. 为了保证牙嵌式离合器的齿在（　　）贴合,其齿形都应通过本身轴线或向轴线上的一点收缩,从轴向看其端面齿和齿槽呈辐射状。

A. 轴向   B. 径向   C. 法向   D. 圆周

25. 一般母线较短的封闭或不封闭的直线成形面可用（　　）在立式铣床或仿形铣床上加工。

A. 成形铣刀   B. 盘形铣刀   C. 立铣刀   D. 角度铣刀

26. 调整铣床工作台镶条的目的是为了调整（　　）的间隙。

A. 工作台与导轨   B. 工作台丝杠螺母
C. 工作台紧固机构   D. 工作台与手柄

27. X6132 型铣床在使用时,铣削稍受一些阻力工作台即停止进给,这是由于（　　）失灵造成的。

A. 安全离合器   B. 摩擦离合器
C. 联轴器   D. 电磁离合器

28. 高精度的锥齿轮应在（　　）上加工。

A. 卧式铣床   B. 立式铣床
C. 专用机床   D. 龙门铣床

29. 锥齿轮的轮齿分布在（　　）上。

A. 平面　　　　　　　　　B. 圆柱面　　　　　　　C. 圆锥面　　　　　　　D. 顶面

30. 锥齿轮轴线与根锥母线的夹角 d_f 称为（　　）。

    A. 齿根圆顶角

    C. 根圆锥半角

    B. 根圆锥角

    D. 分度圆顶角

31. 锥齿轮的齿顶高 h_a、齿根高 h_f、全齿高 h 和顶隙 c 的意义与直齿圆柱齿轮相同,但应当在锥齿轮大端与（　　）垂直的平面内测量。

    A. 顶锥母线

    C. 工件轴线

    B. 分锥半径

    D. 工件母线

32. 一齿数 $z=50$、分锥角 $d=45°$ 的锥齿轮的当量齿数 $z_v=$（　　）。

    A. $50\sqrt{2}$　　　　B. $100\sqrt{2}$　　　　C. $25\sqrt{2}$　　　　D. $75\sqrt{2}$

33. 锥齿轮偏铣时,若测量后小端已达到要求,大端齿厚仍有余量,此时应（　　）。

    A. 增大偏转角和偏移量

    C. 减小偏转角增大偏移量

    B. 增大偏转角减少偏移量

    D. 减小偏转角和偏移量

34. 锥齿轮的齿厚尺寸由小端至大端逐渐（　　）,齿形渐开线由小端至大端逐渐（　　）。

    A. 增大,弯曲　　　B. 增大,平直　　　C. 减小,弯曲　　　D. 减小,平直

35. 铣削锥齿轮时,应把铣刀安装在刀杆的（　　）位置。

    A. 中间　　　　　B. 靠近铣床主轴　　　C. 靠近刀杆支架　　　D. 前端

36. 偏铣锥齿轮齿槽一侧时,分度头主轴转角方向与工作台横向移动方向（　　）。

    A. 相同　　　　　B. 相反　　　　　C. 先相同后相反　　　D. 先相反后相同

37. 对于铣削数量较少的锥齿轮,操作者一般测量其（　　）。

    A. 公法线长度　　　B. 分度圆弦齿厚　　　C. 齿距误差　　　D. 齿高

38. 铣削锥齿轮,若工件装夹后轴线与分度头轴线不重合,会引起（　　）。

    A. 齿面粗糙度值过大

    C. 齿圈径向圆跳动超差

    B. 齿厚尺寸超差

    D. 齿距超差

39. 牙嵌离合器是依靠（　　）上的齿与槽相互嵌入或脱开来达到传递和切断动力的。

    A. 端面　　　　　B. 外圆柱面　　　　C. 内圆柱面　　　　D. 侧面

40. 铣削矩形牙嵌离合器时,三面刃铣刀的宽度应小于（　　）的齿槽宽度。

    A. 工件外径处　　　B. 工件齿部孔径处　　　C. 1/2　　　D. 1/3

41. 已知一矩形牙嵌离合器的齿数为5,离合器齿部孔径为40 mm,选用三面刃铣刀铣削加工时,所选铣刀宽度应不大于（　　）mm。

    A. 11.75　　　　B. 16　　　　C. 18　　　　D. 20

42. 铣削偶数齿矩形牙嵌离合器时,若因工件尺寸限制铣刀直径不能满足限制条件,则应使用（　　）。

    A. 宽度较大的三面刃铣刀

    C. 直径小于齿槽最小宽度的立铣刀

    B. 直径较大的三面刃铣刀

    D. 直径大于齿槽最小宽度的立铣刀

43. 铣削矩形牙嵌离合器时,若在立式铣床上用三面刃铣刀铣削,分度头主轴应（　　）。

    A. 与工作台面垂直

    C. 与工作台面和横向进给方向平行

    B. 与工作台面和纵向进给方向平行

    D. 倾斜于工作台面

44. 为了达到矩形牙嵌离合器的齿侧要求,对刀时,三面刃铣刀的侧刃旋转平面应（　　）。

    A. 通过分度头主轴回转中心

    C. 对称分度头主轴回转中心

    B. 偏离分度头主轴回转中心

    D. 以上答案都不对

45. 铣削奇数齿矩形牙嵌离合器时,每次进给可同时铣出（　　）。

    A. 两个齿的同名侧面

    C. 一个齿的两个侧面

    B. 两个齿的不同侧面

    D. 一个齿的一个侧面

46. 铣削奇数齿矩形牙嵌离合器时,至少需进给铣削(　　)次,才能铣出全部齿形。
　　A. 2z　　　　　　　　B. z　　　　　　　　C. z/2　　　　　　　　D. 3z

47 铣削矩形牙嵌离合器时,为了保证三面刃铣刀的侧刃通过工件轴线,常采用的对刀方法中精度较高的方法是(　　)。
　　A. 画线对刀　　　　　B. 擦边对刀　　　　　C. 试切调整铣刀位置　　D. 以上都正确

48. 为了保证偶数齿矩形牙嵌离合器齿侧留有一定间隙,一般齿槽角应比齿面角大(　　)。
　　A. 10′～20′　　　　　B. 2°～4°　　　　　　C. 20°～40°　　　　　　D. 40°以上

49. 正三角形牙嵌离合器的齿部端面是(　　)。
　　A. 外锥面　　　　　　B. 内锥面　　　　　　C. 平面　　　　　　　　D. 斜面

50. 在立式铣床上用三面刃铣刀铣削正梯形牙嵌离合器齿侧斜面,若斜面角度由扳转立铣头角度实现,且工件已铣好底槽,此时在齿顶部分斜面铣削余量约为(　　)。
　　A. 2 倍的偏距 e　　　B. 偏距 e　　　　　　C. 1/2 的偏距 e　　　　D. 2.5 倍的偏距 e

51. 铣削矩形牙嵌离合器时,若工件装夹同轴度差或对刀不准,会使离合器(　　)。
　　A. 齿侧工作表面粗糙度值过大　　　　　　　B. 槽底有凹凸痕迹
　　C. 接触齿数少或无法啮合　　　　　　　　　D. 以上都正确

52. 在铣床上直接加工精度在 IT9 以下的孔应采用(　　)加工。
　　A. 麻花钻　　　　　　B. 铰刀　　　　　　　C. 镗刀　　　　　　　　D. 拉刀

53. 在铣床上铰孔,铰刀退离工件时应使铣床主轴(　　)。
　　A. 停转　　　　　　　B. 顺时针正转　　　　C. 逆时针反转　　　　　D. 逆时针正转

54. 在铣床上镗阶梯孔时,镗刀的主偏角应取(　　)。
　　A. 60°　　　　　　　B. 75°　　　　　　　　C. 90°　　　　　　　　D. 30°

55. 在铣床上镗孔,孔出现锥度的原因之一是(　　)。
　　A. 铣床主轴与进给方向不平行　　　　　　　B. 镗杆刚性差
　　C. 切削过程中刀具磨损　　　　　　　　　　D. 进给量过大

56. 刀具齿槽铣削是形成(　　)的加工过程。
　　A. 刀具齿槽角　　　　　　　　　　　　　　B. 刀具前后角
　　C. 刀齿、刀刃和容屑空间　　　　　　　　　D. 刀具螺旋角

57. 双角铣刀的齿槽属于(　　)。
　　A. 端面齿　　　　　　　　　　　　　　　　B. 圆柱面螺旋齿
　　C. 圆锥面直齿　　　　　　　　　　　　　　D. 圆柱面直齿

58. 刀具图样上标注的齿槽螺旋角属于(　　)要求。
　　A. 齿向　　　　　　　B. 分齿　　　　　　　C. 槽形　　　　　　　　D. 齿形

59. 铣削刀具齿槽时,横向偏移是为了达到工件的刀齿几何角度要求,确保正确的(　　)。
　　A. 后角　　　　　　　B. 前角　　　　　　　C. 齿背后角　　　　　　D. 螺旋角

60. 三面刃铣刀铣削齿槽前的坯料形状为(　　)。
　　A. 锥度圆柱　　　　　B. 阶梯圆柱　　　　　C. 带孔圆盘　　　　　　D. 阶梯圆盘

61. 铣削三面刃铣刀端面齿槽时,为保证由周边向中心逆铣,应选用(　　)单角铣刀铣削。
　　A. 左切　　　　　　　B. 右切　　　　　　　C. 左切和右切　　　　　D. 反向

62. 铣削刀具齿槽调整横向偏移量时,若偏移方向错误,则铣出的刀具前角会(　　)。
　　A. 增大　　　　　　　B. 减小　　　　　　　C. 符号相反、数值相等　D. 符号相同

63. 三面刃铣刀的端面齿槽应是(　　)。
　　A. 外深内浅、外窄内宽　　　　　　　　　　B. 外深内浅、外宽内窄
　　C. 外浅内深、外宽内窄　　　　　　　　　　D. 外浅内深、外窄内宽

64. 当机械零件的(   )是直线时,称为直线成形面。
    A. 外形轮廓线　　　　　　　　　　　　B. 内表面轮廓线
    C. 成形面母线　　　　　　　　　　　　D. 成形面轮廓线

65. 根据直线成形面的概念,(   )是比较典型的直线成形面。
    A. 球面　　　　　　　　　　　　　　　B. 螺旋槽
    C. 直齿圆柱齿轮齿槽　　　　　　　　　D. 刀具齿槽

66. 用双手配合进给铣削直线成形面时,切削力的方向应与(   )方向相反。
    A. 主要进给　　　B. 辅助进给　　　C. 复合进给　　　D. 双向进给

67. 在回转工作台上加工圆弧面时,应使圆弧中心与(   )中心同轴。
    A. 回转工作台回转　　　　　　　　　　B. 铣床主轴回转
    C. 回转工作台和铣床主轴回转　　　　　D. 夹具

68. 根据球面铣削加工原理,铣刀回转轴心线与球面工件轴心线的交角确定球面的(   )。
    A. 半径尺寸　　　B. 形状精度　　　C. 加工位置　　　D. 直径尺寸

69. 铣削单柄球面计算分度头(或工件)倾斜角与(   )有关。
    A. 球面位置　　　　　　　　　　　　　B. 球面半径和工件柄部直径
    C. 铣刀尖回转直径　　　　　　　　　　D. 球面直径

70. 铣削球面后,可根据球面加工时留下的切削纹路判断球面形状,表明球面形状正确的切削纹路是(   )。
    A. 平行的　　　B. 单向的　　　C. 交叉的　　　D. 倾斜的

71. 在铣床上用分度头挂轮加工的凸轮是(   )凸轮。
    A. 等加速　　　B. 等减速　　　C. 等速　　　D. 以上都正确

72. 铣削圆盘凸轮时,对于(   )的凸轮,铣刀和工件的中心连线与纵向进给方向平行。
    A. 从动件对心直动　　　　　　　　　　B. 从动件偏置直动
    C. 从动件偏置摆动　　　　　　　　　　D. 从动件对心摆动

73. 用倾斜铣削法加工圆盘凸轮时,实际导程 $P_ह$ 与假定导程 $P_交$ 的比值(   )。
    A. 大于1　　　B. 不大于1　　　C. 小于1　　　D. 等于1

74. 一螺旋槽圆柱凸轮外径处的螺旋升角为30°,槽底处的螺旋升角为27°,则螺旋面的平均螺旋升角为(   )。
    A. 29°　　　B. 28.5°　　　C. 27.5°　　　D. 29.5°

75. 铣削圆柱凸轮时,进刀、退刀、切深操作均应在(   )进行。
    A. 上升曲线部分　　　　　　　　　　　B. 下降曲线部分
    C. 转换点位置　　　　　　　　　　　　D. 曲线最高点

76. 用立铣刀铣削圆柱螺旋槽凸轮时,当导程确定后,只有(   )处的螺旋线与铣刀切削轨迹吻合。
    A. 槽底角　　　　　　　　　　　　　　B. 外圆柱面
    C. 螺旋槽侧中间　　　　　　　　　　　D. 槽顶角

77. 为提高凸轮形面的夹角精度,应通过(   )来控制凸轮形面的起始位置。
    A. 分度头主轴刻度盘　　　　　　　　　B. 分度定位销和分度盘孔圈的相对位置
    C. 分度盘孔圈和壳体的相对位置　　　　D. 分度定位销和分度手柄

78. 主轴松动的检测方法是:先用百分表检测主轴的径向间隙是否大于 0.03 mm,再用百分表检测主轴端面,用木棒撬主轴,看百分表指针的摆差是否大于(   )mm。若超过要求,应及时维修。
    A. 0.01　　　B. 0.02　　　C. 0.03　　　D. 0.04

79. 组合夹具是由一些预先制造好的不同形状、不同尺寸规格的标准元件和组零件组合而成的。这些元件相互配合部分的尺寸精度高、(   )好,且具有一定的硬度和完全互换性。

A. 强度　　　　　　B. 耐磨性　　　　　　C. 耐腐蚀性　　　　　　D. 韧性

80. 采用回转量与偏移量相结合的方法，铣削直齿锥齿轮的齿侧余量时，当齿槽中部铣好后，将（　　）旋转一个角度，然后通过试切法来确定工作台偏移量。

A. 分度头　　　　　　B. 工件　　　　　　C. 铣刀杆　　　　　　D. 分度头主轴

二、判断题（第81～100题。将判断结果填入括号中，正确的填"√"，错误的填"×"。每题1分，满分20分。）

81. 铣削加工多件长度相同、精度较高的花键轴时，若采用两顶尖装夹，应注意找正尾座顶尖与分度头顶尖的同轴度。（　　）

82. 在铣床上镗椭圆孔，镗刀的回转半径与椭圆的长半轴相等。（　　）

83. 在立式铣床上镗孔，若立铣头与工作台面不垂直，可能引起孔的轴线与工件基准倾斜。（　　）

84. 刃磨钻头时，只刃磨两个主后刀面，同时要保证前角、顶角和横刃斜角等几何参数。（　　）

85. 在铣床上铣削螺旋槽时，工件均匀转动一周，工作台带动工件等速直线移动一个导程。（　　）

86. 直齿条实质上是一个基圆无限大的直齿轮中的一段。（　　）

87. 由于斜齿条的齿槽与工件侧面偏斜一个螺旋角，因此铣削时必须使工件的侧面与机床进给方向也偏斜一个同样的角度。（　　）

88. 在精度要求较低和小批上产中，通常可在铣床上用锥齿轮铣刀加工锥齿轮齿面。（　　）

89. 因为锥齿轮是以大端的参数为标准的，所以锥齿轮铣刀的齿形曲线应按照大端制造。（　　）

90. 锥齿轮铣刀的齿形曲线应与垂直于分度圆锥面的截面上的齿形相同。（　　）

91. 量块又称块规，是一种精密的量具。在工厂中常用量块作为长度标准校验其他量具；还可以与百分表或千分表等配合，用比较法对工件进行密度测量。（　　）

92. 在成批大量生产中，一般都采用量块来直接检测产品。（　　）

93. 水平仪的精度是在气泡移动一格的情况下，以表面所倾斜的角度或表面在 $1''$ 内倾斜的高度差来表示。（　　）

94. 在检测精度较高的斜面以及精确调整铣床主轴偏转角度时，均可采用正弦规。（　　）

95. 在孔周上测量各点的直径时，其测量值的平均值就是该孔的圆度误差。（　　）

96. 在铣床上加工的齿轮精度较低，因此一般只检测齿距。（　　）

97. 在铣床上用盘形铣刀铣削锥齿轮，一般只需测量齿轮的齿厚即可，即测量锥齿轮背锥上齿轮大端的分度圆弦齿厚度或固定弦齿厚。（　　）

98. 牙嵌式离合器齿深一般用游标卡尺测量，齿形角在需要时可用正弦规检测。（　　）

99. 圆柱面直齿刀具齿槽的深度、刃口处棱带的宽度等可用游标卡尺测量，槽底圆弧可用样板检测。（　　）

100. 用三面刃盘形铣刀铣削 $z=5$ 的矩形齿离合器，在对刀时使铣刀的侧面刀刃向齿侧方向偏过工作中心 $0.1\sim0.5$ mm。这种方法适于铣削对精度要求不高或齿部不淬硬的离合器。（　　）

中级铣工模拟题答案

一、单项选择

1. B	2. B	3. A	4. C	5. D	6. B	7. B
8. C	9. C	10. B	11. C	12. C	13. D	14. C
15. B	16. D	17. A	18. B	19. D	20. B	21. D

22. A	23. D	24. B	25. C	26. A	27. A	28. C
29. C	30. B	31. B	32. A	33. A	34. B	35. A
36. B	37. B	38. C	39. A	40. B	41. A	42. C
43. B	44. A	45. B	46. B	47. C	48. B	49. B
50. A	51. C	52. A	53. B	54. C	55. C	56. C
57. C	58. A	59. B	60. C	61. C	62. C	63. B
64. C	65. C	66. C	67. A	68. C	69. B	70. C
71. C	72. B	73. C	74. B	75. C	76. B	77. C
78. B	79. B	80. D				

二、判断题

81. √	82. √	83. ×	84. ×	85. ×	86. √	87. ×	88. √
89. √	90. √	91. √	92. ×	93. √	94. √	95. ×	96. ×
97. √	98. ×	99. √	100. √				

参 考 文 献

［1］ 汪晓云. 普通机床的零件加工［M］. 北京：机械工业出版社，2010.

［2］ 林宗良. 机械设计基础［M］. 北京：人民邮电出版社，2009.

［3］ 刘党生. 金属切削原理与刀具［M］. 北京：北京理工大学出版社，2009.

［4］ 陆剑中，周志明. 金属切削原理与刀具［M］. 北京：机械工业出版社，2010.

［5］ 刘鸿文. 材料力学［M］. 4 版. 北京：高等教育出版社，2004.

［6］ 朱强. 金属工艺学［M］. 合肥：安徽科学技术出版社，2009.

［7］ 王英杰. 金属工艺学［M］. 北京：高等教育出版社，2004.

［8］ 邓根清，陈义庄. 机械制造基础［M］. 北京：中国林业出版社，2006.

［9］ 史美堂. 金属材料及热处理［M］. 上海：上海科学技术出版社，1990.

［10］ 云建军. 工程材料及材料成形技术基础［M］. 北京：电子工业出版社，2002.

［11］ 张学政，李家根. 金属工艺学实习教材［M］. 北京：高等教育出版社，2003.

［12］ 刘立君. 材料成形设备与计算机控制技术［M］. 北京：电子工业出版社，2004.

［13］ 林江. 机械制造基础［M］. 北京：机械工业出版社，2004.

［14］ 张世昌. 机械制造技术基础［M］. 北京：高等教育出版社，2001.

［15］ 乔世民. 机械制造基础［M］. 北京：高等教育出版社，2003.

［16］ 恽达明. 金属切削机床［M］. 北京：机械工业出版社，2010.

［17］ 刘文娟. 金属切削机床［M］. 北京：机械工业出版社，2014.

［18］ 华茂发. 数控机床加工工艺［M］. 北京：机械工业出版社，2005.

［19］ 卞洪元，丁金水. 金属工艺学［M］. 北京：北京理工大学出版社，2006.

［20］ 陈永泰. 机械制造技术实践［M］. 北京：机械工业出版社，2001.

［21］ 李云程. 模具制造工艺学［M］. 北京：机械工业出版社，2005.

［22］ 顾维邦. 金属切削机床概论［M］. 北京：机械工业出版社，2003.

［23］ 杨殿英. 机械制造工艺［M］. 北京：机械工业出版社，2009.

［24］ 司乃钧. 机械加工工艺基础［M］. 北京：高等教育出版社，1992.

使用普通机床加工零件